饲料营养应用技术研究进展（2013）

中国农业科学院饲料研究所
饲料营养应用技术创新团队 编

U0306341

中国农业科学技术出版社

图书在版编目（CIP）数据

饲料营养应用技术研究进展：2013 / 中国农业科学院饲料研究所饲料营养应用技术创新团队 . —北京：中国农业科学技术出版社，2014.1

ISBN 978 – 7 –5116 –1487 –2

Ⅰ.①饲…　Ⅱ.①中…　Ⅲ.①饲料 – 营养学 – 研究　Ⅳ.①S816

中国版本图书馆 CIP 数据核字（2012）第 306816 号

责任编辑　张国锋
责任校对　贾晓红

出 版 者　中国农业科学技术出版社
　　　　　北京市中关村南大街 12 号　邮编：100081
电　　话　(010)82106636(编辑室)　　(010)82109702(发行部)
　　　　　(010)82109709(读者服务部)
传　　真　(010)82106631
网　　址　http://www.castp.cn
经 销 者　各地新华书店
印 刷 者　北京富泰印刷有限责任公司
开　　本　787mm ×1 092mm　1/16
印　　张　11.5
字　　数　277 千字
版　　次　2014 年 1 月第 1 版　2014 年 4 月第 2 次印刷
定　　价　60.00 元

《饲料营养应用技术研究进展（2013）》
编写人员名单

主　　编　刁其玉

副 主 编　武书庚　张乃锋

参编人员　（以姓氏笔画为序）

刁其玉　　王　晶　　王　嘉　　司丙文

刘国华　　齐广海　　闫海杰　　李艳玲

张　姝　　张乃锋　　张海军　　武书庚

郑爱娟　　岳洪源　　姜成钢　　高秀华

常文环　　屠　焰　　蔡辉益　　薛　敏

前　　言

　　中国农业科学院饲料研究所"饲料营养应用技术创新团队"于 2011 年成立，走过近 3 年的历程，得益于我国改革大潮的推动和国家对畜牧业及饲料工业的行业科研的重视，受益于农业科学院和饲料研究所的支持，创新团队的研究方向得到了明确，有了自身的顶层设计，设计出了今后发展的目标、步骤及材料和方法。团队研究领域涉及反刍动物、家禽和水产等动物的饲料营养素调控理论与应用技术，旨在为行业的发展做出贡献，代表国家水平参与世界在饲料营养研究领域的博弈，为解决生产中的实际问题而行动。

　　"饲料营养应用技术创新团队"经过 3 年的运行，建成了应用型基础研究创新的团队，团队拥有正高级职称 7 人，副高级职称 7 人，中级职称 6 人，研究助理 6 人，试验助理 6 人；平均年龄 28.3 岁；是一个充满朝气的、活泼的、积极向上的研究团队。

　　团队承担多项来自科技部、农业部、北京市等科研任务。10 项自然科学基金，其中 8 项国家自然科学基金、2 项北京市自然科学基金；承担农业行业公益研究项目 1 个；拥有国家和北京市现代农业产业技术体系岗位科学家 7 位，成为国家肉羊产业技术体系营养与饲料研究室，北京市奶牛营养研究室、家禽健康养殖研究室和水产营养研究室的依托单位。承担国家"十二五"科技支撑计划 5 项，公益性行业科研课题 9 项，"948"项目 3 项，中央公益性科研院所基本科研业务费 5 项，农业部财政专项 5 项，其他来源课题 5 项。

　　3 年来团队成员主编专著 15 部，参编著作 10 余部；发表各类文章 265 篇，其中 SCI 文章 35 篇，《中国农业科学》8 篇，《畜牧兽医学报》7 篇，《动物营养学报》58 篇，几乎每期《动物营养学报》都有团队的声音（文章）。

　　获奖和专利。获得各项奖励 9 项，《早期断奶犊牛的营养生理和饲料配制关键技术研究》首次获得北京市科学技术一等奖；另有北京市科学技术三等奖和农业推广奖各 1 项；获得中华农业科技奖二等奖 2 项；中国农业科学院科学技术成果奖一等奖 1 项，二等奖 2 项；吉林省科学技术进步奖二等奖 1 项。获得授权专利 10 项。

人才培养。3 年里出站博士后 6 人，毕业博士生 17 人、硕士生 46 人，获得国家级和北京市级优秀毕业生 2 名，获得国内外不同来源的奖学金 15 人以上。客座研究生来自西北农林科技大学、华中农业大学、华南农业大学、东北农业大学、新疆农业大学、大连海洋大学、河北师范大学、新疆塔里木大学等。

中国农业创新工程已在我院展开，饲料研究所成为创新工程的研究所之一。"饲料营养应用技术创新团队"衍生出了"单胃动物饲料创新团队"和"反刍动物饲料创新团队"，另有团队成员作为骨干专家和助理专家参加"水产饲料创新团队"和"饲料资源创新团队"的组建。

饲料营养应用技术创新团队连续 3 年出版《动物营养与饲料研究进展》，2011 年版的主要编辑工作由刘国华研究员和张海军副研究员完成；2012 年版由常文环副研究员和李艳玲博士完成；2013 年版由武书庚副研究员和张乃锋副研究员完成，对于他们的辛苦工作表示感谢。

回顾过去，我们感受到了用辛苦和汗水换来的甘甜，展望未来，我们信心百倍，迎接美好的明天。

中国农业科学院饲料研究所　首席科学家
饲料营养应用技术团队　刁其玉

2013.12.10

目　　录

第一部分　环保型饲料研究

第四部分　附　　录

第一部分　环保型饲料研究

本部分主持。

蔡辉益，男，1963 年 11 月出生，研究员，博士，博士生导师。曾任职农业部畜牧兽医司（全国饲料办公室）科技处；国家饲料监测中心（北京）主任助理；中国农业科学院饲料研究所所长助理、副所长、所长。成果涉及饲料营养价值评定、肉鸡营养需要参数、环保饲料生产关键技术、肉鸡动态营养与生长预测模型技术、饲料及饲料添加剂安全应用规范等领域。曾获农业部科技进步一等奖，北京市科技进步二等奖、三等奖，中国农业科学院科技进步一等奖、二等奖以及三部委颁发的重大成果奖等多项奖。近 5 年获得软件注册登记证书 1 个，发明证书 2 个。在国内外专业学术期刊上发表学术论文 250 余篇，其中 SCI 收录 20 余篇；获授权专利 2 项；主编出版专著 10 余部。培养硕博研究生及博士后 50 名。兼任：中国畜牧兽医学会动物营养学会副理事长、中国林牧渔业经济学会副理事长、中国饲料经济专业学会理事长、农业部科技委员会委员、全国饲料新产品评审委员会专家等；《中国动物营养学报》、《中国畜牧》杂志编委；《饲料工业》和《饲料科技与经济》编委会主任。研究领域和方向：家禽维生素与氨基酸营养、饲料资源价值评定和饲料数据库建设、肉鸡（猪）精准动态营养与生产性能预测技术、添加剂预混料配制技术、中国饲料工业发展战略研究等。

在饲料资源日趋紧缺、畜牧环境日趋严重的今天，畜牧业对环境所造成的污染越来越引起各国的重视。通常所指的畜牧业污染主要包括畜禽粪尿等排出的氮、磷、重金属、微量元素、抗生素、细菌和病毒、甲烷、氨气等，以及畜产品中有毒有害物质的残留，导致这些污染的根源在于饲料。按照理想蛋白模式，采用可消化氨基酸及有效磷（植酸酶）等指标，设计不同品种、性别、年龄动物的日粮模型，使养分供需达到精确平衡，可以在保证最大生产效率的同时减少氮磷的排泄、节约蛋白质和磷矿资源，减少粪中 40% 左右磷的排泄；同时使用有机微量元素、酶制剂、益生素、益生菌与酸化剂，及除臭剂等饲料添加剂，以有效地提高饲料转化率，降低畜牧生产的污染，并增强动物的抗病能力，改善动物产品的品质。如何充分提高动物对饲料的利用效率（当今仅有 30% ~40%），减少饲料原料的浪费，并降低畜牧生产对环境的污染，是我国营养学界目前极为关注的一个问题，基此，诞生了生态营养、环保饲料的概念。

环保饲料：指饲料原料本身以及使用该原料生产畜产品的任何环节对环境均不造成任何污染饲料的总称。环保饲料应具备无臭味（减少臭气对空气的污染）、消化吸收性能好（减少排泄物的污染）、增重快和疾病少，排泄物中的氮、磷、微量元素、病毒和细菌等排泄量少，对环境安全。

生态营养：从生态环境保护角度出发，通过应用动物营养原理和相应的知识与技术以及采取适当的饲养方法或采用消化率好、营养平衡、排泄物少的饲料或日粮来降低动物氮、磷和微量元素等排泄的一门科学。

团队所做的工作：立所之初，我们就认识到中国是饲料资源匮乏的国家，在几代所领导和饲料营养团队成员的努力下，围绕单胃动物、草食动物和水产动物的饲料资源挖掘、开发、评价和应用开展了大量研究。涉及：饲料营养价值评定方法、动态营养需要模型、饲料资源挖掘、饲料原料评价、动物营养需要、理想蛋白模式、添加剂评价、环保饲料配制等方面。

饲料营养价值评定方法：最早建立了《饲料营养价值评定方法》，开展肉仔鸡动态营养需要模型研究，评价玉米、豆粕、小麦、鱼粉等饲料资源。研究了蛋鸡、肉鸡、肉羊和水产动物的营养需要，参与制定了《鸡的营养需要》（NY/T33—2004）研究了不同能量水平下蛋鸡的理想蛋白模式。

环保饲料未来的研究方向：围绕饲料养分利用的关键环节——消化、吸收和沉积，运用分子生物学、微生物学、系统生物学和计算科学的理论和方法，揭示饲料原料中氮、磷等元素周转、利用及排放规律，评价环保型饲料添加剂的作用机理及生态效应，研究饲料添加剂（如酶制剂、微生态制剂等）、饲料加工工艺（粉碎粒度、压片、制粒、膨化、膨胀等），以及饲料组成配比对减少家畜养殖过程环境排放的调控机理，提出针对动物所处生理阶段、性别，构建基于理想蛋白、理想微量元素和理想维生素模式的精准营养理论，为养殖生产中提高养分利用效率、减少环境排放提供理论依据。

1 饲料资源挖掘

当前，我国粮食安全问题十分严峻。据专家测算，2010 和 2020 年我国粮食缺口将分别达 0.83、1.83 亿吨。未来 20 年内我国饲料用粮比例将呈现上升态势，2010、2020 和 2030 年我国饲料用粮将分别占粮食总量 38%、43% 和 50%。21 世纪中国的粮食问题，实际上是解决养殖业所需的饲料粮问题。我国非常规饲料资源数量大、种类多、分布广，资源总量逾 10 亿吨。由于开发力度不够，加之饲料加工工艺落后，我国非常规饲料资源的有效利用率仅 10% 左右。因此，研究非常规饲料的高效利用技术，将有效缓解我国饲料资源短缺，保障粮食安全。

我国饲料用粮占粮食总产量的 1/3，40% 的耕地用于饲料生产。因此，我们必须从保障粮食安全的高度，重视非粮饲料资源的开发，建立具有中国特色的饲料工业和养殖模式。这是由于：(1) 饲喂工业饲料可大幅度提高粮食转化效能，比饲喂单一饲料可节约 25% 左右的粮食。据此推算，饲料工业每年可实现年均节粮 3 400 万吨，相当于 1.7 亿人的全年口粮；(2) 我国非粮饲料资源丰富，且大部分未得到充分利用或者利用率低下。如每年生产的近 7 亿吨秸秆中，经加工处理饲用的仅占 15%。我国 2 000 多吨糠麸类资源中，用作配合饲料原料的尚不足 50%。我国每年淀粉、酿酒、调味品、水果加工等工业副产品废渣有 7 300 多万吨，以干物质计算可折合饲料 1 100 多万吨，其利用率尚不足 20%；每年工业废液如亚硫酸盐纸浆、淀粉、酒精、柠檬酸和味精废液就有 1.57 亿吨，可生产单细胞蛋白 120 万～160 万吨，上述废液基本未得到利用；(3) 我国每年需要从国外进口 3 000 多万吨大豆，100 多万吨鱼粉，从 2007 年开始已成为玉米的净进口国，人均饲料资源极其匮乏的国情特点决定了我国无法也不可能继续照搬美国的玉米－豆粕型日粮的饲料工业发展模式，只能坚持具有中国特色的饲料工业，即：添加剂、预混合饲料、浓缩饲料和配合饲料同时快速发展，充分利用大量农副产品及非粮饲料资源的发展模式。(4) 改革开放 30 年来，在人均粮食占有量增加不多的条件下，我国肉、蛋、奶产量实现了大幅度增长，肉、蛋产量长期居世界第一，而工业饲料产量屈居第二。这一事实充分证明了坚持中国特色养殖模式，即适度集约化的家庭式养殖模式，不仅能解决我国居民对动物产品日益增加的需求，且可大大节约饲料粮，也会为全球粮食安全做出重大贡献。

我国已经成为世界上第一饲料生产和消费国，2012 年饲料总产量达到 2.18 亿吨，但饲料原料短缺是制约我国饲料业健康可持续发展的瓶颈，且严重威胁我国粮食安全，人畜争粮问题越来越突出。大豆、鱼粉等蛋白质原料严重依赖进口，玉米、油脂等能量饲料供应非常脆弱。据称，2012 年我国进口粮食 7 700 万吨（可养活 1.9 亿人口），其中大豆 5 838 万吨（占全世界可供出口大豆的 60%，是预期国内产量 1 270 万吨的 4.6 倍，进口依存度 82%）。根据我国 2012 年饲料总产量，按 60% 计算需要玉米 13 080 万吨，约占我国 2012 年玉米产量（20 812万吨）的63%，所以进口玉米、小麦替代成为了必然。自从2002年开始进口以来，玉米进口量逐渐升高，2012年达到了520万吨。我国粮食安全问题十分严峻，据测算，2020年我国粮食缺口将达到1.83亿吨。因此，21世纪中国的粮食问题，实际上是解决养殖业所需的饲料粮问题。近年来，玉米、大豆、豆粕、鱼粉、油脂等饲料原料价格快速上涨、忽高忽低，严重影响饲料业和养殖业的经济效益和可持续发展。

我国特有饲料资源数量庞大、种类多、分布广，据估测各种饼粕类、糠麸类、藤蔓类等的资源总量逾10亿吨；各种薯渣、果渣、酒糟、醋糟、酱糟等及渣液年产总量大于5亿吨；屠宰场下脚料中的血液、废弃内脏器、羽毛等总量大于2 000万吨。因受玉米－豆粕型日粮多年的影响、基础数据不足、加工技术落后、原料分散、再利用技术匮乏等因素，致对我国特有饲料资源利用严重不够，往往直接饲用未经加工、处理的初级产品，造成其使用量受限、利用效率低下、饲料厂和养殖户不爱用；露天堆放、填埋或焚烧，甚至用作肥料，或以废弃物形式抛弃或排入河流中，在造成资源浪费的同时又严重污染生态环境和空气质量。因此，研究饲料的高效利用技术，将有效缓解我国饲料资源短缺，保障粮食和饲料安全，减轻环境负担。

2　草食动物饲料资源挖掘

司丙文，男，1975 年 01 月出生，博士，助理研究员。2012 年博士毕业于中国农业科学院研究生院。在家畜营养与饲料研究室主要从事饲料资源开发利用及益生菌的研究。主持了放牧牛羊能氮平衡模式与钙磷平衡模式的研究示范，参与了奶牛产业技术体系北京市创新团队、南方地区幼龄草食畜禽饲养技术研究与示范、牧区饲草饲料资源开发利用技术研究与示范和牛羊健康养殖模式构建与示范等课题的研究工作。发表学术论文 5 篇，SCI 收录 1 篇，参与出版书籍 2 部。电话：010 - 82106090，Email：sibingwen@ caas. cn

饲料是畜牧业发展的基础，进入 21 世纪之后，我国畜牧业发展更加迅速，畜禽存栏量和畜禽产品年产量逐年增加，因而对饲料的需求量也逐年增加。同时工业化、城镇化的步伐加快，城市人口数量将继续增长，耕地面积将不断减少，粮食增产难度越来越大，保持粮食供求长期平衡任务艰巨。饲料原料的短缺问题一直影响着畜牧业的发展，成为我国畜牧业面临的一大挑战。合理开发利用牧草、秸秆及其他非粮资源，发展草食畜牧业已成为我国畜牧业发展的必然选择。

近几年来，家畜营养与饲料研究室对草食动物饲料资源的利用和评价方法进行了深入挖掘，研究内容主要集中在以下几个方面。

2.1　净碳水化合物—蛋白质体系

目前，我国仍使用 Weende 和 Vansoest 体系进行饲料营养价值评定，但是由于反刍动物特殊的消化道结构及消化生理，仅根据化学分析不能说明动物对饲料的消化利用情况，因而不能较好地反映饲料的营养价值。应用尼龙袋技术可以测定饲料在反刍动物瘤胃中的降解率，但该项技术需要装有瘤胃瘘管的动物，并且影响因素较多，不利于标准化。20 世纪90 年代，美国康奈尔大学的动物营养学者提出了康奈尔净碳水化合物—蛋白质体系（Cornell net carbohydrate and protein system,CNCPS），CNCPS 将饲料碳水化合物（CHO）组分划分为 4 个部分：CA 为糖类，在瘤胃中可快速降解；CB_1 为淀粉和果胶，为中速降解部分；CB_2 是可利用纤维，为缓慢降解部分；CC 为不可利用纤维。同样 CNCPS 将蛋白质划分为NPN、真蛋白质和不可降解粗蛋白质 3 部分，分别用 PA、PB 和 PC 来表示。PB 又被进一步分为快速降解真蛋白质（PB_1）、中速降解真蛋白质（PB_2）和慢速降解真蛋白质（PB_3）3部分。

该体系是一个基于瘤胃降解特征的饲料评价体系，通过准确的化学分析方法对饲料组分含量做出分析，利用体外法等方法评价组分的瘤胃降解速率，结合瘤胃微生物生长的机理模型、消化道流通速度模型、动物消化生理模型等，预测饲料组分的瘤胃降解量、过瘤胃量、瘤胃微生物产量和小肠可利用量等，在此过程中还综合考虑了瘤胃氮缺乏，pH 值变化对瘤胃消化的影响，对饲料的生物学价值和动物生产性能做出了有效、准确的预测。很多外国学者相继发表了 CNCPS 计算模型与验证结果，后经不断改进和增加新的方程，现在 CNCPS 软件已更新到第 6 版，其模型预测的准确性和效率大大提高。CNCPS 在北美、欧洲和非洲的一些国家已经开始用来指导生产，并且取得了很好的效果。中国对 CNCPS 的应用研究始于 1999 年，经过十几年的研究，在 CNCPS 饲料组分数据库、模型的验证及改进方面取得了一定的研究进展。

家畜营养与饲料研究室根据 CNCPS 的原理和方法对我国北方地区奶牛常用粗饲料的营养成分进行分析，分别从北京、河北、河南、山东、内蒙古等地采集奶牛常用粗饲料样品 3 类 7 种 33 个。其中，小麦秸 6 个、玉米秸 4 个、糯玉米秸 4 个、全株玉米青贮 6 个、玉米秸青贮 5 个、苜蓿 5 个、羊草 3 个。

研究表明：

① 粗饲料的可溶性粗蛋白质主要是 NPN，真蛋白质含量相对较少。

② 苜蓿粗蛋白质含量高，不可利用蛋白质含量较低，非结构碳水化合物含量高，是优质粗饲料；小麦秸的不可利用纤维和不可利用蛋白质含量较高，营养价值较差；玉米青贮类饲料不可利用纤维和不可利用蛋白质含量较低，营养价值优于秸秆类饲料；糯玉米秸秆 CP 含量较高，不可利用纤维含量和不可利用蛋白质含量均较低，营养价值优于玉米秸和玉米秸青贮饲料。

③ CNCPS 测定的指标较多，可一定程度上反映动物对饲料利用的情况，对饲料营养价值的评价更精确。

对于应用 CNCPS 评定饲料的营养价值，国内外报道很多，一致认为，CNCPS 分析方法测定的指标较多，能够全面地反映饲料的营养价值和反刍动物对饲料利用的情况，对饲料营养价值的评定更精确。此试验进一步完善我国北方饲料 CNCPS 数据库，为 CNCPS 在我国北方地区奶牛业中的推广应用提供基础理论数据。

2.2 青贮源乳酸菌培养工艺及发酵效果的研究

在青贮饲料方面，家畜营养与饲料研究室从玉米青贮中分离筛选了 2 株性状优良乳酸菌，对其培养工艺及发酵效果进行了研究。通过 16SrDNA 的方法对其进行分了生物学鉴定，并利用青贮发酵罐全面评价这两株乳酸菌对全株玉米青贮发酵进程的影响。最后通过饲养试验研究其对奶牛生产性能的影响。

试验一 响应面法优化青贮饲料乳酸菌的培养条件

从青贮饲料中筛选得到 2 株乳酸菌，经 16SrDNA 的方法对其进行分了生物学鉴定，两株乳酸菌分别为植物乳杆菌（GLP01），该菌株与 GenBank 中的 *Lactobacillus plantarum* strain-KLDS（登录号：EU 626013.1）相似度为 98%；发酵乳杆菌（BLF01），与 GenBank 中的 *Lactobacillus fermentum* strain44197（登录号：DQ779203.1）相似度为 99%。通过单因素试

验设计研究了培养基组成（碳源、氮源）和培养条件（温度、接种量、起始 pH 值等）对 GLP01 和 BLF01 生长繁殖的影响；采用二次响应面分析方法对其培养条件进行优化，得到生长模型以及取得该模型最优值时各因素的水平。试验结果表明，培养 GLP01 的最适碳源是果糖，最佳氮源是酵母粉，最佳培养条件是起始 pH 值 5.47，培养温度 35.3℃，接种量 8.16%；培养 BLF01 的最适碳源是乳糖，最佳氮源是酵母粉，最佳培养条件是起始 pH 值 6.5，培养温度 35℃，接种量 1%。

试验二 不同微生物接种剂对全株玉米青贮发酵品质的影响

试验以蜡熟期全株玉米为原料，设 4 个处理组，分别为：对照组（CK）、植物乳杆菌组（G）、发酵乳杆菌组（B）以及植物乳杆菌＋布氏乳杆菌组（LG）。其中 CK 组不添加接种剂，G 组添加植物乳杆菌 10^5 cfu/g FM，B 组添加发酵乳杆菌也为 10^5 cfu/g FM，LG 组添加的植物乳杆菌和布氏乳杆菌均为 10^5 cfu/g FM。青贮饲料发酵过程中，分别于第 1、3、5、7、9、12、15、30、45、60 和 90 天开罐取样，进行青贮品质检测、化学成分分析和微生物检测。结果显示，本试验中所用的植物乳杆菌和发酵乳杆菌均能有效改变全株玉米青贮的发酵过程，即能够主导全株玉米青贮发酵。添加植物乳杆菌能够有效促进全株玉米青贮中乳酸菌的生长繁殖（$P < 0.05$），同时抑制真菌活动（$P < 0.05$），从而显著降低青贮饲料的 pH 值（$P < 0.05$）；同时提高乳乙酸的生成比值，使得发酵进程向同型发酵转变。发酵乳杆菌也属于典型的同型发酵乳酸菌，而且产酸能力显著高于其他各组（$P < 0.05$），其乳酸的生成量比其他组高出 13.2% ~ 46.36%；在发酵过程中，该组的 pH 值显著低于其他组（$P < 0.05$），为 3.68。但是，正因为发酵乳杆菌的强产酸能力，抑制了大部分乳酸菌的生长，却为可利用乳酸的酵母菌提供了有利环境。植物乳杆菌与布氏乳杆菌联合应用，能够促进乳酸菌的生长，显著降低全株玉米青贮的 pH 值，同时抑制真菌的生长繁殖活动。但是，该组的乳乙酸生成比值是 2.01，为各组中最小，属于典型的异型发酵。

试验三 接种不同乳酸菌的全株玉米青贮对奶牛生产性能的影响

以全株玉米为青贮原料，设 3 个处理组，分别为对照组、植物乳杆菌组和布氏乳杆菌组，其中对照组不添加接种剂，其他两个组添加的菌种量均为 10^5 cfu/g FM。青贮方式为地上水泥青贮窖，两个月后开封。同时，选取 21 头中国荷斯坦经产奶牛，随机分成 3 组，研究不同处理的全株玉米青贮对泌乳牛产奶量和乳成分的影响。结果表明：以 4% 标准乳计，与对照组相比，植物乳杆菌组产奶量平均每日每头增加 2.21kg，布氏乳杆菌组增加 0.3kg。此外，植物乳杆菌组显著提高了乳脂率（$P < 0.05$）。

2.3 不同添加剂对不带穗玉米秸秆青贮发酵品质的影响

我国是秸秆资源最丰富的国家之一，据报道，中国每年生产的玉米秸秆总产量达 2.2 亿吨。玉米秸秆是反刍家畜的主要粗饲料来源，合理利用玉米秸秆，将会推动中国反刍家畜养殖业的发展。与全株玉米相比，不带穗玉米秸秆水溶性碳水化合物含量较低，木质化程度较高，往往青贮保存效果并不理想。因此，非常有必要通过添加青贮添加剂来改善不带穗玉米秸秆的青贮发酵品质，从而更好地保存其营养价值。

试验主要探讨了糖蜜、植物乳杆菌和甲酸 3 种添加剂对不带穗玉米秸秆青贮发酵品质的影响。试验设对照组、糖蜜、植物乳杆菌和甲酸 4 个处理组。在发酵第 1、3、7、15、30

和 60 天分别开罐取样进行检测分析。结果表明。与对照组相比，3 种添加剂都增大了不带穗玉米秸秆青贮发酵末期的 pH 值和干物质含量，都提高了发酵过程中乳酸与乙酸的生成比例，但 3 种添加剂并没有提高玉米秸秆青贮饲料干物质消化率。

2.4 杂交构树叶的饲用营养价值研究

构树为桑科构树属落叶乔木，广泛分布于我国大部分地区。它是我国重要的经济林木，其树皮纤维品质优良，自古就是造纸的优良原料；而且它的环境适应性强，是迅速绿化荒山、荒滩和盐碱地的理想树种。目前这类植物尚未作为饲料被广泛利用。但由于它们的生长特点和营养特点，已被大面积种植，面积超过 6 万余公顷。"杂交构树"是中国科学院植物研究所利用现代生物技术和传统杂交育种方法培育出的新树种，是一种具有突出抗逆性的速生丰产树种。在自然界生存适应性极强，耐干旱、耐贫瘠、耐盐碱，根系发达，在各种类型的土壤中几乎都能生长，极少病虫害。它不仅是保护生态环境和水土保持的一种优良树种，而且"杂交构树"树叶蛋白质含量较高，经科学加工后可用于生产动物饲料，是一种绿色、高效的饲料来源。与苜蓿草粉和豆粕的常规营养成分比较见表 1.2.1。

表 1.2.1 杂交构树叶、苜蓿草粉和豆粕的常规营养成分比较（以风干物质为基础） /%

类项	水分	粗蛋白	粗脂肪	NDF	ADF	粗灰分	钙	总磷
杂交构树叶	9.1	26.1	5.2	15.9	13.0	15.4	3.4	0.2
苜蓿草粉[1]	13.0	19.1	2.3	36.7	25.0	7.6	1.4	0.5
苜蓿草粉[2]	13.0	17.2	2.6	39.0	28.6	8.3	1.5	0.2
豆粕[3]	11.0	44.2	1.9	13.6	9.6	6.1	0.3	0.6

注：① NY/T1 级，1 茬，盛花期，烘干；② NY/T2 级，1 茬，盛花期，烘干；③ NY/T2 级浸提或预压浸提；

注：表中数据杂交构树叶为实测值。

通过测定杂交构树叶的营养成分、矿物质元素、氨基酸组成和有毒元素含量，并将其与常用的粗饲料苜蓿草粉、蛋白质饲料豆粕进行比较，表明杂交构树叶是一种富含蛋白质、钙、铁的很好的饲料原料，可以代替部分苜蓿草粉和豆粕在草食动物日粮中应用。杂交构树生长过程中不需施用农药和化肥，因此不存在其他农作物饲料来源的农药和化肥残留问题，可以认为是一种纯天然的饲料资源。

参考文献（略，可函索）

3　饲料营养价值评定

张姝，女，汉族，辽宁沈阳人。硕士，副研究员。1988年毕业于沈阳农业大学畜牧兽医系，获得学士学位。2002年毕业于中国农业科学院研究生院，动物营养与饲料科学专业，获硕士学位。1991年在中国农科院饲料研究所工作至今。2000—2002年期间在农业部全国饲料评审办公室从事饲料及饲料添加剂新产品的评审工作。研究方向：家禽营养、饲料资源开发利用及营养价值评定。参加了"八五"国家科技攻关专题"饲料生物学综合评定技术研究"，制定了《饲料生物学综合评定技术规程》35套。"八五"攻关课题"0~2周龄雏鸡营养参数研究"以及"饲料诱食剂的研究"的课题，研制出仔猪、犊牛、家禽和鱼、虾诱食剂新产品4种。主持了"九五"攻关子专题《肉鸡复合维生素配制生产新技术的研究》。目前正在进行"国家肉鸡产业技术体系岗位科学家任务"肉鸡肠道发育规律研究。曾获得：中国畜牧兽医学会第十届全国会员代表大会及学术年会论文评比（1996）一等奖，"肉仔鸡胱氨酸营养代谢及其需要量的研究"论文，第二作者；"0~2周龄肉仔鸡营养参数及饲料配制技术研究"部级科学技术进步二等奖（1997）；"畜、禽、水产诱食剂研究"部级科学技术进步三等奖（1999年）；专著《饲料添加剂大全》北京市科学技术进步三等奖（2000年），任编委。近5年获得软件注册登记证书1个，发明证书2个。发表学术论文40余篇，获授权专利2项；参编专著4部。联系方式：电话：010-82106077 传真：010-82105477，E-mail：zhangshu@caas.cn，通讯地址：北京市海淀区中关村南大街12号中国农业科学院饲料研究所家禽营养室，邮编100081

摘　要：本文总结了近3年来饲料所营养应用技术团队在饲料营养价值评定方面所做的工作。研究涉及了我国主要养殖动物的常用饲料原料可消化养分的数据及配套技术方法，建立了多套饲料原料及饲料营养价值评定预测模型、营养价值评定标准方法。综合评定了不同地区不同来源的饲料原料，并初步建立起饲料营养价值数据库。

3.1　家禽饲料原料营养价值评定进展

家禽饲料的营养价值评定主要针对鸡饲料的代谢能值和各营养组分的利用率，从消化生理、营养价值可加性的角度，系统研究了代谢能体系、蛋白质可消化氨基酸营养体系，并提出了多种家禽饲料代谢能值、氨基酸生物学利用率的生物学评定方法。

3.1.1 能量营养价值评定研究进展

3.1.1.1 代谢能评定研究进展

评定肉鸡饲料的营养价值时，代谢能是最主要指标之一。在表示代谢能的方法上有表观代谢能（AME）、氮校正代谢能（AMEn）、真代谢能（TME）以及氮校正真代谢能（TME）等。家禽研究室的科学家们就此开展了一系列工作，获得了大量数据。

玉米、小麦、油脂是家禽日粮主要能量原料来源，由于品种、产地、收割、加工、贮藏等因素使其营养成分不同，加之评价方法体系的不统一，测定所得的饲料营养有效值差异较大。

邓雪娟（2009）采用二氧化钛作指示剂，部分收粪测定了肉仔鸡饲料原料玉米、豆粕、棉粕和菜粕的表观代谢能（AME）和氮校正表观代谢能（AMEn）。结果表明：豆粕和棉粕中，28 日龄 AA 肉仔鸡公鸡的 AMEn 显著高于母鸡（$P < 0.05$）；玉米和菜粕中，AME 和 AMEn 在公母鸡间差异均不显著（$P > 0.05$）。4 种原料中，公鸡 AME 和 AMEn 利用率在数值上均高于母鸡，但差异不显著（$P > 0.05$）。试验又通过比较由单一原料 AME 和 AMEn 估算配合日粮 AME 和 AMEn 所得的预测值与测定值的差异，研究了原料间 AME 和 AMEn 的可加性。结果证明肉仔鸡饲料原料玉米、豆粕、棉粕和菜粕的 AME 和 AMEn 存在可加性。

娄瑞颖（2011）用外源指示剂法测定了 55 个玉米样品的理化指标、AME 和 AMEn。结果显示，玉米粗脂肪、粗灰分、酸性洗涤纤维和直链淀粉与支链淀粉比的变异系数分别为 10.35%、12.32%、11.33% 和 13.51%，其余理化指标变异系数在 10% 以内，玉米 AME 和 AMEn 的变异系数分别为 5.97% 和 5.78%，且不同来源玉米代谢能存在显著差异。玉米总能、中性洗涤纤维、酸性洗涤纤维和总淀粉含量与玉米代谢能差异具有相关性，见表 1.3.1。

表 1.3.1 不同玉米样品的代谢能变异度（干物质基础）

项目	样品数	平均值/（MJ/kg）	SEM	最小值/（MJ/kg）	最大值/（MJ/kg）	CV/%
AME	55	16.10	0.96	13.95	17.87	5.97
AMEn	55	15.80	0.91	13.73	17.75	5.78

同时采用全收粪法和指示剂法测定了 22 种不同来源玉米（替代比例：60% 基础日粮 + 40% 玉米）的 AME 和 AMEn，并测定各处理的肉仔鸡生长性能。结果表明，指示剂法测得的 AME1 变系数为 2.36%，AMEn1 变系数为 2.15%；全收粪法测得的 AME2 变系数为 2.43%，AMEn2 变系数为 2.22%；玉米 AME1 与肉仔鸡平均日采食量存在显著负相关（$P < 0.05$）；玉米 AME2 和 AMEn2 与肉仔鸡料重比存在显著负相关（$P < 0.05$）。

王永伟、刘国华等（2011）采用 3 种生物学方法测定了 26 ~ 31 日龄的 AA 肉仔鸡小麦的表现代谢能（AME）、氮校正表观代谢能（AMEn）和回肠表观消化能（IDE）。结果表明：全收粪法和指示剂法测得 14 种小麦的 AME 平均值分别为 13.27MJ/kg 和 12.64MJ/kg，回肠食糜法测得的 IDE 平均值为 12.05MJ/kg，全收粪法和指示剂法测得小麦的 AMEn 平均值分别为 12.95MJ/kg 和 12.01MJ/kg。可见，不同产地小麦和不同生物学方法所得的小麦表观有效能值是不同的，对配方计算结果产生显著影响。娄瑞颖、刘国华（2013）再次测定了不同地区 15 种小麦营养价值，试验结果显示，小麦的 AME、IDE 变异范围在 9.5 ~ 11.8MJ/kg 和 6.92 ~ 11.67MJ/kg，变异度分别是 6.53% 和 13.44%；总能回肠表观消化率变异度也均在 10% 以上，这和王永伟（2011）、刘世杰（2009）报道一致。因此，在肉鸡饲粮中使用小麦应综合考虑各项指标，添加适当的木聚糖酶可消除抗营养因子的影响。

油脂也是家禽的重要高能饲料原料，在整个饲料配方成本中占有很重要的比例，因此，准确评价油脂的代谢能值尤为重要。

王凤红等（2009）应用套算法研究了待测油脂的替代比例对肉仔鸡饲料 AMEn 值和日粮养分利用率的影响。结果表明，用套算法测定油脂氮校正表观代谢能（AMEn）值和待测油脂的最佳替代比例范围为 9% ~ 12%，建立了油脂质量指标及脂肪酸组成与油脂氮校正代谢能之间的回归方程如下：

AMEn = 10.24460 − 0.06023lg（UM）＋ 0.095000lg（pL）＋ 0.04771lg（AV）（R^2 = 0.97740，$P < 0.01$）

其中，AV 为酸价，UM 为不皂化物，PL 为磷脂。

近年来玉米 DDGS 作为家禽蛋白能量饲料资源开发被广泛应用，是较经济且可部分替代畜禽饲料中的玉米、豆粕和磷酸二氢钙的原料。

李婷婷（2013）采用强饲法测定 31 种不同来源玉米 DDGS 的营养成分和表观代谢能（AME）。试验结果表明：AME 的最大值为 10.37MJ/kg，最小值为 6.06MJ/kg，平均值为 8.62MJ/kg，变异系数为 12.65 %。化学预测最优回归模型为：

AME = 3.2739 + 0.1296CP − 0.5669CF + 0.4249EE + 0.03074NFE + 0.1040ADF（R^2 = 0.87）

建立了玉米 DDGS 理化指标及表观代谢能的近红外快速定标模型，其中以粗蛋白（CP）、粗脂肪（EE）、亮度（L＊）、黄度（B＊）及表观代谢能（AME）定标模型的决定系数均在 0.90 以上，可用于玉米 DDGS 的快速测定。

3.1.1.2 净能评定研究进展

各国的饲料评价体系不一，常用的饲料原料可利用养分的基础数据不完全，代谢能及营分的测定方法很多，所得数据之间无法比较。研究表明，代谢能高估了蛋白和纤维饲料原料的能值而低估了脂肪和淀粉的能值。因此，家禽的净能体系评价研究又重新得到研究者的更多关注。按净能配制畜禽日粮是实现精准养殖、避免蛋白质原料的浪费、降低排放的必然。为此营养团队家禽营养研究课题组 2013 年已经开展了肉鸡饲料原料净能值的测定研究工作：刘伟（2013）设计了肉鸡饲料原料净能测定方法和研究了相应的呼吸测热设备；肉鸡常用饲料原料净能值的测定目前实验正在进行中。

以上试验结论表明，如何建立完整准确合理的家禽饲料原料的营养价值评定体系，为养殖业提供准确饲料原料营养价值参数，是现代养殖业发展的关键。为此，家禽研究室评价了 10 种原料和 33 种不同产地小麦的肉仔鸡表观代谢能（AME）和氮校正表观代谢能（AMEn）、9 种油脂肉仔鸡表观代谢能（AME）及其理化指标、10 种原料的肉仔鸡回肠氨基酸表观消化率，见表 1.3.2、表 1.3.3 为部分原料营养价值参数值。

表 1.3.2　不同产地小麦肉仔鸡 AME 和 AMEn 的测定值（MJ/kg，干物质基础）

原料（产地）	AME	AMEn	原料（产地）	AME	AMEn
小麦（北京）	14.93	13.41	小麦（湖北混合）	11.50	11.47
小麦（胶州2）	14.72	14.59	小麦（定远）	11.50	11.45
小麦（秦皇岛）	13.74	10.87	小麦（潍坊青州）	11.42	11.37
小麦（潍坊2）	13.71	13.13	小麦（潍坊3）	11.40	13.27
小麦（潍坊1）	13.56	12.15	小麦（胶州1）	11.28	11.04
小麦（合肥）	13.31	13.26	小麦（潍坊4）	11.16	11.08
小麦（荆州）	13.23	13.19	小麦（河南）	11.10	10.42
小麦（唐山）	13.00	12.94	小麦（枣庄山亭）	11.08	11.03
小麦（常州1）	12.96	11.95	小麦（洛阳）	10.99	10.96
小麦（湖北）	12.79	11.58	小麦（郑州2）	10.98	10.93
小麦（固镇）	12.36	12.29	小麦（滨州邹平）	10.42	10.37
小麦（德阳）	12.31	12.28	小麦（沙洋）	10.31	10.29
小麦（豫南）	12.07	11.02	小麦（江苏混合）	9.53	9.47
小麦（单县）	11.95	11.91	小麦（衡水）	9.37	9.30
小麦（滨海）	11.93	11.90	小麦（宿州）	8.45	8.41
小麦（常州2）	11.86	10.45	小麦（青岛平度）	7.93	7.88
小麦（北京）	11.71	13.21			

表 1.3.3　饲用油脂鸡代谢能及其部分理化指标

项目	不皂化物/%	碘值/（gI/100g）	杂质/%	酸价/（mg/g）	皂化物/（mgKOH/g）	磷脂/%	AMEn/（kJ/g）	水分/%
牛油	0.43	47.00	2.52	0.31	203.16	1.80	29.03	0.046
棕榈油	2.96	62.46	1.61	1.13	200.18	8.30	29.81	0.026
棉籽油	1.35	75.79	3.28	1.20	190.33	3.55	30.16	0.089
豆油	0.95	141.35	1.46	1.62	194.60	6.52	32.62	0.062
猪油	0.59	73.72	2.42	2.23	219.00	3.25	32.67	0.071
鸡油	0.48	87.62	2.91	1.88	186.26	5.65	33.16	0.126
菜籽油	0.21	131.98	2.94	2.82	168.73	1.88	33.24	0.089
玉米油	0.20	119.70	2.20	3.27	182.75	3.44	35.67	0.030

3.1.2　蛋白质营养价值评定研究进展

蛋白质营养主要是氨基酸的营养，食入的蛋白质被动物消化分解吸收并可用于蛋白质合成的氨基酸是可利用氨基酸，蛋白质饲料的营养价值评定即是氨基酸质量的评定。标准回肠消化率评价家禽饲料各营养组分和能量营养价值评定广泛被应用。

邓雪娟（2009）采用二氧化钛作指示剂，部分收粪测定了肉仔鸡饲料原料玉米、豆粕、棉粕和菜粕的氨基酸回肠消化率，通过比较由单一原料氨基酸回肠消化率估测配合日粮氨基酸回肠消化率所得的预测值与测定值的差异，研究了原料间氨基酸回肠消化率的可加性。结果表明：含玉米的日粮中，大多数氨基酸的表观回肠消化率（AID）测定值显著高于预测值（$P < 0.05$），氨基酸标准回肠消化率（SID）的预测值与测定值差异不显著（$P > 0.05$）；不含玉米的日粮中，AID 和 SID 的预测值与测定值差异均不显著（$P > 0.05$），豆粕、棉粕、菜粕的 AID 和 SID 均具有可加性。证明了标准回肠氨基酸消化率在肉仔鸡日粮配制中具有明显的优越性。

3.1.3 矿物质元素营养价值评定

矿物质磷是家禽必需的常量元素，具有重要的生物学功能。随着生物技术进步，植物饲料中的磷资源利用具有很大空间，节省磷矿物质资源，减少磷的排放具有重大意义。因此，对植物饲料中的可利用磷的含量及其营养价值的评定是开发利用的基础。

陈娴、刘国华等（2011）用套算法测定了 6 种肉鸭常用植物性饲料原料的总磷真利用率和真有效磷。结果显示，肉鸭对玉米、豆粕、菜籽粕、棉籽粕、花生粕、小麦麸的总磷真利用率分别为 65.98%、45.10%、40.44%、20.32%、46.93% 和 38.59%，真有效磷分别为 1.74、2.83、4.27、2.45、3.35 和 2.84g/kgDM。

3.2 反刍动物饲料营养价值评定进展

反刍动物饲料主要包括常用精饲料、粗饲料和青绿多汁饲料，多集中在碳水化合物及蛋白质营养方面的评定。近年来 CNCPS 体系被广泛应用于反刍动物营养价值评定，该体系方法测定的指标较多，能够全面反映饲料的营养成分及在奶牛体内的消化吸收。

3.2.1 营养价值预测模型建立及其方法的研究

瘤胃瘘管法方面

刘洁和刁其玉（2011，2012）建立了肉用绵羊饲料营养成分消化率和有效能预测模型。试验选用（47.21 ± 1.01）kg、安装瘤胃瘘管的杜泊羊（♂）× 小尾寒羊（♀）杂交 1 代肉用公羊 12 只，采用 12 × 4 不完全拉丁方设计，分别测定 12 种日粮的概略养分含量，通过动物试验实测养分消化率和有效能值，并进行消化率和有效能与化学成分的一元或多元线性回归分析，建立预测模型。结果表明，干物质（DM）、有机物（OM）、总能（GE）和粗蛋白质（CP）的消化率与它们在饲料中的含量均呈极显著正相关（$P < 0.01$），而与中性洗涤纤维（NDF）呈极显著负相关（$P < 0.01$）。NDF 消化率与饲料中的 OM、GE 和 CP 均呈显著负相关（$P < 0.05$），与 NDF 呈极显著正相关（$P < 0.01$）。消化能（DE）和代谢能（ME）与饲料中的 OM、GE 和 CP 的含量均呈极显著正相关（$P < 0.01$），而与 NDF 呈极显著负相关（$P < 0.01$）。用饲料中概略养分含量预测能量消化率（ED）和代谢能的预测模型分别为：

$$ED（\%）= 194.907 - 0.987NDF（\%）- 0.901OM - 0.603CP（\%）$$

（$R^2 = 0.966$，n = 12，$P < 0.001$）

ME（$MJ \cdot kg^{-1}DM$）= 50.245 − 0.136NDF（%）− 0.394OM（%）− 0.012CP（%）

（$R^2 = 0.901$，n = 12，$P < 0.001$）

饲料中的营养成分消化率与概略养分含量存在明显的相关性，各种有效能值与营养成分之间的相关性显著，说明通过概略养分可对饲料的养分消化率和有效能进行比较准确的预测。

同时，采用固相标记物 Yb（$YbCl_3$）和液相标记物 Co（Co − EDTA）作为双相标记物测定食糜流量和日粮非降解蛋白质，^{15}N 标记物测定微生物蛋白质，计算代谢蛋白质，并测定 12 种不同精粗比饲料的瘤胃发酵参数和 24h 可发酵有机物。用饲料成分含量、可消化营养物质、24h 可发酵有机物为预测因子建立代谢蛋白质的预测模型。

试验选用安装永久性瘤胃瘘管和十二指肠瘘管的杜泊羊（♂）× 小尾寒羊（♀）杂交 1 代肉用公羊 12 只，采用 12 × 4 不完全拉丁方设计，分别饲喂精粗比为 0∶100、8∶92、16∶84、24∶76、32∶68、40∶60、48∶52、56∶44、64∶36、72∶28、80∶20 和 88∶12 的 12 种全混合颗粒饲料。结果表明，日粮中精粗比显著影响肉用绵羊瘤胃 pH 值、氨态氮浓度和瘤胃总挥发性脂肪酸含量及比例（$P < 0.05$）。饲料中粗蛋白质或可消化蛋白质与饲料中代谢蛋白质均存在极显著相关（$P < 0.01$），用粗蛋白质或可消化蛋白质建立的代谢蛋白质的预测模型分别为：

MP（g/kgDM）= −55.712 + 9.826CP（%）（$R^2 = 0.986$，n = 12，$P < 0.001$）

MP（g/kgDM）= −9.841 + 0.983DP（g/kgDM）（$R^2 = 0.999$，n = 12，$P < 0.001$）

尼龙袋法方面：测定 12 种饲料的 24h 可发酵有机物（FOM），表明 FOM_{24h} 与 ME 或 MP 之间也存在极显著相关（$P < 0.01$），利用 FOM_{24h} 作为预测因子建立的模型为：

ME（MJ/kgDM）= 5.094 + 0.130FOM_{24h}（g/kgDM）（$R^2 = 0.765$，n = 12，$P < 0.001$）

MP（g/kgDM）= −70.321 + 4.639FOM_{24h}（g/kgDM）（$R^2 = 0.858$，n = 12，$P < 0.001$）

3.2.2 瘤胃微生物蛋白质产量估测方法的研究

马涛、刁其玉、邓凯东（2012）研究比较了以 2 种微生物标记物 ^{15}N 和嘌呤（Purine Bases, PB），估测肉羊瘤胃微生物 N 产量的效果，建立不同方法之间的内在联系，为准确地估测肉羊微生物 N 提供依据。

试验选用 12 只平均体质量为（41.3 ± 2.8）kg 的杜寒杂交（杜泊羊 × 小尾寒羊）绵羊公羔，结果表明，瘤胃细菌成分（氮含量、嘌呤含量和嘌呤/氮）不受日粮处理的影响（$P > 0.05$）；十二指肠干物质、有机物、非氨氮和嘌呤流量均随日粮饲喂水平的降低显著下降（$P < 0.05$）；应用 ^{15}N 和 PB 计算得到的微生物 N 产量均随日粮饲喂水平的降低而显著降低（$P < 0.05$），计算得出的微生物合成效率则均不受日粮处理的显著影响（$P > 0.05$）。^{15}N 测定的微生物 N 在各处理内的变异性要小于 PB 测定得到的微生物 N，因此应用 ^{15}N 来测定微生物 N 能够得到更为准确可靠的结果。

3.2.3 玉米青贮品质和营养价值的评定研究

闫贵龙、曹春梅、刁其玉等（2010、2011）分别研究了季节和窖内深度对青贮窖中全株玉米青贮品质和营养价值的影响。分别在冬、春、夏季从地上青贮窖中以每日取料厚度5、10、20 和 40cm 取样；在夏季青贮窖中，从地上青贮窖表面往下 10、20、40、80、160 和 320cm 处分别取样，进行青贮品质检测、化学成分分析和体外消化率测定。结果显示：

（1）冬季、春季对全株玉米青贮的微生物含量无显著影响（$P > 0.05$），但夏季取料厚度 5、10cm 时真菌含量极显著高于冬季和春季（$P < 0.01$）；全株玉米青贮过程中当 pH 值降到 3.76 后还有一个漫长的缓慢降低过程，这个过程从冬季一直持续到第 2 年夏季；在这个过程中，NDF、ADF 等不易被微生物利用的营养物质比例逐步提高，而容易被微生物利用的总糖比例逐步减少，体外 DM 消化率逐步降低。结果提示，青贮窖中全株玉米青贮随着保存时间延长，营养价值会逐渐降低；夏季时全株玉米青贮每日取料厚度应大于 10cm。

（2）青贮窖表层（深度小于 40cm）全株玉米青贮的真菌和乳酸菌含量高，总糖含量少，NDF、ADF 和丁酸含量高，pH 值高。

（3）随着深度增加，干物质、总糖和 WSC 含量、pH 值以及 DMD 逐渐降低，而乳酸、乙酸、NDF 和 ADF 含量则升高，但粗蛋白和粗脂肪含量无明显变化。结果提示，夏季青贮窖中全株玉米青贮的品质、营养成分含量以及 DMD 既明显受简陋覆盖方式的影响，也明显受青贮窖深度的影响。

3.3　水产饲料营养价值评定进展

（1）在全价饲料营养价值评定及其影响因素研究方面

传统水产饲料都是以鱼粉为主要蛋白源，由于水产养殖的不断发展，资源凸显匮乏，挖掘新的蛋白资源，是当今水产养殖业主要研究热点，以植物蛋白饲料替代鱼粉的营养价值评定尤其重要。养殖方式、饲养管理、饲料类型和加工工艺都是影响饲料营养价值评定的因素。

罗琳、薛敏等（2011）在饲料加工工艺及投喂率对鲤鱼生长性能及表观消化率的影响的研究中，采用配方相同的膨化饲料和硬颗粒饲料饲养鲤鱼。结果表明，投喂膨化饲料的鲤鱼全鱼鱼体的粗蛋白、粗灰分和水分含量较投喂颗粒饲料的显著降低（$P < 0.05$），粗脂肪含量显著增加（$P < 0.05$）。投喂膨化饲料组鲤鱼的蛋白质消化率、干物质消化率较投喂颗粒饲料显著增加（$P < 0.05$），能量消化率极显著增加（$P < 0.01$）。投喂率对鲤鱼的全鱼鱼体成分、营养成分生物利用率没有影响。

（2）在酶制剂效价评价方面

罗琳、吴秀峰等（2009）研究了中性植酸酶在豆粕型饲料中替代磷酸二氢钙，对花鲈生长和磷代谢的影响。此文旨在研究豆粕型饲料中用中性植酸酶替代不同水平的磷酸二氢钙，对花鲈生长和磷代谢及利用的影响。以（2.52 ± 0.01）g 的花鲈为试验对象，用中性植酸酶分别替代试验用的豆粕型饲料中 60%（PE6）、80%（PES8）、100%（PET）的磷酸二氢钙，每个替代水平饲料中分别设置 1 000FTU/kg（PE610、PF810、PET10）和 1 500FTU/kg（PE615、PE815、PET15）2 个梯度。8 周的养殖试验结果显示，在豆粕型饲料中用中性植酸酶替代磷酸二氢钙后，对各试验组花鲈的生长、鱼体成分和蛋白质消化率均无显著影响（$P > 0.05$）；各试验组的总磷摄入量、表观磷的摄入量、粪磷和非粪磷的排出量均随试验料中磷酸二氢钙添加量的减少而显著降低（$P < 0.05$）。

3.4 饲料原料基础数据库及配套应用技术的研究进展

饲料原料基础数据库的建立与发展是饲料工业发展的基石。饲料原料基础数据的准确性是准确评定动物营养需要量的基础。只有准确评定动物的营养需要量和饲料原料的营养价值，才能建立完善的饲料基础数据，才能正确地进行动物营养与饲料科学研究。

阎海洁、蔡辉益等（2010、2011、2012）经过 3 年研究，初步提出了新型饲料基础数据库的基本架构；完成了饲料原料营养价值史料搜集和整理；申报了饲料原料样品移动采集系统专利；并完成了玉米、小麦麸、玉米 DDGS、大豆粕、菜籽粕、棉籽粕的采样和化学成分分析；提出了玉米 DDGS 有效能的近红外估测模型等工作。

该新型饲料数据库应用系统的主要功能是为饲料和养殖企业提供准确可靠的饲料及原料营养价值基础信息检索；通过建立营养成分分析模型和工具为饲料产业企业提供营养策略咨询、有效养分快速预测分析以及效果评估服务；通过建立家禽、猪、反刍动物、水产动物（鱼类）等动物生长预测模型为畜牧养殖企业提供动物生产性能和成本预测，为提高畜牧行业精准饲养水平提供支持。并突出实现如下功能。

全面、准确、可靠、动态的饲料营养价值数据查询检索服务。以农业部行业公益项目为依托，以 3G 通讯技术和条码溯源技术为工具，2010 年至今开展了全国范围的饲料资源调查和营养成分精准检测，保证了就饲料营养成分数据的准确和真实可靠，现行数据库也将和美国、法国、德国、日本等国数据库对接，融合我国饲料数据库所有历史数据，在云计算等先进计算机技术支持下，实现饲料数据的快速即时查询。

饲料营养成分快速预测分析。建立了饲料原料样本的近红外指纹图谱库，与相应样品的生物学效价建立仿真模型，对营养价值及成分构成进行模拟预测。同时饲料营养成分数据将和农业气象、地理信息系统数据融合，通过对不同地区积温、降水、土壤等信息变化，对玉米、小麦、豆粕、棉粕、菜粕、DDGS 等饲料作物营养价值、品质和危害因子等进行概略预测。

家禽、猪等动物生产性能指标预测分析。按照家禽、猪等动物分类，收集同种饲养方式下动物饲料配方及生长观测数据，通过数据挖掘技术建立饲料配方与动物生长的关系模型，利用关系模型对用户提供的营养策略分析预测，为用户满足市场需求的后续行为决策进行辅助支持。

家禽、猪等动物配方评估与优化。根据饲料配方与动物生长的关系模型，对使用用户提供的饲料配方饲养的动物在不同时期的指标属性进行预测，预测结果与用户预期目标或遗传潜力进行比较，并根据评估结果协助用户完成饲料配方的调优工作，为用户提供饲料配方体外验证方法和途径。

参考文献（略，可函索）

4 反刍动物饲料营养价值评定

李艳玲，女，博士（后），助理研究员，毕业于中国农业大学动物科技学院动物营养与饲料科学专业，并分别获该校农学学士、硕士和博士学位；2008年前往加拿大农业与农业食品部（AAFC）莱斯布里奇（Lethbridge）研究所从事2年的博士后研究。主要研究方向：反刍动物营养、饲料营养价值评定及饲料资源开发利用。先后主持课题7项，参与课题20多项，包括：国家自然科学基金、国家留学人员科技活动择优资助启动项目、公益性行业（农业）科研专项、中央级公益性科研院所基本科研业务费专项等。重点开展了非常规饲料资源在肉牛生产中的优化利用研究；蒸汽压片谷物在奶牛中应用技术研究；肉羊粗饲料营养价值评定工作；植物提取物对瘤胃发酵和甲烷调控的研究等。获国家授权发明专利1项；专著6部，其中副主编2部；发表论文40余篇，其中SCI收录7篇，第1作者5篇。

摘　要： 反刍动物饲料营养价值评定包括饲料营养成分评定和饲料营养物质可利用性评定两个方面。其中，评定反刍动物饲料营养物质可利用性的方法主要有体内法、半体内法和体外法，因其各自不同的特点分别应用于不同的研究领域。反刍动物饲料营养价值评定模型的应用，又将这些评定方法进一步深入和扩展。本文综述了反刍动物饲料营养价值评定的主要方法以及几种营养价值评定模型的研究进展。

反刍动物饲料包括各种牧草和秸秆等粗饲料及各种精饲料，为了合理供给反刍动物饲料，满足反刍动物对营养物质的需求，必须对饲料的营养成分和营养价值进行评定。反刍动物消化系统区别于单胃动物的最大特点在于瘤胃的特殊结构和作用，使它们能够借助于微生物来利用饲料的营养成分。因此，对反刍动物饲料营养价值的评定重点应放在饲料在瘤胃的降解以及在小肠中可消化养分的利用。本文综述了反刍动物饲料营养价值评定的主要方法以及几种营养价值评定模型的研究进展。

4.1 反刍动物饲料营养价值评定方法

4.1.1 饲料营养成分评定方法

（1）常规成分分析方法

目前主要采用Weende体系的概略养分分析法。根据化学成分分析将饲料成分分为粗蛋白质、粗脂肪、粗灰分、粗纤维、无氮浸出物和水分6大营养成分，以评定比较饲料的营养价值。尽管此体系是饲料营养价值评定的基础，但该方法对纤维成分的划分很不明确，不能很好地区分纤维素、半纤维素和木质素。另外，仅根据化学成分分析并不能说明反刍动物对饲料的消化利用情况，利用概略养分分析所测得的饲料养分与动物消化吸收养分间存在很大差异，因而不能较好地反映饲料的营养价值。

（2）范氏纤维分析法

范氏（Van Soest）分析方法是在 Weende 分析方法的基础上建立起来的，对粗纤维和无氮浸出物这两个指标进行了修正和重新划分[1]。对于反刍动物来讲，仅用常规营养成分来评价粗饲料的营养价值是不够的，因为粗饲料的消化率与纤维物质关系密切，而粗纤维并不能完全代表所有的纤维物质，粗纤维除了包含所有的纤维素外，还包含部分半纤维素和木质素。在评定饲草和纤维性饲料时，一旦测出饲料的 NDS（中性洗涤可溶物）、ADF（酸性洗涤纤维）、NDF（中性洗涤纤维）、ADL（酸性洗涤木质素），就可以单独或配合使用这些测定值来评定饲料的营养价值。Van Soest 分析方法对动物纤维性物质营养研究和高产奶牛饲料营养价值评定的发展和进步作出了历史性贡献。但是由于反刍动物具有特殊的消化道结构及消化生理，因此仅根据化学分析很难说明反刍动物对饲料的消化和利用情况，因而不能较好地反映饲料的营养价值，在使用过程中存在一定的局限。

（3）CNCPS 法

CNCPS 法即康奈尔净碳水化合物和蛋白质体系（Cornell Net Carbohydrate and Protein Systerm for Cattle），是康奈尔大学科学家提出的牛用动态能量和蛋白质及氨基酸体系。CNCPS 在 Van Soest 分析方法的基础上，考虑了饲料在瘤胃内的消化与流通速率以及被吸收的碳水化合物和蛋白质的利用效率等因素，对饲料中的粗蛋白和碳水化合物又进行了进一步的划分。将饲料碳水化合物分为4部分：CA 为糖类，在瘤胃中可快速降解；CB$_1$ 为淀粉，为中速降解部分；CB$_2$ 是可利用的细胞壁，为缓慢降解部分，CC 部分是不可利用的细胞壁。将蛋白质分为非蛋白氮、真蛋白质和不可利用氮3个部分，分别用 PA、PB 和 PC 来表示。真蛋白又被分为 PB$_1$、PB$_2$ 和 PB$_3$ 三部分。PA 和 PB$_1$ 在缓冲液中可溶解，PB$_1$ 在瘤胃中可快速降解，PC 含有与木质素结合的蛋白质、单宁蛋白质复合物和其他高度抵抗微生物和哺乳类酶类的成分，在酸性洗涤剂中不能被溶解（ADFIP），在瘤胃中不能被瘤胃细菌降解，在瘤胃后消化道也不能被消化。PB$_3$ 在中性洗涤剂中不溶解（NDFIP），但可在酸性洗涤剂中溶解，由于 PB$_3$ 与细胞壁结合在一起，因而在瘤胃中可缓慢降解，其中大部分可逃脱瘤胃降解。缓冲液不溶蛋白质减去中性洗涤不溶粗蛋白，剩余部分为 PB$_2$。CNCPS 反映蛋白质、碳水化合物在瘤胃发酵及肠道内的消化吸收、排泄情况，奶牛饲料的采食情况，热量的产生、营养的吸收对维持、生长、泌乳、繁殖等利用情况[2]。它首次打破了瘤胃"黑箱"，把饲料的养分与饲料在瘤胃内的发酵直接联系起来，在研究思路上有明显的创新之处。

4.1.2 饲料营养物质可利用性评定方法

饲料营养成分评定方法只能说明饲料自身营养成分含量的高低，不能说明饲料在动物体内的消化和代谢情况，通过对饲料营养物质可利用性的评定，能更准确地反映出饲料的实际营养价值。评定反刍动物饲料营养物质可利用性的方法主要有体内法、半体内法和体外法。

（1）体内法

评定一种饲料的营养价值最准确、最直观的方法就是动物试验，根据动物消化代谢情况，可以评定该饲料的营养价值。体内法是直接评定反刍动物饲料采食量、消化率、降解率、发酵和流通速率等，并以此评估饲料营养价值的方法。其优点是测定结果最接近正常的生理状态，具有可靠性和真实性，准确性好，是其他方法的标准，其他评定方法都需用体内法进行校正。但是体内法方法复杂，费时费力，需要一定数量的动物和大量的饲料样品，不便于大规模进行，且由于试验动物个体间差异较大，试验结果可重复性较差，不利于测定方法的标准化；而且体内法测定消化率的影响因素很多：标记物不同测定的结果也不同，日粮的频繁更换对动物来说也是一种应激，内源氮的难于准确估计也是引起误差的重要原因，食糜或粪样的代表性及化学成分不同引起的误差也在所难免。

（2）半体内法

半体内法即瘤胃尼龙袋法，是一种评定饲料在瘤胃内降解速度和程度的方法，在国内外应用最普遍。该法不需要复杂的分析技术，花费较少，能直接为实际生产提供可用的参数。具体做法是：将待测饲料装入尼龙袋投入瘤胃中，测定尼龙袋中饲料随时间变化的动态消失率，结合饲料的瘤胃外流速度，根据经验公式计算得到饲料的瘤胃有效降解率[3]。移动尼龙袋法最早由 Sauer 提出并以猪为试验动物评价小肠蛋白消化率。目前，移动尼龙袋法已经被荷兰的 DVE/OEB 体系全面采用[4]。

许多因素影响尼龙袋法的测定结果，包括尼龙袋及样品的特征、尼龙袋孔径、样品量与尼龙袋表面积之比（SS：SA）、日粮水平、放袋和取袋时间、尼龙袋在瘤胃中的位置及洗袋方法等[5]。尼龙袋法克服了体内法的缺点，成本低，简单易行，具有较好的重复性和稳定性，在评价反刍动物饲料营养价值上得到了推广应用[6~8]。但是受到试验动物的限制，一次评定的样品有限，一次只能测定少量样本，而且需要至少 3 头瘘管动物来消除动物间的个体差异，导致该方法不适合在实验室进行大量样本的常规分析。

（3）体外法

① 体外产气法

活体外产气量法（In Vitro Gas Production Method）是由德国霍恩海姆大学动物营养研究所 Menke 等人[9]建立的，是目前全世界采用最多的用来评价反刍动物饲草饲料营养价值的方法之一。国外文献多称该方法为 HFT（Hohenheimer Futterwert Test 或 Hohenheim Gas Test）技术。活体外产气量法的应用范围很广，可以比较准确地估测饲料的瘤胃有机物质消化率和干物质采食量；估计单种饲料或混合饲料的代谢能值；测定饲料添加剂和瘤胃调控剂的作用效果；评定瘤胃中各种微生物区系对于发酵的相对贡献；估测动物代谢产生的对环境有害的气体数量等。为了保持瘤胃液内纤维素酶和淀粉酶比例稳定，一定要尽可能地保持饲喂次数和饲粮组成稳定。同时，为确保所提供的瘤胃液稳定，活体外产气量法最好使用标准干草样对产气量进行检查和校正。与体内法相比，该法不需要大量的试验动物，并且结果与尼龙袋法具有高度相关性[10]。该方法的优点是快速、简单、成本低，且测定结果的重现性好等；其缺点是需要带有瘤胃瘘管的动物（牛或羊）提供瘤胃液，且需要专门的设备。

随着活体外产气量法应用范围的不断扩大，利用在一定容积内气压与气体数量成正比关系的原理，人们还发展了其他产气量方法，诸如通过气体压力与单位可消化干物质的气体产量之间的关系，利用公式估测产气量[11]。

② 酶解法

酶解法就是在体外模拟动物消化道酶谱和水解条件测定饲料消化率的方法。

早期由 Tilley 和 Terry[12] 提出的瘤胃液—胃蛋白酶两阶段消化法最具代表性，在欧美一些国家应用较广，是评定反刍动物饲料消化率最常见的方法。该法以试管培养瘤胃液和饲料样品模拟瘤胃消化来评定饲料的可消化性，即将饲料在瘤胃液中培养48h 后再用胃蛋白酶（pH 值大约为2）培养48h，以模拟真胃和部分小肠的消化过程，培养结束后分离出残渣进行分析。两步法虽克服了常规试验方法所具有的一系列限制因素，但不能测定饲料的动态消化率，不利于饲料的筛选。另外，由于发酵终产物不能外移，与反刍动物瘤胃食糜外排的生理规律不相符，也影响测定结果的稳定性和准确性。

Calsamiglia 和 Stern[13] 在两步法基础上提出了三步法测试饲料非降解部分在小肠的消化率。在经过瘤胃时滞留16h，然后再用盐酸—胃蛋白酶消化，再通过缓冲液磷酸盐—胰酶进行24h 的消化。结果显示用三步法与体内法测的十二指肠的蛋白消化高度相关（$R^2 = 0.91$）。这种方法被NRC（2001）作为参考方法应用。然而，由于这种方法中应用了三氯乙酸（Trichloroacetic Acid, TA）作为蛋白沉淀剂，而 TA 对人类和环境具有很强的腐蚀性和毒性。所以，Gargallo 等[14] 将 Calsamiglia 和 Stern[13] 的方法进行了改进，采用了 ANKOM DaisyII型体外模拟培养箱，每个培养箱中最多可以放置30 个尼龙袋（Ankom R510）来测定小肠蛋白质消化率，克服了使用 TA 的局限性，而且减少了劳力，降低了成本。两种方法测定的小肠蛋白质消化率高度相关（$R^2 = 0.84$）。

以酶模拟瘤胃液消化粗饲料，对粗饲料能量及消化率作出估测，其结果会因品种、类群和收获季节的不同而不同。由于微生物区系和酶对影响消化率和消化程度的因素非常敏感，如日粮的组成直接影响瘤胃液微生物的种类和活性。因此，不同来源的瘤胃液是饲料消化率测定值发生变化的重要原因。

③ 体外连续培养系统

反刍动物饲料营养价值评定的体外法中产气法、两阶段法和三步法这些方法均属于批次培养法（Batch Culture），即微生物接种物和发酵底物一次性加入，经一定时间培养后，在固定时间内结束培养。由于产物抑制、pH 值下降等原因，经一定时间培养后批次培养会有微生物活力下降和微生物组成变化等问题，所以，批次培养不能持续很长时间。由于活体内瘤胃发酵是一种连续培养系统，即有底物（饲料）和缓冲液的连续进入和食糜（固相和液相食糜）的连续排出，所以，相对于批次培养来说，连续培养系统能够真正代表活体内瘤胃发酵的情况。

体外连续培养系统（Continuous Culture System, CCS），包括单外流（Single-Flow）和双外流（Dual-Flow）型连续培养系统。所谓单外流型 CCS 是指消化糜固相和液相均以相同速度外流的系统，以 Rusitec 单外流连续培养系统[15]为代表。该系统简单、方便，并且能够收集发酵产生的气体，其主要缺点是不能区分发酵流出液的液相和固相组分。而双外流型

CCS 是将消化糜固相和液相外流速度分别加以控制的系统。在反刍动物体内，瘤胃液相外流速度和固相外流速度是不同的。一般液相外流速度（4% ~ 10%/h）明显高于固相外流速度（2% ~ 7%/h）[16]。因此，双外流型连续培养系统更接近于活体内瘤胃发酵的情况。目前国际上影响最大的双外流连续培养系统是以美国明尼苏达大学（University of Minnesota）和西弗基尼亚大学（West Virginia University）的连续培养系统为基础而设计的各种系统。

4.2　反刍动物饲料营养价值评定的模型应用

4.2.1　体外产气法中的模型应用

体外产气法的一个最重要、最原始的应用是评价反刍动物饲料的消化率和能值[17]。Sallam 等[18]通过体外产气法对 5 种干草的营养价值进行了评价，预测了饲料瘤胃可发酵有机物组分、代谢能和净能以及有机物消化率。Huhtanen 等[19]用自动体外产气法预测 15 种牧草青贮 NDF 的体内消化率和潜在可消化 NDF（pdNDF）的一级有效消化率。结果表明，产气动态模型可以精确预测体内消化率（$R^2 = 0.99$），一级有效消化率的预测与体内数据估测的消化率具有高度相关（$R^2 = 0.86$）。Smith 等[20]通过评价饲料体外干物质消失率以及瘤胃挥发酸产生的影响，进而评价饲料对动物生产性能的影响。

体外产气法可以通过详细描述产气动力学研究饲料不同成分的降解特性[17]。不同化学成分发酵产气的速率能反映瘤胃微生物的生长和对饲料的利用程度。通过记录不同时间点的产气量，形成产气量的动态变化曲线，分析动态数据来评价不同饲料组成的发酵程度和预测饲料消化率。体外累积产气的测定给瘤胃液中饲料动态消化提供了有价值的信息。随着体外产气法的不断完善和发展，许多应用于体外产气法的数学模型相继被提出。φrskov 和 McDonald[3]建立了可以用体外产气法动力学描述的指数模型：$Y = b (1 - e^{-ct})$，其中，Y 表示 t 时间点的产气量；b 表示潜在产气量；c 表示产气速率。McDonald 等[21]在指数模型基础上提出了与尼龙袋法估测降解率相近的新指数模型：$P = a + b (1 - e^{-ct})$，其中，P 表示培养 t 时间点的产气量；a 表示速溶物质；b 表示不溶可发酵物质；c 表示 b 的产气常数。

4.2.2　CNCPS 模型的应用

CNCPS 体系自从建立以来，在北美、欧洲和非洲的一些国家已经开始运用来指导生产，并且取得了很好的效果。中国于 20 世纪 90 年代开始了 CNCPS 的应用研究，经过十几年的研究也取得了一定进展。如何更好、更快地发展 CNCPS，使其适应于中国反刍动物生产是反刍动物营养学研究的重要内容。

赵广永等[22]首次运用 CNCPS 组分剖分方法对西安、上海和杭州等地的 32 种饲料样品进行剖分，认为 CNCPS 体系对饲料营养价值的评定比 Weende 体系分析方法和尼龙袋技术更为精确，能更好地反映饲料的特性，可作为今后评定反刍动物饲料营养价值的方法；于震和吴端钦等[23-24]按照 CNCPS 分析方法测定了黑龙江省和辽宁省 10 个地区的反刍动物常用饲料，结果表明，CNCPS 分析方法测定的指标较多，能够全面地反映饲料的营养成分和反刍动物对饲料利用的情况，对饲料营养价值的评定更精确；周俊华等[25]应用 CNCPS 体系评定广西水牛常用粗饲料的营养价值，对广西水牛 4 类 20 种常用粗饲料进行评定，结果显示，应用 CNCPS 体系能够客观、全面地反映 20 种水牛常用粗饲料的营养特性，为粗饲料的科学利用及水牛饲粮优化提供数据基础；靳玲品等[26]应用 CNCPS 体系评定了中国北方奶牛常用粗饲料的营养价值，分别从北京、山东、河南、河北、内蒙古等地采集奶牛常用粗饲料共 3 类 7 种 33 个样品，应用 CNCPS 体系中碳水化合物和含氮化合物的分类方法，测定粗饲料的营养成分，计算其碳水化合物和蛋白质组分，并进行分类分析，结果显示，CNCPS 体系测定的指标较多，可一定程度上反映动物对饲料利用的情况，对饲料营养价值的评价更精确。

CNCPS 体系除了对饲料营养价值评定外，还可以用来预测干物质采食量、产奶量和日增重等。于震[23]运用 CNCPS 模型对奶牛的日粮组成进行了评价，同时也运用模型预测当地奶牛的产奶量、干物质采食量，结果表明，CNCPS 模型可以比较精确地预测产奶量和干物质采食量；Zhao 等[27]运用 CNCPS 模型预测鲁西阉牛、晋南阉牛的采食量和日增重，结果表明，CNCPS 体系对于中国地方肉牛品种采食量和日增重的预测结果是可接受的，但在中国肉牛生产条件下，需要更进一步地对该系统进行校正；杜晋平[28]运用 CNCPS 模型对利木赞牛的采食量和日增重进行了预测，结果表明，CNCPS 模型对中国杂种肉牛干物质采食量和日增重具有较好的预测能力。然而中国肉牛品种众多，CNCPS 模型能否适用于所有品种和形式，还需要大量动物试验来验证。

目前，CNCPS 体系在中国的应用需要考虑模型的改进和数据库的完善。模型中涉及瘤胃组分降解、微生物产量、内容物外流速率、小肠消化率、动物营养需要等模型。由于动物的品种、饲料资源及环境等差异，大多数模型不能直接用于中国生产实践，需要通过大量的动物试验研究对模型进行修正，以适合中国的具体生产情况。目前，北美等地区已经建立了比较完备的组分数据库，中国目前已建立饲料组分剖分的数据库结构[29]。一些研究机构对一部分地区的饲料组分进行了测定，但是中国饲料原料丰富、反刍动物品种众多，需要用同一的标准方法对饲料组分、瘤胃降解速率和小肠消化率进行大量测定，以扩大和完善饲料组分数据库。

4.2.3 近红外模型的应用

近红外反射光谱（NIRS）技术是 20 世纪 70 年代发展起来的一种新兴的分析技术。自 Norris[30]成功应用 NIRS 测定了牧草原料中粗蛋白、水分和脂肪含量后，NIRS 在评价日粮营养价值方面的应用也愈加广泛。Fairbrother 和 Brink[31]用 NIRS 分析了 6 种冷季型豆科牧草、2 种冷季型禾草和 4 种暖季型禾草的细胞壁碳水化合物含量，其定标模型的相关系数均在 0.85 以上；刘小敏等[32]估测了鱼粉中水分、CP 的含量，其定标模型的相关系数分别为 0.9163 和 0.9412，NIRS 测定值与化学法测定值之间的相关系数分别为 0.9060 和 0.8060；李秋玫等[33]预测了预混料中维生素 E 的含量，预测值和真实值相关性显著，说明 NIRS 可以替代常规测定方法；滑荣等[34]采集了 60 份紫花苜蓿草颗粒样品，利用傅里叶变换近红外漫反射光谱技术（FT-NIRS）建立了紫花苜蓿草颗粒 CP、NDF、ADF 含量的预测模型，模型的相关系数达到 0.9641~0.9688，结果表明，近红外光谱分析技术可以准确地预测紫花苜蓿草颗粒的营养价值；薛丰等[35]应用近红外漫反射光谱分析技术（NIDRS），研究中选用 62 个品种玉米的蒸汽压片为样本，采用偏最小二乘法，建立了蒸汽压片玉米 4 个常规成分的近红外定量预测校正模型，模型相关系数分别为 0.9511、0.9032、0.7143 和 0.9082，建立的模型可以用来准确、快速地预测蒸汽压片玉米的 CP、NDF 和 EE 的含量，为蒸汽压片饲料工业提供了一种快速、经济和绿色的质量检测技术。

综上所述，NIRS 作为饲料理化特性指标的一种快速分析方法，可以准确预测饲料的相关指标，以便在实践工作中达到指导日粮配比、了解动物日粮的吸收状况、节省时间、增加效益的目的。

参考文献（略，可函索）

5 饲料营养与环境
（动物脂肪代谢关键酶基因表达调控）

郑爱娟，女，博士，主要从事分子营养方向研究工作。先后参与抗大肠杆菌卵黄抗体研制、小肽转运载体表达和蜜蜂发育蛋白质组学研究。现正在开展肉禽环境营养和蛋白质组、代谢组学研究。

社会经济的发展和人民生活水平的提高使人们更加注重畜产品的美味和健康。过量摄入脂肪有损人体健康，而肉中脂肪含量变化也会影响肉的风味。动物脂肪的沉积是一个复杂的生理和生化过程，除基因、年龄外，还受到营养、疾病等其他因素的影响。与脂肪合成和分解代谢相关的关键酶在动物脂肪沉积中发挥着重要作用。本文就脂肪代谢关键酶基因表达的调控及其对动物脂肪代谢的影响进行综述。

5.1 脂肪酸合成酶

脂肪酸合成酶（The fatty acid synthase，FAS）是由 7 种不同功能的酶与 1 种酰基载体蛋白（acyl carrier protein，ACP）聚合而成的多酶复合体[1]。动物脂肪主要以甘油三酯（TG）的形式沉积。TG 主要来自于脂肪酸的从头合成（*de novo* fatty acid synthesis），FAS 则通过催化乙酰辅酶 A 和丙二酸单酰辅酶 A 合成脂肪酸而在脂肪代谢中发挥关键作用。因此通过调控 FAS 的活性和基因表达丰度就可以调控脂肪酸的合成速度，进而影响脂肪的沉积。研究表明，FAS 的活性和基因的表达受多种激素和营养因子的共同调控。

5.1.1 激素对脂肪酸合成酶（FAS）的表达调控

生长激素（GH）由脑垂体分泌，具有促进生长和改善胴体结构的生物学作用。试验证明 GH 是一种有效的降脂物质。Donkin[2]、熊文中等[3]的研究证实 GH 可以显著降低 FAS 活性。熊文中等也发现组织中 FAS 活性与胴体脂肪量呈显著的正相关，且 GH 对 FAS 活性的影响有明显的性别效应，母猪脂肪组织中 FAS 降低的程度（231%）显著高于公猪（110%）。GH 降低 FAS 蛋白表达量主要是由于编码该蛋白的 mRNA 丰度降低。Donkin 等[2]、Mildner 等[4]发现重组猪生长激素使猪脂肪组织和肝脏中 FAS mRNA 的丰度显著下降。Donkin 等[2]用猪生长激素处理大鼠发现肝脏组织 FAS mRNA 丰度下降 55%。Harris[5]给阉公猪注射 120μg/kg 的生长激素 11 天后，在其脂肪组织中发现 FAS mRNA 的丰度降低了 90%，FAS mRNA 丰度与 FAS 活性的相关系数为 0.90。Harris 据此认为，猪生长激素是通过抑制编码 FAS 的基因的表达而抑制 FAS 活性的。Yin[6] 发现生长激素主要通过增加 FAS mRNA 的降解速度、降低 mRNA 稳定性和 FAS 基因转录活性来下调 FAS mRNA 丰度。研究发现，生长激素是通过抑制胰岛素对 FAS 基因的转录作用调控 FAS 基因表达的。生长激素阻断胰岛素信号进入 FAS 基因，抑制 FAS 基因中与胰岛素应答元件（IRE）相互作用的反式作用因子，从而抑制胰岛素对 FAS 基因转录的调节作用。另外，生长激素也能直接负反馈 FAS 基因中的生长激素应答元件（STRE）[7]。上述研究报道表明，生长激素对 FAS 的调控不是单方面的作用，可能是它们共同作用的结果。

胰岛素（Insulin, INS）是胰腺 β 细胞分泌的一种多功能蛋白质，可促进糖原、脂肪、蛋白质的合成。INS 能刺激动物 FAS 基因在转录水平上调表达。Yin 等[6] 在 3T3-F442A 脂肪细胞中加 10ng/mL 的胰岛素培养 48 小时，FAS mRNA 的丰度增加 7 倍。郝军等[8] 用高浓度胰岛素处理肾小管上皮细胞后，FAS mRNA 表达量升高。韩春春等[9] 以不同浓度胰岛素和葡萄糖培养鹅肝细胞时发现，胰岛素提高 FAS 活性和 FAS mRNA 水平，且当采用高糖（30 mmol/L）和胰岛素共同培养时 FAS 活性和 FAS mRNA 水平显著提高。所以胰岛素和葡萄糖对脂肪酸合成有协同作用，这同前人的研究一致[10]。这种 FAS 基因上调表达与胰岛素剂量的依赖性关系可能是由于胰岛素与 FAS 基因启动子区 5′端-71-50 位的 IRE 结合，从而激活 FAS 基因转录的结果。Wang 等[11] 发现，上游激活因子（Upstreamstimulatory factors, USFs，一种转录激活蛋白）结合于 65 位的 Ebox 是调节 FAS 基因转录频率所必需的。

除此之外，还有其他激素类物质也会影响 FAS 基因表达，其中糖皮质激素和 T_3 上调 FAS mRNA 的表达，而胰高血糖素、cAMP 则下调 FAS mRNA 的表达[12]。

5.1.2　日粮对脂肪酸合成酶（FAS）的表达调控

日粮中的碳水化合物、蛋白质、脂肪酸等都会影响 FAS 的活性。研究表明，高碳水化合物能增强 FAS 的活性。Kim[13] 给大鼠饲喂高水平碳水化合物时，肝脏中的 FAS mRNA 的丰度增加 3～5 倍。Hasegawa 等[14] 发现了一种 DNA 结合蛋白——葡萄糖应答元件结合蛋白（GRBP），它结合于 FAS 基因的胰岛素应答元件（IRE），诱导肝 FAS 基因的转录。当给动物饲喂含高水平碳水化合物时，GRBP 蛋白含量上升。这些结果表明，碳水化合物或许在转录水平上调了 FAS 的表达。

随着日粮中蛋白质含量增加，FAS 基因的表达量降低。Mildner[4] 的试验表明，猪日粮中蛋白含量增加会降低脂肪组织中 FAS mRNA 的丰度。张英杰等[15] 给杂交母羊饲喂不同蛋白水平（112.5～187.5 g·d⁻¹）的日粮，发现绵羊脂肪和肌肉中 FAS mRNA 表达量随着日粮蛋白浓度的升高而降低。

日粮脂肪酸可以抑制肝脏 FAS 的活性和基因表达，而且这种抑制作用与日粮脂肪酸的含量、脂肪酸的饱和程度、链的长短、双键位置等多种因素有关[12]。Blarke 等[16] 研究多不饱和脂肪酸（鱼油，PUFA）和饱和脂肪酸对大鼠肝脏中 FAS 基因表达的影响发现，饲喂鱼油的大鼠肝中 FAS mRNA 丰度是饲喂软脂酸甘油酯的 6%，并认为这是由于多不饱和脂肪酸抑制 FAS 基因转录的结果。不同脂肪酸抑制 FAS 酶的活性效果不同，二十碳五烯酸和二十二碳六烯酸比二不饱和脂肪酸即十八碳二烯酸有效，而饱和脂肪酸则基本不起作用。

Clarke 等[17,18]和 Smith 等[19]发现，当第一个双键位于 n − 3 时，对 AS 的抑制作用比 n − 6 强，但当第一个双键位于 n − 9 时，则与饱和脂肪酸相似，对酶活性基本无影响。

研究发现，多不饱和脂肪酸和其代谢物能在细胞水平上通过与核受体和转录因子结合，来对不同基因表达进行调控[20]。Harini 等[21]总结了 PUFAs 对脂肪代谢相关基因表达的影响。Xu 等[22]的试验发现，饲喂添加多不饱和脂肪酸日粮数小时，可迅速激活脂肪氧化基因并抑制脂肪合成酶基因。

日粮的能量水平与 FAS 的基因表达呈正相关。刘作华等[23]用不同能量水平的日粮处理长白×荣昌杂交猪，结果发现 FAS mRNA 表达丰度上调，脂肪沉积增多。张英杰等[24]在小尾寒羊上也发现，FAS 基因表达在高能量组水平最高，显著高于标准组和低能量组。

5.2 乙酰辅酶 A 羧化酶

乙酰辅酶 A 羧化酶（Acetyl-CoA carboxylase, ACC）催化乙酰辅酶 A 合成丙二酸单酰辅酶 A，为长链脂肪酸合成提供二碳单位，是脂肪酸合成过程中的限速酶。现已被确定的 ACC 有两种形式，ACCα 和 ACCβ，它们由不同的基因编码，在不同的组织中表达，具有不同的功能。ACCα 在长链脂肪酸的生物合成中调节脂肪酸的合成，主要在脂肪生成活跃的组织表达，如肝脏、脂肪组织和乳腺；ACCβ 则产生于线粒体池，调节肉碱棕榈酰转移酶从而调控脂肪酸氧化，主要在骨骼肌和心脏中表达。

ACC 主要通过变构修饰和共价修饰调控脂肪代谢。柠檬酸盐是 ACC 的变构激活剂，长链乙酰 CoA 和丙二酸单酰辅酶 A 反馈抑制 ACC 活性。ACC 的共价修饰调控表现为可逆性磷酸化。胰高血糖素和肾上腺素所引起的磷酸化和解聚作用降低 ACC 的活性。胰岛素有脱磷酸化及聚合作用激活 ACC 的活性，而且胰岛素对 ACC 的调控是完全的转录后的调节[25]。Beatrice[26]给大鼠注射胰岛素使其 ACC 活性及其 mRNA 水平都会增加，因此胰岛素对 ACC 的调控可能是间接调控。此外，也有研究发现生长激素会降低猪 ACC mRNA 的丰度[27]，甲状腺 T3 会增加 ACC mRNA 的丰度[28]。

5.3 激素敏感酯酶

激素敏感酯酶（Hormone Sensitive Lipase, HSL）是最初动员脂肪分解的关键酶和限速酶[29]，它将 TG 分解成游离脂肪酸，对细胞内调节 TG 含量起重要作用。一般认为，测定脂肪中的 HSL 活性和血液中脂肪酸的浓度，可以反映脂肪分解的情况[30]。早在 20 世纪 70 年代就发现，HSL 的活性受磷酸化和去磷酸化作用调控。最近报道，仅磷酸化又不足以激活 HSL，可能还需要一定程度构象的改变和 HSL 从细胞质到脂质液滴的迁移[31]。

Holm 等[32]首先从鼠的脂肪组织表达文库中克隆出 HSL 基因的 cDNA 全长序列，并利用鼠的 HSL cDNA 作为探针，分离得到人的 HSL 基因，该基因定位于 19 号染色体上。迄今为止，大部分动物的 HSL 基因已完成测序。如小鼠[33,34]、大鼠[35,36]、猪[37]、牛[38,39]和绵羊[40]等。

HSL 的活性和表达量受遗传、内分泌和营养因素等的共同影响。HSL 活性与动物品系、所处的生理阶段有关。杨再清等[41]在研究混系和丹系长白肥育猪时发现，它们的 HSL 活性和脂肪沉积效果不同，有明显的品系差异。已知促肾上腺皮质激素、皮质醇、肾上腺素、去甲肾上腺素、促甲状腺素、生长激素以及胰高血糖素等多种激素都可影响 HSL 的活性，其中肾上腺素、去甲肾上腺素和胰高血糖素属快速脂解作用型激素，生长激素、糖皮质激素、甲状腺素则属慢速脂解作用型激素[42]。此外胡忠泽等[43]发现茶多酚可使肉鸡腹脂中 HSL 的活性提高。Jozef 等[44]发现睾酮增强心肌细胞中 HSL 的活性，提高心肌细胞中游离脂肪酸、磷酸肌酸和 ATP 水平。

能量水平、脂肪类型及禁食影响 HSL 基因表达量和活性[45-47]。刘作华等[23]在生长育肥猪中发现，随着日粮中能量水平的升高，HSL mRNA 的表达量明显降低，HSL mRNA 与 FAS mRNA 的比值降低。因此能量可能是通过调控 HSL 和 FAS 两种或多种基因表达影响脂肪代谢的。

最近研究发现，急速运动也会影响 HSL 的表达。Junetsu 等[48]在小鼠急速运动 3 小时后 HSL 的活性显著升高。HSL 也是一种维生素 A 水解酶（REH），可通过这种作用提供视黄酸（RA）和其他类维生素 A 物质，能在细胞分化和信息传递上起关键作用[49]。目前，HSL 活性和基因表达方面的研究也是脂肪代谢中的热点问题，对 HSL 的调控机理和其他作用尚有待进一步的研究。

5.4　脂蛋白酯酶

脂蛋白酯酶（Lipoprotein lipase，LPL）广泛存在于动物肝外组织，如心肌、肾脏、脑、骨骼肌、脂肪组织等的毛细血管内皮，尤以肾上腺和脂肪组织含量最高。LPL 在甘油三酯代谢过程中起关键作用，它能催化与蛋白相连的甘油三酯（主要是血液中的乳糜微粒和极低密度脂蛋白）分解成甘油和游离脂肪酸（FFA），以供机体组织利用。

LPL 基因长度约为 30kb，为单拷贝，由 10 个外显子和 9 个内含子组成[50]。有人对其结构研究后发现，LPL 可能至少存在与脂肪代谢有关的六个功能位点[51]。Harbitz 在以人 LPL 的 cDNA 克隆猪的 cDNA 测序时，发现它的氨基酸序列与牛、人、鼠高度保守，同源性分别为 93.1%、91.2% 和 88.7%，而且功能位点氨基酸序列完全一致[52]。GeneBank 已经收录了包括人、小鼠、大鼠、猪、家禽等十几种动物 LPL 基因 cDNA 的全长序列，其在不同物种中表现了较高的同源性和进化上的保守性[53]。

调节 LPL 活性的因素有肝素、极低密度脂蛋白和高密度脂蛋白中的载脂蛋白与磷脂。当静脉注射肝素时，对食物性脂血症有"清除"作用，所以又被称作肝素后酯酶现象，这是由于肝素能使 LPL 迅速入血，并与载脂蛋白Ⅱ（apo-Ⅱ）结合发挥其解脂作用。

LPL 基因的表达具有明显的物种特异性。蒋瑞瑞等[54]在探讨爱拔益加肉鸡和北京油鸡脂肪沉积差异影响因素时发现，北京油鸡血浆 LPL 活性高于 AA 肉鸡，从而导致较高的血浆总甘油三酯和 FFA，这也可能是北京油鸡脂肪沉积较高的内在因素之一。

LPL 基因的表达存在组织特异性，而且日粮营养和激素都会影响 LPL 的活性和表达水平。LPL 在白色脂肪组织（WAT）、棕色脂肪组织（BAT）、骨骼肌及心肌中的代谢作用不同，其中胰岛素可刺激脂肪组织 LPL 活性，儿茶酚胺在抑制 WAT 的 LPL 活性的同时可提高骨骼肌、心肌及 BAT 的 LPL 活性，生长激素可增加骨骼肌 LPL 活性[57]。刘蒙等[58]发现，北京油鸡 LPL 表达量与腹脂率、皮脂重和皮脂率呈显著的正相关。廉红霞等[59]研究饲粮水平对猪 LPL mRNA 表达量的影响时发现猪背最长肌肌内脂肪及 LPL mRNA 表达量含量随体重增加均呈上升趋势，表明日粮代谢能水平显著影响 LPL 基因 mRNA 表达，进而影响体脂沉积状况。郑珂珂等[55]用不同脂肪水平处理瓦氏黄颡鱼发现，高脂可以诱导瓦氏黄颡鱼肝脏 LPL 基因的表达，其中较高脂肪水平组（15.4% 和 18.9%）的试验鱼肝脏 LPL mRNA 表达水平显著升高。这与梁旭方等[56]的结果一致。可见 LPL 基因在肝脏中存在营养诱导性表达机制，高脂是表达的诱导因子之一。

LPL 调节各种脂蛋白在不同组织内沉积，进而影响肉品质。诸多研究表明，LPL 与胴体品质有密切的联系，是影响动物肉质的候选基因。以生物技术手法或营养因素等调节 LPL 活性和 LPL 基因表达，将对改善胴体品质、提高畜禽的瘦肉率等具有重大意义。

5.5　小结

动物脂肪代谢受众多因子、酶体系的调控，其生化过程极其复杂，迄今为止的大部分研究多局限于动物生理效应和单一的生化过程。随着组学和生物信息学技术的广泛应用，未来关于脂肪代谢的研究应定位于特定的组织、器官，研究脂肪代谢相关信号转导和分子调控网络，从分子水平揭示脂肪代谢及其调控的机制。

参考文献（略）

6　肉鸡生长性能及营养需要预测技术研究进展

　　刘国华，男，研究员，博士，动物营养与饲料科学硕士生导师，家禽研究室主任。主要从事家禽营养与饲料科学领域的研究工作。先后承担国家"八五"、"九五"、"十五"、"十一五"科技攻关和支撑计划课题、国家自然科学基金项目、科技基础性工作专项、社会公益研究专项、公益性行业（农业）科研专项、国家肉鸡产业技术体系建设专项、"973"课题、农业部"948"技术引进专项和农业部应急专项等国家和省部级课题20多项。现主持"十二五"国家科技支撑计划"生态环保饲料生产关键技术研发与集成示范"课题，并参加现代农业（肉鸡）产业技术体系课题。曾获得北京市科学技术三等奖、全国畜牧兽医青年科技工作者优秀论文二等奖等多项奖励。主持开发的《肉鸡生长和营养需要预测软件系统（v1.0α）》获计算机软件著作权登记证书。作为第一发明人获授权专利"一种抗大肠杆菌的鸡卵黄抗体及其制备方法与应用"（ZL 2003 10112980.6）和"一种植物叶蛋白及其制备方法"（ZL 100910091131.4）。参编《养鸡技术大全》、《家禽疾病的免疫与防治》、《饲料添加剂安全使用规范》等著作7部，发表论文50余篇。

　　畜牧生产的关键环节在于营养供给与动物需要的平衡，供给与需求的平衡是实现各种生产目的的基础。一百多年来，营养学家们一直致力于这方面的研究工作，以期指导人们在生产实践中合理地配制饲料，满足动物的营养需要，最大限度地获得经济效益。

　　传统的饲料配制方法是参考饲养标准，将动物的生长分为若干阶段，根据特定动物特定生长阶段的营养需要配制相应日粮，这种传统方法目前仍然在畜牧生产实践中占据主导地位。然而，动物营养学理论证明，动物的营养需要处于动态变化过程中，而各国现行的饲养标准中营养需要都是在环境因素相对固定的条件下、动物处于特定生产或生长阶段时对营养物质的静态需要量，这种需要量参数来源于特定条件下的动物试验，没有考虑时间、环境变化等因素，因而是一个固定、死板、近似的静态参考值，具有明显的局限性。首先，动物的生长发育是连续的、动态的，而不是划分为几个生长阶段就能充分描述的，以平均营养需要量代表整个阶段的营养需要量，必然导致阶段早期营养供给不足造成动物生产性能不能充分发挥，阶段后期营养供给过量造成浪费，从而影响最大限度地获得经济效益；其次，动物的基因型不是固定的，而是在不断地被选择和改良，静态营养需要量没有考虑品种、性别、环境、经济等因素的变化，因而其代表性较差。

近几十年来，随着对畜禽生长规律认识的深入以及计算机技术的普及，人们逐渐意识到采用计算机仿真模型模拟畜禽生产的各环节和要素，并建立综合畜禽品种、饲料及环境因素于一体的动态模型，就有可能准确预测饲养于特定环境下特定品种任意时间点的生长性能和营养需要，从而制定出最经济的饲养方案，最大限度地提高养殖经济效益。

国外对动物生长和营养需要的模型研究已有很长的历史。Gompertz[1]最早发表了关于动物生长模型的一部分原始工作。这一早期的工作是理论性的，没有商业应用价值。以后的研究主要限于开发预测方程和制作各种动物对管理、遗传选择和日粮处理反应的标准生长曲线。近年来研究焦点已经转向开发能被肉禽公司用于模拟动物反应、预测营养需要和生产决策的商用软件。

肉鸡是我国最重要的养殖品种之一，在畜牧生产中占有重要地位。与其他以蛋、奶、毛为生产目标的动物相比，肉鸡是一种更易于模型化的品种，而肉鸡生产也比其他畜禽生产过程更易数字化。这首先是因为目前主流的肉鸡品种较少，而且其在育种过程中经过纯系选育，品种的遗传基因一致性较高，在相对一致的生产条件下可以获得基本一致的生产性能。其次，目前的肉鸡养殖都趋于集约化和标准化，有些规模化的鸡舍基本实现了全封闭式管理，因此在同一养殖小区的多间鸡舍以及同一鸡舍多个批次之间的管理都较为一致，即不同鸡群生产性能的重复性较好，因而模型的代表性也较强。再次，肉鸡较短的生产周期和近乎直线生长的特性也决定了生产过程中的干扰因素较少，在建模过程中环境变量数有限，模型的算法也可以相对简单。此外，肉鸡较小的个体和低廉的价格也有利于以较低的成本获得较多的采样数据，建模的效率更高，也更为精确。

当前的肉鸡模型化技术主要包括生长预测模型和营养需要预测模型两个部分，但两部分之间存在密切联系，是一个问题的两个方面。

6.1　生长模型

动物生长模型通常分为经验性模型和机制性模型两类。经验性模型通常用于描述生长和时间之间关系的简单数学关系。表1.6.1列出了一些主要的经验性动物生长模型。

根据Wellock[2]的评价标准，Gompertz、Logistic、Richard和VonBertalanffy模型因参数具有生物学意义等优点被认为是适用性最好的经验性模型。然而也有学者认为，应该关注模型预测的效果而不是关注模型参数是否具有生物学意义。Koops[3]提出了一个生物学意义不明确的多项式生长曲线。Ahmadi[4]则采用更加复杂的双曲线正弦模型描述肉鸡生长，但得到比Richard和Gompertz更好的拟合效果。Roush和Wideman[5]将肉鸡生长描述为随时间的容积式运动，并采用物理学术语速度和加速度进行定量。

经验性生长模型通常是在充分饲养的条件下建立的，因此反映的是特定肉鸡品种的最大生长潜力。因此其主要的作用是作为建立营养需要模型的基础，如田亚东[6]和杨志刚[7]均采用Gomptz模型建立肉鸡能量和氨基酸需要量预测模型。而在实际生产中存在着诸多限制生长的因素，如饲料营养水平和高温环境，在此情况下预测的精确性较明显降低。Hruby等[8]比较不同环境温度下非线性模型拟合肉鸡生长的效果，结果表明，Gompertz方程等非线性模型预测高温环境下肉鸡生长的准确性较差。因此，要想预测限制条件下肉鸡的生产性能，就需要更为复杂的机制性生长模型才能实现。

表 1.6.1 主要的经验性动物生长模型[2]

Table 1.6.1 The mainly empirical models of animal growth

来源 Reference	模型函数 FunctionW = f (t)
Gompertz (1825)	$Aexp\{-exp[-G_o-(kt)]\}$ 或 $Aexp\{-exp[-B(t-t*)]\}$
Robertson (1908)	$A/\{1+[(A-W_o)/W_o\{exp-[Akt])\}$
Hill (1913)	$(W_ok^n+At^n)/(k^n+t^n)$
Brody (1945) $t \leqslant t^*$	$W_oexp(ct)$
$t \geqslant t^*$	$A[1-exp(-k(t-t*)]$
VonBertalanffy (1957)	$[n/k-(n/k-W_o^{(1-m)}]e^{-(1-m)kt}]^{1/(1-m)}$
Janoschek (1957)	$A-(A-W_o)exp(-kt^p)$
Richards (1959)	$W_oA/[W_o^n+(A^n-W_o^n)exp(-(kt))]^{1/n}$
Parks (1965)	$A[1+aexp(-bt)+cexp(-dt)]$
Moore (1985)	$A\{1+exp[-p_nlog_e(t-3.5)/A^{0.27}]\}^{-1/0.27}$
Black 等 (1986)	$dw/dt=k[(A-W)/A)](W+b)^c$
Bridges 等 (1986)	$W_o+A\{1-exp[-(mt^a)]\}$
France 等 (1996)	$A-(A-W_o)exp[-k(t-T)+2c(vt-vT)]$
Wan 等 (1998)	$A-(1/(b+cexp(kt)))$
Lopez 等 (2000)	$(W_ok^c+At^c)/(k^c+t^c)$
Exponential polynomials	$exp(a_0+a_1t+a_2t^2+a_3t^3...)$

注：W_0 为动物初始体重，A 为动物成熟体重，t 为时间变量，其他字母为模型参数。

与经验性生长模型不同，机制性动物生长模型试图将动物生长的生化机制用数学模型进行描述，从而准确描述动物的生长。然而由于人类对生命活动认识的局限性，目前的所谓机制模型仍然包含了大量的经验公式，这些公式的生物学意义也并不明确，所以严格意义上仍然只能属于半机制模型。

建立机制性模型的过程极其复杂，涉及多个肉鸡生长参数的数学描述。李勇[9]总结了建立机制性模型所需的主要参数：① 动物初始体重及体成分；② 动物日采食量；③ 动物每日能量与蛋白质的维持需要；④ 日粮营养水平的描述标尺；⑤ 动物体蛋白沉积的最大速率；⑥ 动物体蛋白及脂肪实际沉积速率与能量摄入量的关系；⑦ 动物体灰分及水分的沉积速率。机制性模型的建立主要基于以下两个基本假设：① 动物生长过程可看作各体组分包括蛋白、脂肪、水分和灰分在动物体内的沉积过程。② 生长动物的摄入的营养首先用于维持，剩余部分才用于生长，维持需要和生长需要之间不存在相互作用，即是可加的。基于第一个假设，通常将胴体蛋白沉积预测作为模型的主要部分。Gous[10]指出，应该建立体蛋白而不是体重的生长模型，因为体水分本身变异较大，而体脂肪容易受到营养和环境温度的影响，体蛋白的沉积量则能用 Gomptz 方程很好地拟合。根据体成分之间的异速生长函数关系，也就能间接利用 Gomptz 方程描述体水分、体脂肪和体灰分的沉积曲线，并得到肉鸡生长的机制模型。关于异速生长曲线的报道较多，但不同报道中得到的体脂肪和体蛋白比例关系的差异较大，这也是机制性模型面临的主要挑战。Gous[10]认为，在建模时，采用自由选择的饲喂系统有助于降低日粮对脂肪蛋白比的影响。

在建模实践中，由于羽毛成分的独特性以及从试验操作的方便考虑，通常又将肉鸡生长分解为羽毛生长和胴体生长。机制性模型建模的困难之一是羽毛的生长描述。Emmans[11]认为可以将羽毛生长与体蛋白沉积关联起来。但Fisher等[12]表明，羽毛生长与体蛋白之间并不是简单的幂函数关系，而是呈3个不同的生长区间，并建立了3个区间的羽毛生长曲线。尽管其开始的拟合效果不佳，但当认为增加一个羽毛脱落校正参数后就与实际情况较为接近了。Gous[10]提出了一个单一的方程描述羽毛蛋白沉积与体蛋白沉积之间的幂函数关系。Hancock等[13]则用二次曲线描述羽毛蛋白和水分沉积量与肉鸡日龄的函数关系。李勇等[9]试验表明，采用Gomptz方程不能准确描述羽毛随肉鸡日龄的生长，但可直接用异速方程描述羽毛蛋白与羽毛重之间的关系。

在非充分饲养条件下，采食量是可变的，其准确估测也是建立机制性模型的关键难题之一。诸多因素影响肉鸡的采食量，其中包括日粮容重、适口性、能量水平、肉鸡体重、被毛状态、环境温度等。权衡到模型必要的简化，通常采用日粮能量水平和肉鸡体重作为主要因子估测肉鸡采食量。Whittermore[14]、Black[15]和陈志敏[16]分别建立了以体重为自变量估测采食量的方程。Mount[17]则在用体重估测的基础上又用气温进行了校正。King[18]更提出包含日粮能量、蛋白水平和体重3个因素的饱食单位（repletion unit）预测采食量。李勇等[9]则采用日粮代谢能和肉鸡体重为自变量的二元一次方程估测肉鸡的日采食量，拟合度达90%以上。

如前文所述，体蛋白沉积是估测无羽胴体生长的基础，因此肉鸡生长速度根本上决定于体蛋白质的沉积速率，后则反映了肉鸡合成蛋白质能力的固有上限。研究表明，基因和性别决定了肉鸡体蛋白最大沉积速率，即最大体蛋白日沉积量，超过体蛋白最大沉积所需的日粮蛋白质则转化为能量。因此准确估测体蛋白最大沉积速率是成功建立机制性生长模型的关键。Whittermore[19]为了简化对动物生长的描述，曾试图采用常数描述潜在蛋白沉积速率。Black[15]认为在理想环境条件下充分饲喂时测得的蛋白质日沉积量可作为日沉积上限的一种合理近似。但Moughan[20]认为在整个饲养周期蛋白质日沉积上限不应该是一个常数。Whittemore等[21]将猪空体重对时间的Gompertz函数以及体蛋白质的含量对空体重的异速生长方程结合在一起估计体蛋白质的沉积上限。Walker等[22]通过比较选出一个扭曲抛物线函数来表述氮最大沉积率与活重的关系。而Emmans[11,23]根据Gompertz生长曲线提出的自然对数关系式则获得了较多学者的认可。其原理是动物体蛋白最大沉积速率由动物当前体蛋白及体成熟时体蛋白的量决定，此函数随后也被Kinizetova等[24]用于描述鸡的体蛋白最大沉积速率。

采用生长模型预测胴体各部位产量是肉鸡生长模型的新用途。用于预测胴体产量的模型通常都是经验性模型。Zuidhof[25]比较了一批预测胴体产量的经验性模型的预测效果。这些模型包括Gompertz模型、Richard模型、Lopez模型、报酬递减模型和异速生长模型，结果证明异速生长模型和Gompertz模型具有更好的预测效果。美国一公司开发的BroilerOpt软件已经提供了预测胸肉、腿肉甚至鸡翅产量的功能。

6.2　营养需要预测模型

一般认为，营养需要预测模型的商业价值比生长模型更大，但营养需要预测模型实质上仍然是生长模型的一种商业应用。当前关于营养需要预测模型研究的重点还在能量和蛋白质（氨基酸）的需要，钙、磷的报道还不多见。营养需要预测模型的基本理论仍然是营养剖分理论，建模的路线也是基于"析因法"。即能量的需要剖分为维持需要和用于蛋白质、脂肪沉积的需要，灰分和水分的沉积不消耗能量或以其他方式计算。蛋白质的需要量则是维持需要和羽毛、体蛋白沉积需要之和。田亚东[6]根据上述原理建立氨基酸动态营养需要预测模型的程序包括以下几个步骤：① 建立充分生长条件下肉鸡胴体和羽毛蛋白质沉积模型；② 测定胴体和羽毛蛋白质的氨基酸组成模式；③ 建立肉鸡蛋白质维持需要模型；④ 测定蛋白质维持需要的氨基酸组成模式；⑤ 整合建立肉鸡可消化氨基酸需要模型。建立能量动态需要模型的程序则较为复杂，其程序为：①建立充分生长条件下肉鸡生长模型；② 建立估测肉鸡维持能量需要和增重能量需要模型；③ 代入生长模型引入时间变量；④ 建立肉鸡代谢能动态需要模型。更加精确的能量需要预测模型则将增重能量需要进一步剖分为脂肪沉积需要和蛋白质沉积需要[7]，其程序修正为：①建立充分生长条件下肉鸡脂肪和蛋白生长模型；② 测定代谢能沉积为体脂肪和蛋白质的效率；③ 建立肉鸡代谢能动态需要模型。按照上述步骤建立的营养需要模型引入了日龄变量，属于动态的营养模型，与已有的分阶段的"静态"营养参数相比已经有很大的优势。值得注意的是，上述动态营养模型的依据是充分饲养条件下特定品系肉鸡的最优生长曲线，其营养供应是以满足最大生长速度为目标的，本质上是一种"理想化"的模型，反映的是肉鸡特定品种遗传潜力下的最优营养需要。

但在实际生产中，由于受到环境、管理技术、疫病、养殖习惯、饲料原料、经济成本等诸多因素的约束，真正的肉鸡生产只能在一个相对稳定的限制性条件下进行。而且在某些特定条件下，肉鸡的生长会受到某些干扰，如疫苗接种、限饲、发生疫病、断水断料事故等，都会造成生长曲线的扰动，其营养需要必然发生变化。在这些情况下如果仍然根据模型预测给予最优营养，显然会造成饲料的浪费。另一方面，考虑到成本因素，真正的肉鸡生产是多目标的，需要兼顾饲料转化率、生长速度、成活率、胴体外观、每只鸡的饲养成本等，以生长速度为单一目标的营养需要模型远不能满足肉鸡生产企业的需要。此外，主流的模型都是确定性模型，忽视了动物生长反应的不确定性和随机性。针对"理想化"营养需要模型的缺陷，一些研究人员尝试了一些改进的方法。

FrankIvy采用鸡群实际生长曲线预测营养需要，即根据已有的多批次历史生产记录建立特定环境条件下的肉鸡鸡群生长曲线，并在其后的生产过程中进行校正。Aerts等使用递归参数估计方法，采用提前3~7天的数据实时预测随时间推移的肉鸡生长反应，其最大预测误差为5%[26]，并成功尝试了通过采食量在线控制肉仔鸡生长曲线的方法[27,28]。也有人引入人工神经网络建立预测肉鸡生长的模型，准确率高达99%以上[29~32]。

6.3　结语

近几十年来，研究人员在动物生长和营养需要模型化技术方面做了一些卓有成效的探索工作，基本理清了经典的生长和营养模型建模方法和路线，并初步开发了一些商用的肉鸡营养管理和决策辅助软件。然而，由于动物生长是一个复杂的、易变的过程，具有很大程度的不确定性和随机性，因而现有的模型技术还有较大缺陷。未来亟待从两个方面继续开展肉鸡生长和营养需要模型技术研究。一方面要通过大量的试验精确测定机制性模型的关键参数，进一步提高经典机制性模型的准确性。另一方面，尝试应用现代控制论和软计算领域的新技术和新方法优化生长和营养需要模型，开发新的动物模型化技术。

参考文献（略）

7　饲料环保与健康养殖

武书庚，博士，副研究员，硕士生导师，男，1972 年 5 月出生，汉族，研究室副主任，硕士生导师，河北平乡人。1995 年毕业于河北农业大学获学士学位；2001 年和 2007 年，于中国农业科学院研究生院分别获得硕士和博士学位。2001 年起在中国农业科学院饲料研究所工作，先后任研究实习员、助理研究员、副研究员。GAP 认证检查员，亚洲蛋品协会、亚洲兔业协会和中国畜牧兽医学会动物营养学分会会员。中国农业科技出版社图书出版复审专家，《饲料研究》杂志编委，《中国畜牧杂志》专业主审，《动物营养学报》、《中国农业科学》、《中国生态农业学报》和《生物技术通报》稿件外审专家，北京市饲料企业现场审核验收专家、首都宠物专业技术指导委员会成员。曾访问越南、匈牙利、捷克、意大利、法国、德国、加拿大等。现主持"十二五"科技支撑计划、国家自然科学基金（31172212）、家禽产业技术体系北京市创新团队—健康养殖岗位专家等课题，曾参加和主持了"十一五"国家科技支撑计划、"十五"国家科技攻关，973 子课题，中国农业科学院院长基金、农业结构调整专项等课题。获得了北京市科学技术二等奖、湖北省科技进步三等奖、中国农业科学院科学技术二等奖各 1 次，主编《安全高效预混合饲料配制技术》、《蛋鸡饲料调制加工与配方集萃》、《图说健康养蛋鸡关键技术》和《饲料加工与调制问答》等 4 部，参编书籍 10 余部，发表各类文章 80 余篇。主要研究方向：家禽健康养殖和禽产品品质营养调控；饲料和饲料添加剂产品作用机理、评价及应用技术；动物饲料配方和加工技术。

7.1　饲料环保

饲料环保包括三个层次的问题：饲料本身、饲料对动物健康、饲料对动物产品的影响、排泄物对环境的影响等方面。

饲料本身。符合国家有关规定：《饲料药物添加剂使用规范》（168 和 220 号公告）、《允许使用的饲料添加剂》（1126 号公告）、《饲料添加剂安全使用规范》（1224 号公告）、《饲料原料目录》（1773 号公告）以及饲料卫生标准（GB 13078 及 GB 13078.1、GB 13078.2 和 GB 13078.3）。

饲料能改善动物健康状况。动物采食后，能为动物生长、发育、生产等目的提供必要的营养素，能提高其抵御疾病的能力、改善其健康状况、促进生长。

动物采食该饲料后，生产的肉、蛋、奶和脂肪不含影响人类健康的微生物、药物、有害物质残留等，或这种残留量被控制在国家食品卫生标准规定的范围内。

动物能最大量地利用该饲料中的养分，尽量减少排泄物的总量和臭味，动物排泄物中不含影响人和动物健康的微生物、毒害物质残留等，或残留量低于国家环境卫生标准的允许量。

7.2　健康养殖

健康养殖，指通过饲养动物的品种、饲料、饲养、疫病、环境的科学管理，在保证动物及与其接触者健康的情况下，充分发挥动物遗传潜力，从量、质和安全等方面满足人民对动物产品的需要。因此，动物健康养殖应包含：动物健康、环境友好、产品营养、接触者健康等四方面的内容，其最终目的是为人类健康（满足营养、口感、健康等需要）服务。健康养殖应能体现经济、社会和生态效益的高度统一。2007年中央一号文件就提出了"健康养殖直接关系人民群众的生命安全"；党的十八大提出"建设生态文明社会"，进一步对健康养殖提出了明确要求。

动物健康。表现为动物没有临床和亚临床疾病，这需要品种优良（适应性和抗病性能好、能抵御疾病；生产潜能好）、饲料优质（能满足动物营养、免疫、低于应激等需要）、饲养管理合理、环境状况适宜、积极有效防病（免疫、消毒、粪污处理等）、准确判断疾病、安全高效治病（需要药敏试验、安全隔离等）。

环境友好。包括饲养舍内环境（控制温度、湿度、粉尘、通风量和风速、氨气、光照等）健康、舍外环境（动物排泄物无害化处理、饲养场内外和车辆用具的消毒）健康，整个国家甚至全球的养殖大环境。环境健康的目标是不因饲养动物而影响（养殖场）周围环境、周围环境不影响自己的饲养动物和从业者，因此需要切实的环境控制措施、严密的生物安全策略等。

产品营养。通过动物健康、环境健康生产的动物产品对人体无不良影响，符合人体营养需要的动物产品。需要从量和质（优质、安全）等方面满足不同人群对动物产品的不同需求。

接触者健康。动物养殖的接触者包括饲养员、粪污处理者、免疫员、动物产品处理者和消费者等。

7.3　动物健康的营养调控

蛋鸡健康是维持蛋鸡高产的基本前提，当今养殖生产中，集约化笼养的蛋鸡会遇到各种应激。其中，高产带来的机体高强度消化吸收、转运营养素（尤其是脂质），容易使鸡体产生营养代谢病；蛋鸡健康需要维持较高的抗体滴度和适当的免疫应答水平；另外，蛋鸡生产周期较长，经历的环境变化等应激较多，使得鸡只往往处于亚健康状态。在为蛋鸡配制饲料时，需要满足其机体健康的营养调控需求。

7.3.1　调控氧化还原状态

高生产性能的产蛋鸡能量代谢旺盛，易产生氧化应激，且产蛋后期更加严重。机体氧化与抗氧化平衡理论逐渐得到认可，研究也越来越多、越来越深入。需氧生物细胞正常代谢会有 2% 的氧在线粒体内生成活性氧（ROS），多数 ROS 会被机体抗氧化系统清除，微量 ROS 作为信号分子参与细胞内信号传导和转录调控；过量 ROS 积累则可引起细胞脂质过氧化，损伤 DNA 分子，影响基因转录、信号转导、酶和生物大分子活性，影响细胞增殖、分化、凋亡、坏死等生理、病理过程。机体需要平衡 ROS 的生成和清除，以有效执行耗氧的生理过程、发挥 ROS 生理作用，避免其损伤。现代育成动物的生产性能高，易产生氧化应激。

为减轻氧化应激对畜牧生产造成的危害，生产中常补充抗氧化剂，如：矿物质元素（硒、锌、锰、铜、铁等）多作为酶结构或活性中心的组成成分，通过自身的电子传递性质在机体氧化还原过程中起抗氧化作用；维生素及类维生素，如维生素 A、E、C、β-胡萝卜素、L-肉碱、吡咯喹啉醌（PQQ）等；脂肪酸如 n-3/n-6PUFA、共轭亚油酸（CLA）等；植物提取物及中草药添加剂，如纤维素酶、黄酮、多酚类、万寿菊和仙人掌提取物，女贞子、五味子、多糖、寡糖等。高剂量的抗氧化剂也可诱导动物应激。

L-肉碱是一种具有生物活性的低分子量氨基酸，抗氧化机能可能通过核转录因子 Nrf2 介导的基因表达通路实现[9]。L-肉碱可有效清除 ROS，如：DPPH、超氧阴离子、H_2O_2[10]；螯合铁离子，抑制脂质过氧化[10]；还可通过提高抗氧化酶的活性及其 mRNA 表达来提高抗氧化机能[11,12]。

吡咯喹啉醌（PQQ）是一种氧化还原酶的辅酶，为多种生化反应的辅因子，具有防止肝损伤，提高抗氧化酶活性的作用。徐磊等[13]研究表明，PQQ 可通过刺激 PGC-1α 和 NrF2-ARE 信号通路增加抗氧化酶活性，从而消除氧化葵花籽油对蛋鸡的不利影响；PQQ 通过激活 MAPK 信号通路中 ERK1/2 和 p38MAPK 通路降低 ROS 产量、消除氧化葵花子油对肝脏的氧化损伤，与维生素 E 表现出相似的能力。

CLA 可显著提高蛋鸡血清和肝脏中 SOD 和 GSH-Px 活性，增强蛋鸡抑制羟自由基和抗超氧阴离子的能力[14]，降低丙二醛含量。通过过氧化氢诱导原代肝细胞建立氧化应激模型，研究 CLA 的抗氧化功能。结果表明，CLA 可通过提高抗氧化酶的基因表达增强抗氧化酶的活性，同时又不引起脂质过氧化。其中 t10，c12-CLA 异构体而非 c9，t11 在抗氧化功能中发挥主要作用[15]。

氧化油脂具有较强的脂膜破坏性，也是 MAPK-Nrf2、PPARγ-PGC-1α、PPARα-LXR-RXR 等信号转导通路的重要激活剂。饲料中的氧化油脂通过蛋黄脂质沉积途径，不仅增加血浆和肝脏中丙二醛含量，降低抗氧化酶活性（长期采食）及基因表达，且会提高蛋黄脂质的氧化程度[13,16]，影响鸡蛋营养价值，提示产蛋鸡生产中应控制饲用氧化油用量。

7.3.2 调控脂质代谢

产蛋鸡肝脏脂类代谢紊乱发生率高，脂肪在肝细胞内过分堆积，从而影响肝脏正常功能，严重的甚至引起肝细胞破裂，终致肝内出血而死亡，由此造成的脂肪肝出血综合征严重威胁着蛋鸡业的健康发展。

研究表明，日粮添加 PQQ 后可缓解高能低蛋白日粮引起的蛋鸡脂肪肝综合征，提高蛋鸡的产蛋率和饲料利用率；改善鸡体的脂质代谢水平，显著降低蛋鸡的腹脂率、肝脂率、血清甘油三酯、总胆固醇、低密脂蛋白胆固醇，明显提高血清 AST、ALT 活性[17]。

L-肉碱可通过酰基肉碱转移酶，促进线粒体内脂肪酸氧化，从而促进脂质代谢。徐少辉等[9]研究表明，L-肉碱可显著降低血浆甘油三酯和总胆固醇，减少蛋鸡肝脏脂肪、腹脂和蛋黄胆固醇含量，且 100mg/kg 最佳[18]。齐晓龙等[14]研究表明，CLA 可线性提高血浆高密度脂蛋白胆固醇，降低甘油三酯和低密度脂蛋白胆固醇。

此外，氧化油脂对产蛋鸡的氧化还原状态和脂代谢均有不利影响，最终会影响产蛋鸡生产性能。日粮添加 2% 氧化大豆油 14d，会显著提高产蛋鸡血清 VLDL-C 的含量；饲喂 30d 会显著降低产蛋鸡血清甘油三酯含量，显著增加肝脏 apoB-100 基因表达；饲喂 4% 氧化大豆油 30d 会显著增加肝脏 apoVLDL~II 的基因表达，显著抑制 apoB-100 的表达[19,20]。

7.4　饲料环保的营养调控

7.4.1　减少粪便排泄总量

通过提高饲料养分消化率有助于减少粪便的排泄。早期研究证明，饲料的微粒化或添加酶制剂可减少禽粪尿的排泄量。预混合饲料中添加的酶制剂，如植酸酶、纤维素酶、半纤维素酶、果胶酶、β-甘露聚糖酶、木聚糖酶、淀粉酶等，均能提高碳水化合物和矿物质元素的利用率，从而增加营养物质的消化吸收，减少粪便的排泄。

7.4.2　减少氮排泄量

为了减少畜禽排泄物对环境的污染，利用可消化理想氨基酸平衡模式配制饲料越来越得到更多的认可。氨基酸平衡的低蛋白日粮，能维持较高的生产性能，显著减轻了蛋鸡粪氮排泄。研究表明，在理想蛋白模式下，日粮粗蛋白水平由 17% 降至 15%，改善了料蛋比、减少粪氮排放，不影响蛋鸡生产性能、降低了 CO_2 和 CH_4 排放[50]。低能量浓度（11.00MJ/kg），16.0%~17.0%蛋白日粮，不利于蛋鸡生产性能及降氮和减甲烷排放[51]。

7.4.3　减少磷排泄量

磷的大量排出会造成严重的水体富营养化和土壤污染。增加磷的利用率，降低动物对磷的排出，最有效的方法就是降低饲料无机磷添加，添加植酸酶。李连彬等[52]研究表明，在有效磷水平为 0.18% 的低磷日粮中添加 300U/kg 植酸酶，能满足蛋鸡对磷的生产需要；有效磷≥0.298% + 植酸酶，对蛋鸡的生产性能没有影响。植酸酶的添加可取代部分磷酸盐，应根据被取代磷酸盐的数量及其含钙量，弥补相应石粉的用量。

7.4.4　粪臭味的营养调控

在饲料加工工艺方面，可通过膨化、制粒等工艺提高饲料的利用率。向饲料中添加酶制剂、酸化剂、益生素等，可在一定程度上改善畜舍被粪臭味污染的状况。植酸酶可显著提高磷的利用率[53]，减少磷的排放，改善畜舍粪臭味。蛋白酶可促进日粮中蛋白质的降解利用，减少饲料中含氮物质的排放，从而降低畜舍 NH_3 浓度。酸化剂能调控肠道菌群平衡，延缓胃排空速度，提高蛋白、磷和干物质消化率，降低 NH_3 和 H_2S 排放量[54]。饲料中添加益生素或益生元，促进肠道有益微生物的生长，抑制有害微生物的生长，改善肠道菌群平衡，促进营养物质利用率，可减少粪中有害气体的排出[55-57]。研究表明，饲料中添加植物提取物，如樟科植物提取物，可减少 NH_3 和 H_2S 的排出[58]。此外，吸附性物质，如膨润土、活性炭等，表面积大，吸附能力强，可达到除臭的目的。

参考文献（略）

第二部分　功能性饲料研究

本部分主持。

齐广海，男，博士，研究员，博士生导师，研究所所长，1963 年 5 月 20 日出生，汉族，陕西省周至县人。1995 年毕业于中国农业科学院研究生院，获博士学位。1993 年 12 月至 1995 年 8 月在加拿大阿尔伯特大学做访问学者。1983 年 8 月起先后在中国农业科学院畜牧研究所、饲料研究所工作。现任中国农业科学院饲料研究所所长，研究员，博士生导师。兼任中国农业科学院学术委员会委员、饲料所学术委员会委员，中国畜牧兽医学会动物营养学分会常务理事、家禽营养专题组主任，全国饲料添加剂和预混料许可证审核专家，国际功能食品生产者协会（DFPAI）荣誉理事，《饲料与畜牧：新饲料》主编，《中国畜牧杂志》、《动物营养学报》、《中国家禽》、《饲料广角》等杂志编委等职。先后主持完成"营养利用调节剂研究与开发"、"畜产品品质改进剂的研究与开发"、"蛋品质改进添加剂的研究与开发"、"鸡蛋中 n－3 多不饱和脂肪酸（PUFA）的富集规律和稳定化研究"、"优质蛋白玉米营养价值评价和高效饲用技术"等 10 多项国家科技项目。获国家科技进步二等奖 1 次、商业部科技进步一等奖 1 次、农业部科技进步二等奖 1 次、北京市科学技术二等奖 2 次、湖北省科技进步三等奖 1 次、全国优秀科技图书二等奖 1 次。毕业博士 3 名、硕士 20 名，在读博士 3 名、硕士 9 名。在国内外发表学术论文 80 余篇，其中，英文 20 余篇，《中国科学引文数据库》收录 6 篇，SCI 收录 15 篇，3 篇被 CA 收录。出版《维生素营养研究进展》、《饲料配制技术手册》、《饲料生物学评定技术》等专/编著 23 部（册）。曾访问法国、印度、加拿大、美国、泰国、日本、比利时、希腊、芬兰、丹麦、德国、澳大利亚等国考察或进行学术交流。主要研究方向：家禽产品品质形成的机理及营养调控；蛋鸡营养需要及饲料营养价值评价；环境、基因、营养及其互作影响家禽产品品质的机理等。

当前，我国饲料工业正处在从传统的数量型向数量质量并重、更加注重安全高效的新阶段转变，人们对养殖产品安全质量的重视程度不断提高，同时更加关注养殖环节动物的健康和福利，健康养殖的观念已经深入人心；我国正在加速构建和谐社会，消费者对养殖的动物产品的质和量的要求越来越高。改善我国集约化人工养殖，而致的动物产品数量增加、产品质量有所下降的现状，已成为畜牧和水产研究工作者的重要课题。开发各种专用型功能饲料，保障幼龄动物健康，改善养殖过程中动物的健康状况，生产营养健康、优质及功能型动物产品，是提高我国饲料及养殖产品国际竞争力，保障食品有效健康供给的重要途径。其主要原因有以下几项。

（1）健康养殖，保障养殖业持续健康高效发展、生产优质动物产品，迫切需要研究可提高动物健康状况、成活率、福利、改善动物产品品质的功能型饲料配制技术。

功能饲料的专一性和功能性较强，是指能调控动物一种或多种机体功能（如改善肠道健康、提高免疫力、抗应激、动物产品品质、色泽、货架期等）的饲料。随着养殖业向规模化、集约化、工厂化方向的发展，现代畜禽尤其是幼龄动物的健康问题也变得日益突出，幼龄动物的高发病率和低成活率严重制约着养殖业的持续健康发展。随着居民生活水平提高以及对膳食与健康关系的越来越重视，消费者对功能性动物产品的需求不断增加。功能性动物产品的附加值大大高于普通动物产品，可以为养殖业注入新的活力，成为养殖业新的增长点，应用功能性饲料开发功能性动物产品已成为养殖业迫切需求的技术。可见，发展具有保证或提高动物福利和健康水平、提高动物产品质量的功能性饲料生产技术已成为当今养殖业的迫切需求。

（2）满足人民日益增长的对优质动物产品的需求，迫切需要研究功能型动物产品生产的饲料配制技术。

改革开放30多年来，我国养殖业得到了高速发展，但发展比较粗放，追求的是动物产品数量的增长，对质量或品质的重视程度远远不够。20世纪80年代中期开始，国外学者就开始重视营养健康型动物产品的研究。随着关于摄入较多的某些营养素对健康有益或有害的大量报道出现于科技文献或大众媒介，消费者对膳食成分与健康关系的关注程度越来越大。卵磷脂、胆固醇、维生素、微量元素、功能性多不饱和脂肪酸、膳食抗氧化因子等功能食品的主要成分已成为大众耳熟能详的热门名词。研究饲料营养与养殖产品品质的关系，生产优质、营养、健康食品，提高动物产品附加值是关系我国养殖业长期健康、稳定、可持续发展的一项战略任务，也是养殖业产品结构调整的必然选择。

一些天然活性成分对养殖动物产品品质的调节作用日渐受到重视。如富含胡萝卜素、类胡萝卜素、叶黄素、玉米黄等着色物质的天然物质，已作为养殖动物优良的天然"绿色"增色添加剂而得到应用；一些天然活性成分具有促进动物机体增"瘦"减"肥"、提高可食部分的功效，如茶叶、杜仲、枸杞、仙人掌、泡桐叶、松叶等也得到了普遍应用。国内外科学家研究证明，甘草、氟石、山茶粕提取物、糖萜素等可在动物组织中利用化学结合、络合、改性等形式使有害物质变为无害物质，并有可能将这些物质通过排泄清除出体外，提高动物产品的品质。

降低动物食品中的对心脑血管有害的胆固醇是消费者的迫切愿望。富含纤维素、木脂素、酚类、黄酮、异黄酮、植物固醇等的植物如杜仲、茶叶、葡萄、桉树、党参等能直接破坏胆固醇在动物机体组织中的形成，或者可使胆固醇加速从机体组织中排出，从而减少动物产品中胆固醇的含量，使食品趋向保健食品。

动物食品肉、蛋、乳的鲜、香度主要涉及 C_3H_5-S（O）基团、肌肉中肌苷酸的含量等，这些物质系由饲料中优质蛋白质的相关氨基酸和有机酸转化而成。影响肉的鲜香味的氨基酸有：天门冬氨酸、谷氨酸、苯丙氨酸、亮氨酸、缬氨酸、丝氨酸、组氨酸、蛋氨酸和异亮氨酸。脂肪中 α-亚麻油含量多，产品香鲜度高。一些植物如杜仲、桑树叶、大蒜、紫苏、茴香、花椒等的提取物具有改善集约化养殖的动物产品风味的效果。

随着居民生活水平的提高，消费者尤其是城镇居民对畜产品品质日益重视，功能性畜产品也逐步得到人们的青睐。近年来，大量的研究证实，通过营养途径可以有效调控畜产品中微量成分的含量。功能型产品含有的对人体有害成分较低，并且有益的微量成分极大提高。功能型畜产品生产技术，涉及如畜产品胆固醇含量调控技术，多不饱和脂肪酸（n-3PUFA和共轭亚油酸）、卵磷脂、维生素、微量元素和功能性蛋白质的富集技术等。中国农业科学院饲料研究所在这方面进行了10多年的研究与开发工作，取得了许多优秀的单项技术成果。提高养殖业生产效益，保障畜牧业持续健康发展迫切需要研究幼龄动物专用型功能饲料配制技术。

幼龄动物是养殖业发展的后备力量，幼龄动物的培育是发展养殖业的关键。幼龄动物出生后各器官系统尚未发育完善，处于组织和器官系统的快速发育时期，可塑性大，容易因某些营养缺陷或过剩导致终身障碍或受损。动物幼龄期的生长、发育状况往往对其终身生产性能和养殖效益具有决定性的影响。一般而言，幼龄阶段生长发育较好的动物，其最终的生产性能通常表现优异。幼龄动物保育难是长期困扰我国养殖业的一大问题。幼龄动物面临的共性问题主要为由消化不良导致的各种肠道疾病和免疫应激，表现为腹泻病频发、生长发育受阻和死淘率居高不下等。据推算，仅断奶应激导致的仔猪腹泻和死亡每年给中国养猪业造成的经济损失就达 60 亿元以上；幼兔从出生到断奶的存活率仅有 50% ~ 80%。幼龄动物的健康状况严重影响养殖业的效益。因此，急需研制幼龄动物专用饲料配制技术及其产品，为养殖业生产水平和经济效益的进一步提高提供饲料技术保障。

研究方向：功能营养素在动物产品（肉、蛋、奶）中的沉积、富集机理，动物产品品质的形成机理及营养调控等研究。

1 功能性禽蛋饲料调控技术研究进展

王晶，女，汉族，河南鹤壁人，博士，助理研究员。2006 年毕业于黑龙江八一农垦大学获学士学位，2009 年和 2011 年毕业于东北农业大学动物营养与饲料科学专业，分别获得硕士和博士学位。在中国农业科学院饲料研究所从事博士后研究 2 年，2013 年出站留所工作。研究方向：蛋鸡健康及鸡蛋品质的营养调控。发表中文核心期刊文章 5 篇，发表 SCI 文章 5 篇，参编书籍 1 部。

我国禽蛋产业稳步发展，2012 年禽蛋产量 2 861 万吨，鸡蛋占据 80% 以上，对满足消费者的健康和对廉价动物源蛋白的需求、保障食物安全、增加农民收入，均具有重要现实意义。随着消费者对畜禽产品要求的不断提高，畜禽产品的营养价值、安全性及其风味成为关注的焦点。以"优质禽蛋"为目标而发展的功能性饲料调控技术，即通过调配蛋禽营养素摄入，寻求及改善产品品质的营养调控策略，系学者和广大从业者的共同期望，也是禽蛋产业发展的新方向和增长点。

禽蛋品质的营养调控包括其外在和内在品质的调控。外在品质包括蛋壳质量（结构、蛋壳厚度、硬度、颜色、重量、光滑度等）、蛋形指数等；内在品质包括物理和加工品质（蛋黄颜色、蛋白黏度）、化学品质（营养组成）、感官品质（蛋黄颜色、鸡蛋风味）等。由于禽蛋产量构成仍以鸡蛋为主，鸭、鹅等其他品种蛋禽的相关研究有限，本文综述也主要围绕鸡蛋的营养价值（内在品质）、蛋壳质量（外在品质）和风味（感官品质）等方面展开。

1.1 鸡蛋营养成分的调控

鸡蛋中的营养成分多数可通过日粮途径调节，即通过改变产蛋鸡日粮营养素供给的来源、数量、质量和时间，使其富集某种或多种营养素。因此，可根据不同人群营养素的特定需要，"定向设计"生产具有某种生理调节功能的鸡蛋，营养调控手段实现了鸡蛋的功能性。鉴于对食品功能认识的转变、功效学的深入研究及营养调控手段的可行性，研究者们提出了功能性鸡蛋（functional eggs）和设计鸡蛋（designe reggs）的概念。鸡蛋作为功能性食品开发的优势有：① 鸡蛋是高营养密度的食品，含多种生物活性或功能性成分（表 2.1.1 和表 2.1.2）；② 鸡蛋是营养素强化的理想载体，相对于肉、奶产品，微量营养素更易于在蛋中沉积[1]；③ 鸡蛋消费群体大，覆盖面广，主要体现在：a. 鸡蛋是传统性食品，人类膳食组成之一；b. 较少受到国家和地区的限制；c. 鸡蛋及其加工产品种类丰富，形式多样；d. 广泛地应用于食品行业中[2]。

目前，功能性鸡蛋的营养调控研究主要有两个方面，一是富集可能对人体健康有益的营养成分，如：ω-3 多不饱和脂肪酸（ω-3 polyunsaturated fatty acids, ω-3 PUFAs）、单不饱和脂肪酸（Monounsaturated fatty acids, MUFA）、维生素 E、胡萝卜素、碘、硒等；一是通过减少脂肪、饱和脂肪酸、胆固醇等成分，也可能对人的健康有益。在加拿大，所谓的"设计鸡蛋"（designer eggs）大约占市场壳蛋销售的 5%[3]；美国（speciality eggs）也是同样趋势，并且以每年 1% 的比率增长[2]。

表 2.1.1 鸡蛋营养价值

营养成分 Constituents	含量[4] Contents		对膳食参考摄入量贡献[4] / % NRV Contribute to the NRV	分布[5] Distribution	组成特点 characteristic
	/100g	/egg *			
蛋白质/g	12.9	6.8	12.4	蛋清含 57.14%；蛋黄含 42.86%；	1. 平衡氨基酸模式的高品质蛋白（人体可消化率 98%，生物学效价 94%[6]）2. 含 200 多种氨基酸
碳水化合物/g	0.7	0.4	0.2	蛋清含 35%；蛋黄含 65%	
脂类/g	11.1	5.9	6.9	蛋清含 0；蛋黄含 100%	脂质组成[7,8]：甘油三酯 63%~65%；胆固醇 4.9%~5.0%；胆固醇酯 1%；磷脂 30%~31%（磷脂酰胆碱 21%，磷脂酰乙醇胺 7.3%，磷脂酰丝氨酸 0.9%，鞘类磷脂 0.9%）
能量[2]/kcal	144	72		蛋清提供 23.61%；蛋黄提供 79.17%	

注：* 每枚鸡蛋（约 60g）按可食部分 53g 计。

1.1.1 ω-3 PUFAs 富集鸡蛋

ω-3 PUFAs 富集鸡蛋是功能性鸡蛋研究和生产最为成功的案例。鉴于 ω-3 PUFAs 在脂类代谢、神经系统发育和免疫机能等方面的重要性，和人们膳食 ω-3 PUFAs 的严重缺乏，各国健康组织和世界专业组织机构相继明确给出了 ω-3 PUFAs 的摄入推荐量[10]。ω-3 PUFA 不能在体内从头合成，膳食来源单一（71% 来源于海产品），摄入量不足及膳食脂肪酸组成（ω-6/ω-3）不平衡已成为诱发多种疾病的危险因素。鸡蛋是脂肪酸的良好载体，蛋黄中 PUFAs 占 23%~26%，其不饱和脂肪酸组成随日粮组成改变而改变。20 世纪 90 年代，国内外学者围绕日粮营养调配生产 ω-3 PUFAs 富集鸡蛋做了大量研究工作。通过营养措施可使鸡蛋中 ω-3 PUFAs 含量提高 3.8 倍，ALA 含量提高 6.4 倍，DHA 含量提高 2.4 倍，ω-6/ω-3 PUFAs 降低 3.6 倍[11]。

表 2.1.2　鸡蛋所含生理活性营养素及其功能

成分 Components	含量*（/egg） Contents[8]	潜在功能 Potential benefits	能否强化[9]
胡萝卜素	100～209μg	中和自由基；参与细胞抗氧化防御；可转化为维生素 A	√
叶黄素＋玉米黄质	1.33～1.91mg	可能益于健康视力的保持	√
番茄红素	0.8～8.5mg	可能益于前列腺健康状态的保持	√
单不饱和脂肪酸	1.7～3.3mg	可能降低冠心病（coronaryhears, CHD）的患病风险	√
Ω-3 不饱和脂肪酸（ALA, EPA, DPA, DHA）	100～650mg	可能益于保持心脏健康，维持神经和视觉系统功能，降低 CHD 患病风险	√
共轭亚油酸	0.15～0.9g	Maintains desirable body composition，益于维持免疫系统的健康状态	√
磷	110mg	可能降低骨质疏松症患病风险	×
硒	7.1～43.4mg	中和有害的自由基，益于维持免疫系统的健康状态	√
维生素类			
维生素 A	100μg	可能益于保持视觉、免疫系统和骨骼的健康	√
维生素 B_2	0.16～0.24mg	益于细胞生长，参与机体代谢调节	√
烟酸	0.05～1.94mg	益于细胞生长，参与机体代谢调节	√
维生素 B_{12}	0.84～3.35μg	可能参与维持神经系统功能，参与机体代谢调节和血细胞形成	√
叶酸	20～50μg	维持妊娠和胎儿的正常发育	√
生物素	10～18μg	参与机体代谢调节和激素合成	√
维生素 D	18～90IU	参与钙、磷调节和细胞生长，维持免疫系统和骨骼的健康状态	√
维生素 E（生育酚＋生育三烯酚）	0.70～6.7mg	抗氧化，维持免疫系统和心脏的健康	√
磷脂类	2250μmol/kg	维持膜的结构和功能，调节胆固醇代谢	√
胆碱	300mg	促进脑发育，提高记忆和学习能力	√

注：＊含量为普通鸡蛋及调控鸡蛋中营养素的含量范围。

1.1.1.1　ω-3 PUFAs 富集鸡蛋特性和功能性

一枚 50g 的普通鸡蛋，约含 34mgDHA 和极少的 EPA（<5mg）[12]，ω-3 与 ω-6 脂肪酸的比例约为 20∶1。加拿大阿尔伯塔大学 Sim 博士研究团队通过系列试验，可使鸡蛋中 ω-3 PUFAs 含量达到 500～700mg/kg，PUFAs∶SAFA 比例显著提高（从 0.6 到 1.02），ω-6/ω-3

脂肪酸比例降低（从 10∶1 到 1∶1）。一枚鸡蛋能够提供至少 600mg 的 ω-3 PUFAs，DHA、EPA 和 DPA 组成平衡，相当于 100g 鱼肉所提供的量。鸡蛋中 ω-3 PUFAs 富集的同时，花生四烯酸（archidonicacid）、亚油酸（ω-6 PUFAs 亲本酸）的代谢产物显著降低，因此 ω-6/ω-3 脂肪酸比例能显著降低（从 10∶1 降到 1∶1）[13]。小鼠和人的临床试验证明，ω-3 PUFAs 富集鸡蛋能够显著增加肝脂或血液中 ω-3 PUFAs 含量，尤其是 DHA 含量，降低 ω-6/ω-3 比例，从而调节了机体脂质组成[14~16]。

1.1.1.2　ω-3 PUFAs 富集鸡蛋营养调控途径

ω-3 PUFAs 富集鸡蛋的营养调控途径大致可分为两种，亚麻酸（18∶3ω-3，α-linolenic，ALA）途径和 DHA 途径，通过提高日粮中 ALA 含量或 DHA 含量，实现鸡蛋中 ω-3 PUFAs 的富集。

（1）ALA 途径

ALA 系 ω-3 PUFAs 的亲本酸，在人体内可衍生为 DHA 和 EPA 等功能性长链 ω-3 PU-FAs。Sim[17] 成功地以加拿大广泛生长的亚麻籽为原料生产富含 ω-3 PUFAs 的鸡蛋。通过给蛋鸡饲喂来源于亚麻或双低油菜（canola，卡诺拉）的 ALA，可使蛋黄中的 ω-3 脂肪酸得到强化，提高鸡蛋中 ω-3 与 ω-6 比例[18]，亚麻籽效果要优于相同剂量的卡诺拉[19]。日粮中亚麻籽一般添加剂量为 10%～20%，可使蛋黄脂质中沉积 7%～12% 的 ω-3 PUFAs[16,20,21]。蛋黄中 ALA 可随日粮亚麻籽比例增加而线性增加[22]，其中不同 ω-3 PUFAs 的沉积多寡顺序为：ALA＞DHA＞DPA＞EPA。Cherian 和 Sim[23] 观察到饲喂亚麻籽的蛋黄中 ALA 主要在甘油三酯中，仅有很少存在于磷脂中，EPA 和 DHA 则沉积在磷脂中磷脂酰乙醇胺部分。有学者认为，亚麻酸途径得到的 ω-3 PUFAs 富集鸡蛋的功能有局限性[2]。人体内 ALA 向 DHA 的转换途径并不高效，只有 15%[24] 或者更低（0.2%）[25] 的 ALA 可转化为长链 ω-3 PUFAs。而且转化成的二十二烷六烯酸量显著低于二十烷戊烯酸和二十二烷戊烯酸。对于老人和孩子，当膳食富含 ω-6 PUFAs 时，因竞争抑制将使转化效率更低。但随后的研究表明，蛋鸡采食含亚麻酸水平高的日粮时，虽然蛋黄中沉积的主要是 ALA，蛋黄的磷脂部分也会沉积相当数量的长链 ω-3 PUFAs，如 EPA、DPA 和 DHA。这表明蛋鸡通过自身的脱氢酶和延长酶体系可以将 ALA 转化为 EPA、DPA 和 DHA[26]。

用亚麻籽生产 ω-3 PUFAs 鸡蛋时，需要注意添加剂量大于 10% 时，将会降低鸡蛋的可接受性（香气和风味），添加高剂量的维生素 E（VE）可以缓和这种情况[27]。此外，Bean 等[28] 报道，长期饲喂亚麻籽（10%）降低了蛋黄重，引发产蛋鸡更高的肝脏出血率，有可能与不饱和脂肪酸易氧化有关。

（2）DHA 途径

DHA 途径主要以鱼油、鱼粉为来源提高蛋鸡日粮中的 DHA 含量，使鱼油或鱼粉所富含的 EPA 和 DHA 直接沉积于鸡蛋中。由于 ω-3 PUFA 的生理作用主要通过长链形式（EPA、DPA 和 DHA）发挥，而鱼油比亚麻籽向鸡蛋中沉积 DHA 更有效，使得 DHA 途径更为有意义。Leskanich 和 Noble[29] 总结了饲喂鱼油、鱼粉和亚麻籽日粮对蛋黄 ω-3PUFAs 的沉积影响，日粮中添加 0.5%～10% 鱼油（主要为鲱鱼油或鳕鱼油）可使 DHA 含量达到 106～660mg/枚不等。Howe 等[30] 通过日粮添加 0%～20% 的金枪鱼粉，表明 10% 添加剂量可使鸡蛋中 ω-3 PUFAs（316mg/枚，1 806mg/100g）达到最大值。但是采用鱼油或鱼粉作为 ω-3

PUFAs 来源存在许多缺陷，如鱼类资源有限、鱼油不稳定易氧化、鱼粉和鱼油易引起鸡蛋异味等[31~32]。Leskanich 和 Noble[33] 建议使用高品质的鱼油、限制鱼粉和鱼油的添加剂量（分别不超过 12% 和 1%）、添加抗氧化剂、与亚麻籽原料搭配使用，增加生产实践中的可操作性和避免鸡蛋腥味问题。相对于 ALA 途径，以鱼油、鱼粉为来源的 DHA 途径生产 ω-3 PUFAs 鸡蛋的成本更高。

微藻是海洋食物链中的初级生产者，富含 DHA，是 ω-3 PUFAs 的原始生产者[34]，裂殖壶菌（Schizochytrium，SL）是微藻中较为重要的 DHA 生产者。本课题组以 SL 粉作为 ω-3 PUFAs 的新原料，替代鱼油，富集鸡蛋 DHA。试验结果表明，饲粮中添加 SL 粉能够增加蛋中 ω-3 PUFAs 和 DHA 沉积量，降低 ω-6/ω-3；蛋黄 PUFA + MUFA 未因饲粮而变化，ω-3 PUFA 增加系因 MUFA 减少。但是 DHA 并不会在蛋鸡中无限富集，15d 达到平衡。DHA 在蛋黄中的沉积有一定的剂量效应，添加剂量过高反而会抑制其在蛋黄中的沉积，SL 粉添加量越高其沉积效率也越低，建议 SL 粉在蛋鸡饲粮中添加量不大于 2%。2% 剂量的 SL 粉，可使鸡蛋中 DHA 含量达到 110mg/枚[35]。

1.1.1.3 ω-3 PUFAs 富集鸡蛋的商业生产

鸡蛋 ω-3 PUFAs 富集技术已成熟应用于商业生产。目前，在世界各地超市货架上可见到多种品牌的 ω-3 PUFAs 鸡蛋（表 2.1.3）。这些鸡蛋脂肪酸比例适当，组成平衡（C18，ω-6/ω-3 = 1:1；长链 PUFA，ω-6/ω-3 = 3:1），功能性也得到临床试验验证，受到越来越多消费者的青睐。2001 年，Surai 和 Sparks 报道，由 Belgium 公司生产的 Columbus 鸡蛋仅在欧洲年销量已超过 5 000 万枚[2]。意愿调查显示（500 名），65% 的消费者倾向于选择 ω-3 PUFAs 鸡蛋，其中 71% 的人愿意为每打鸡蛋多支付 0.5 美元[36]。

1.1.2 共轭亚油酸（CLA）富集鸡蛋

CLA 是近二十年来备受关注的"明星营养素"，具有抗癌、抗动脉粥样硬化、调节血脂、抗氧化和免疫调节的作用。人们试图通过提高日粮 CLA 在动物产品中的富集量，开发功能性食品，提高人类健康水平。

1.1.2.1 鸡蛋中 CLA 的富集

普通鸡蛋中 CLA 含量较低，约为 0.2mg，经过营养调控可达到 150~880mg，成人 NRV 值为 3g/d。关于 CLA 在鸡蛋中的富集量，各国学者报道差异很大，可能与试验条件及 CLA 剂量有关。Cherian[38] 总结了鸡蛋中 CLA 富集相关研究结果（表 2.1.4）。

鸡蛋中 CLA 的含量与日粮中 CLA 添加量呈剂量依赖性，随日粮 CLA 剂量增加而升高，并于第 11 天达到最大富集量。当添加量超过 5% 时，继续增大 CLA 添加量，蛋黄中 CLA 含量也不会增加，表明 CLA 并不会在鸡蛋中无限度富集[39,40]。本课题组试验表明，随日粮 CLA 剂量（0%、1%、2%、4%）增加，蛋黄中 CLA 两种主要异构体 c9,t11-CLA 和 t10, c12-CLA 的沉积量均显著增加，但富集量不同，c9,t11-CLA（0.06%、1.67%、2.99% 和 5.33%）的沉积量显著高于 t10,c12-CLA（0.01%、0.98%、1.73% 和 3.82%）[41]。其原因可能是 t10,c12-CLA 在机体中更易被代谢或参与发挥其他生理功能而发生损耗[42]。

表 2.1.3 ω-3 PUFAs 富集鸡蛋产品[37]

产品名称	ω-3 PUFA 含量			饲料 ω-3 PUFA 来源描述
	ALA	EPA	DHA	
Cage free eggs & vegetarian fed eggs，Gold Circles Farm，美国	—	—	150mg/份（50g）	富含 DHA 的日粮，日粮方案受专利保护
Intelligent Eating Omega-3 DHA rich free range eggs，Stonegate，英国	—	—	100mg/份（58g）	Nu-Mega 金枪鱼油
Christopher eggs，Columbus，英国（C18，n6/n3 = 1：1；长链 PUFA，n6/n3 = 1：3）	600mg/份（50g）	—	—	天然植物来源，日粮方案受专利保护
Eggs Plusby Pilgrim's Pride	100mg/份（50g）	—	100mg/份（50g）	亚麻籽，鱼油和 VE
Born3 Eggs	400mg/份（50g）			亚麻籽
Omega ProLiquid Eggs		149mg/份（100g）	144mg/份（100g）	鲱鱼油 30mgDPA
Country Hen Eggs	310mg/份（50g）			未给出
Egg ＊ Land's Best	—	2mg/份（50g）	100mg/份（50g）	全天然植物来源，日粮方案受专利保护，含卡诺拉（canola）油
Wegmans Omega3 Eggs（美国）	320mg/份（50g）	130mg/份（50g）		亚麻籽和微胶囊粉

表 2.1.4 鸡蛋中 CLA 富集研究结果

资料来源	日粮 CLA 最大添加水平	饲喂周期	鸡蛋 CLA 含量	平均每枚鸡蛋 CLA 含量 g/枚	每份对膳食参考摄入量贡献%
Du et al.,1999	5.0%	2 周	14.8%	0.88	58
Chamruspollert and Sell，1999	5.0%	37 天	11.2%	0.66	44
Anh et al.,1999	5.0%	4 周	8.6%	0.51	34
Jones et al.,2000	1g/kg	68 周	12μmol/g 脂肪	0.15	10
Schafer et al.,2001	29g/kg	80 周	7.75g/100g	0.39	26
Cherian et al.,2002	2.0%	6 周	5.4%	0.32	21
Raes et al.,2002	1g/100g	28 天	5.43g/100g	0.27	18
Yang，2002	16.8g/kg	28 天	3.7%	0.22	15
Cherian and Goeger，2004	1%	80 天	3.5%	0.21	14

1.1.2.2 CLA 富集对生产性能和鸡蛋品质的影响

在进行 CLA 富集时，还需要考虑 CLA 对生产性能和鸡蛋品质的负面影响。

（1）降低生产性能。大部分家禽[43,44]和其他动物[45]研究中，添加 CLA 会降低动物采食量。本课题组结果显示，产蛋鸡日采食量随日粮 CLA 添加量的增加而显著降低。此外，当日粮中 CLA 添加量从 0 增加到 2% 时，未见显著影响鸡蛋蛋重。而 CLA 剂量增加到 4% 时，鸡蛋蛋重明显降低，可能系高剂量添加 CLA 降低采食量所致[46]。此外，还有研究表明，即便日粮中添加低剂量 CLA（0.5% ~ 1%），产蛋率依然会显著下降[44,47]。

（2）增加蛋黄 SFA 含量，降低 MUFA 含量[48,49]，蛋黄硬度增加。本课题组试验表明，饲喂 4% CLA 显著增加了蛋黄硬度（数据未公布），蛋黄煮熟后类似于橡皮球，非常坚固[43,50,51]。造成这种现象可能与 CLA 改变了蛋黄脂肪酸组成有关，CLA 可降低 SCD 活性，导致蛋黄中 SFA 含量增加，而 MUFA 含量降低[52]，从而引起蛋黄一些物理性状尤其是蛋黄的高度和硬度发生改变。其原因可能与硬脂酰辅酶 A 去饱和酶（SCD，SFA 转化成 MUFA 的限速酶）活性有关，一旦活性受到抑制，将导致 SFA 增多而 MUFA 减少，日粮中添加 CLA 会显著降低 SCD 活性和 mRNA 表达量[53]。因此，蛋黄中 SFA 升高而 MUFA 降低。

（3）降低鸡蛋中 DHA 含量。鸡蛋中 DHA 和 AA 含量随日粮 CLA 的增加而显著降低[43,46]。可能与 $\Delta 6$-去饱和酶（亚油酸和亚麻酸转化成 DHA 的关键酶）活性有关，因 CLA 也可作为该酶底物，从而形成竞争性抑制作用[54]；另一方面，可能随 CLA 在日粮中比例逐渐升高，则亚油酸和亚麻酸比例逐渐降低，导致生成 DHA 的前体物质减少，因此 DHA 的富集量也随之降低[40]。

平衡上述因素，本课题组建议日粮添加 2% CLA，可使鸡蛋 CLA 沉积量达到 280mg/枚，提高蛋黄中 PUFA 的含量、加深蛋黄颜色，同时不影响蛋鸡生产性能。

1.1.3 卵磷脂富集鸡蛋

卵磷脂（PC）是细胞的重要组成成分，在机体脂质代谢中起重要作用。磷脂酰胆碱（PL）可以在胆碱存在的情况下通过 CDP-胆碱途径来合成。日粮中添加胆碱可提高鸡蛋卵磷脂含量[55]，但大于 1 000mg/kg 时会抑制 PL 和 PC 的生成[56]。许梓荣等[57]表明，添加同样作为甲基受体的甜菜碱后，提高了后期蛋鸡蛋壳腺中 PC 含量。

本课题组通过在日粮中添加大豆磷脂（SL）和胆碱，可显著提高蛋黄和全蛋中卵磷脂含量[56]。其中：（1）全蛋和蛋黄中 PL 随日粮中 SL 添加量的增加而增加。经回归预测得知，添加量为 3.25% 和 2.50% 时，全蛋和蛋黄中 PL 含量达到最大。全蛋和蛋黄中 PC 含量随日粮 SL 添加量的增加而增加，经回归计算得知，添加量为 3.53% 和 3.19% 时，全蛋和蛋黄中 PC 达到最高值。（2）日粮添加胆碱（1 000mg/kg）也可使全蛋中 PL 水平显著增加 9.40%，可使蛋黄中 PL 水平增加 13.57%；全蛋和蛋黄中的 PC 分别增加 13.77% 和 20.48%。（3）日粮添加 1% SL + 500mg/kg 胆碱组鸡蛋中总磷脂水平显著升高，2% SL + 1 000mg/kg 胆碱组的 PC 水平显著高于对照组，并且 SL 和胆碱间存在互作效应。

1.1.4 维生素富集鸡蛋

由于摄入高水平的抗氧化剂如维生素 E 和 β-胡萝卜素对人体健康有益，强化家禽产品中的抗氧化维生素可能很有必要。此外，维生素和矿物质元素等营养素易于在鸡蛋中富集，富集鸡蛋（enriched eggs）成为人们所关注的功能性食品之一[58]。

要强化家禽产品中的维生素含量，需要考虑维生素由饲粮向产品中的转移效率和添加成本。Naber[59]总结了维生素由饲粮向鸡蛋中转移的效率：维生素 A 的转移效率非常高（60%～80%）；核黄素、泛酸、生物素和维生素 B_{12} 的转移效率高（40%～50%）；维生素 D_3 和维生素 E 的转移效率中等（15%～25%）；维生素 K、维生素 B_1 和叶酸的转移效率低（5%～10%）。各维生素的转移效率详见表 2.1.5。

表 2.1.5　产蛋鸡采食实用日粮时维生素由日粮向鸡蛋的转移效率

维生素	日粮水平/kg	鸡蛋中含量/g	转移效率/%	来源
VA	4 000 IU	153IU	77	Naber&Squires,1993
	8 000 IU	244IU	80	
	16 000 IU	250IU	39	
VD	540IU	13IU	24	Bethke et al.,1936（from codliver oil）
	5 400IU	90IU	17	
	54 000IU	850IU	16	
VE	30mg	580μg	19	Dju et al.,1950
	12.6mg	205μg	16	Bartov et al.,1965
	22.2mg	870μg	39	Nobile & Irving,1996
VK_1	5.2mg	25μg	5	FrimiNger & Brubacher,1966
核黄素	2.2mg	105μg	43	Naber&Squires,1993
	4.4mg	221μg	46	
	8.8mg	231μg	24	
	2.5mg	124μg	43	Petersen et al.,1947
	3.6mg	229μg	52	
	5.1mg	265μg	47	
	7.5mg	279μg	31	
	10.0mg	280μg	23	
泛酸	19.0mg	835μg	49	Snell et al.,1943
	12.7mg	608μg	48	Evans et al.,1952
叶酸	0.70mg	5.1μg	7	Waibel et al.,1952
	0.70mg + 抗生素	5.7μg	8	
	0.37mg	3.6μg	10	Terri et al.,1959
生物素	0.16mg	5.9μg	37	Sunde et al.,1950
	0.16mg	4.8μg	30	Waibel et al.,1952
	0.17mg	8.0μg	48	BueNrostro & Kratzer,1984
VB_{12}	4.0μg	0.22μg	44	Naber & Squires,1993
	8.0μg	0.42μg	42	
	16.0μg	0.78μg	39	
	120μg	4.60μg	38	Halick et al.,1953

资料来源：齐广海和武书庚，2012[63]。

蛋黄中的脂溶性维生素易受日粮水平的影响[60]。Jiang 等[60,61]的研究表明，通过提高日粮中 α-生育酚、β-胡萝卜素和视黄醇水平可以强化它们在鸡蛋中的含量。随着日粮生育酚水平的提高，蛋黄中 α-生育酚浓度线性增加[60,61]。日粮中 α-生育酚水平对其在鸡蛋中含量有显著影响[60]。齐广海[61]1995 年的研究结果表明，不但 α-生育酚，而且 ν 和 δ-生育酚也可以通过日粮得到强化。虽然 ν 和 δ-生育酚由饲粮向鸡蛋的转移效率比 α-生育酚低，但由于前两种生育酚在离体情况下的抗氧化性比 α-生育酚还强[62]，它们在富含 ω-3 脂肪酸鸡蛋中的强化可能具有特殊意义。

1.1.5 矿物质元素富集鸡蛋

鸡蛋中常量矿物质元素最为丰富的是磷和钠，其次是钙和镁，其中钙含量（去壳鸡蛋）高于同重量的肉产品；所含微量元素按多寡顺序依次为锌、铜、锰、硒，除了钠主要存于蛋清中，其他矿物质元素主要储藏在蛋黄中[64]。鸡蛋中微量元素的沉积是有差异的。通过饲喂蛋鸡富含硒、碘等元素的日粮可实现富硒、碘和锌功能性鸡蛋的生产。

1.1.5.1 富硒鸡蛋

硒是维持人体生命活动必需的微量元素之一，具有重要的生物学功能，尤其在预防克山病、降低癌症风险以及延缓衰老中发挥重要作用。但我国居民硒日摄入量远远低于中国营养学会推荐的硒平均需要量[65]。中欧国家也均属于缺硒或低硒地区。一枚普通鸡蛋含硒 $7 \sim 10\mu g$，是膳食硒的安全来源。日粮添加 $0.4 \sim 0.8mg/kg$ 酵母硒，鸡蛋中硒含量为 $30.67 \sim 43.35\mu g/$枚，可提供每日硒需要量的 $50\% \sim 73\%$[66]。鸡蛋中硒的沉积受日粮硒的浓度和形式影响。有机硒源比无机硒源的沉积效率高[67]，鸡蛋硒含量随日粮硒含量（$0.15 \sim 1mg/kg$）增加而升高（$0.16 \sim 1.91\mu g/g$）[68]。硒在鸡蛋中沉积的形式也存在差异，饲粮添加 Se-Met 时则主要以 Se-Met 形式沉积而非硒代半胱氨酸，当添加高剂量时，这种差异更为明显[69,70]。目前，富硒鸡蛋的生产已商业化，世界各地涌现了多种强化硒的鸡蛋产品，如 SelPlex eggs （瑞士）、Selenyum eggs（土耳其）、Vita-eggs（英国）、Organic Selenium Egg（新加坡）、Heart-Beat eggs（新西兰）、Mega-Eggs（爱尔兰）、NutriPlus（马来西亚）等。

1.1.5.2 富碘鸡蛋

一枚普通鸡蛋（62g）含碘22μg，95%以上存于蛋黄中。通过卵巢中特殊的运输蛋白，鸡蛋中可以有效地富集碘。相对于其他畜产品，鸡蛋中碘含量易于调控，随日粮碘浓度（$0 \sim 24mg/kg$）线性增加（从 160 到 1 300μg/kg）[71]。碘主要以碘盐的形式添加于家禽日粮中，或以碘酸钙（$CaIO_3$）或碘化钾（KI）的形式添加于矿物质元素预混料中。有机碘沉积效果优于无机碘[72]。日本大多在鸡饲料中添加 2% ~ 10% 的海带提取物作为碘来源。据报道，饲料添加 2% 的海带提取物（含碘 0.38%）时，每100g 蛋黄中碘含量增加 2.1 ~ 5.8mg；当添加4%时，蛋黄中碘含量约为添加2%时的2倍；当添加6%时，蛋黄中碘含量约为添加2%的2.5倍。再提高添加量，蛋黄中碘含量不会有明显增加。蛋内的有机碘大多以卵磷脂碘和碘化氨基酸的形式存在于蛋黄中[73]。在生产高碘鸡蛋时，同时也为了防止人们摄入的碘过剩，欧盟对鸡饲料中碘含量给出了限量，不超过 5 000μg/kg。

1.1.5.3 富锌、铁和铜鸡蛋

关于锌、铜和铁在鸡蛋中富集的研究存在争议。King'ori 认为[74]鸡蛋中硒、碘和锌的含量取决于日粮浓度，而铁和铜则不易通过日粮在蛋中富集。Rooke 等[75]则报道鸡蛋中锌是难以调控的，而鸡蛋中的铜和铁则可以随日粮浓度增加而增加。徐建雄等[76]通过在饲料中添加 1 000、2 000、3 000mg/kg锌后，蛋黄中锌含量分别提高 34.22%、46.9% 和 75.71%（第15天）。而铁研究表明，不同来源影响其在鸡蛋中沉积的效率，有机铁（如蛋氨酸螯合

铁）高于无机铁（如 $FeSO_4$）。当饲粮添加 150mg/kg $FeSO_4$ 时，鸡蛋中铁含量约提高 0.05 倍[77]，而添加 100mg/kg 有机铁，鸡蛋铁含量提高大于 0.1 倍[78,79]。

1.1.6 复合营养素强化鸡蛋（multi-enriched eggs）

鸡蛋中多种营养素强化的实现最初出于富含 ω-3 脂肪酸鸡蛋脂质稳定性的考虑。通过在饲粮中添加天然生育酚，可以改善富含 ω-3 脂肪酸鸡蛋的稳定性[61,80]，同时蛋黄中生育酚含量随饲粮添加水平线性增加，稳定时间与脂肪酸的平衡时间相近，有可能与二者同属脂溶性物质有关[61]。因此可实现鸡蛋中维生素 E 和脂肪酸的同时富集[81]。

随后 Surai 等[82]的研究表明，鸡蛋中可同时富集硒（提高 7.7 倍，饲料来源：奥特奇的 selplex）、维生素 E（提高 26.8 倍）、叶黄素（提高 15.9 倍，饲料来源：万寿菊）和 DHA（提高 6.4 倍，饲料来源金枪鱼油）多种营养素。一枚"超级蛋"（super eggs）能够提供 RDA 硒含量的 50%，100% 的长链 ω-3 PUFAs，维生素 E150%，以及 1.91mg 的叶黄素（无推荐值）。人体试验表明，每天一枚"设计鸡蛋"（试验期 8 周）可显著增加血浆 α-生育酚、叶黄素和 DHA 浓度[83]。

但在鸡蛋中同时强化所有维生素（VA，VD，VE，VK，VB_{12}，生物素，叶酸，烟酸，泛酸，吡哆醇，核黄素，硫胺素）貌似不可行。通过饲喂蛋鸡超过常规剂量 3~10 倍的维生素，生物素、维生素 B_{12} 和维生素 K 含量（每枚）能够达到日推荐摄入量（daily recommended intake, DRI）的 50%，而鸡蛋中烟酸、硫胺素和吡哆醇含量对日粮浓度相对不敏感。有可能与维生素转移效率不一样，并且有可能不同种类之间存有相互作用等[3]。

目前，复合营养素强化鸡蛋产品有法国 Glon 公司生产的 Benefic eggs，主要以营养缺乏、疾病高发人群为目标，尤其是老年人。通过饲喂蛋鸡（伊莎褐）含亚麻籽、植物叶黄素、维生素 E、维生素 D_3、叶酸、碘和硒等营养素的饲粮，同时强化鸡蛋中维生素类、矿物质元素类和不饱和脂肪酸等功能性成分。具体营养成分见下表 2.1.6[84]。

表 2.1.6　复合营养素强化鸡蛋和标准鸡蛋营养成分[84]

项目 Item	常规鸡蛋 Standard /100g	复合营养素强化鸡蛋 Multi-enriched eggs /100g	复合/常规 （multi-enriched eggs/standard egg）	复合营养素强化鸡蛋 Multi-enriched eggs /% RDA*
碘/μg	60	150	2.5	100
维生素 D/μg	0.5	1.5	3	30
硒/μg	7	28	4	47
叶酸/μg	60	240	4	70
维生素 E/μg	1 300	8 000	6	66
叶黄素＋玉米黄质/μg	250	1 500	6	7.5
α~亚麻酸 ALA/mg	50	300	6	15
二十二碳六烯酸 DHA/mg	40	120	3	100
维生素 A/μg	175	180	1	23
维生素 B_{12}/μg	1	1.4	1.4	58

注：* 建议日用量，Recommended daily allowance。

1.2 鸡蛋蛋壳品质的调控

作为鸡蛋的"保护膜"，蛋壳具有维持内部营养成分免受损失、免遭微生物破坏，支撑种蛋孵化等作用。蛋壳外观、磕破残损、蛋品安全等因素也会影响消费者的购买意愿。据统计，全世界由蛋壳质量而导致的损失达 6% ~ 10%，我国因蛋壳破损每年损失 5 亿多元。一般产蛋前期壳色正常、强度大、硬度好，随产蛋日龄增加，蛋壳品质变差，通过调整日粮维生素 D_3、钙、磷等可缓解。蛋壳品质的调控研究多以碳酸钙为切入点，通过调配矿物质元素、维生素、微量元素等添加剂提高蛋壳腺内 Ca^{2+} 和 HCO_3^- 浓度。

1.2.1 改善钙源

蛋鸡日粮中的钙（3% ~ 4%）一般足以满足其产蛋需要，故研究重心放在了钙源及钙的粒度。在早期和后期蛋鸡日粮中添加粒度为 0.8 ~ 2mm 的钙，可改善生产性能和蛋壳质量[85]。强制换羽后的海兰褐蛋鸡为维持正常的生产性能、蛋壳和胫骨质量，日粮中需要 3.6% 的钙，粒度 2 ~ 5mm 为宜[86]。热应激条件下，增加钙粒度，也可改善蛋壳质量[87]。

1.2.2 添加相关维生素

蛋鸡日粮中添加维生素 D 和 1,25-$(OH)_2D_3$ 可改善生产性能和蛋壳质量已得到广泛认可。因二者参与肠道 Ca、P 的吸收、成骨和破骨等重要代谢，促进 Ca^{2+} 在蛋壳腺内的吸收转运，提高 1,25-$(OH)_2D_3$ 依赖性 CaBPS 活性，促进蛋壳钙化。日粮中合理使用蛋氨酸、胆碱、叶酸和 VB_{12}，通过调控鸡蛋大小，可在不影响生产性能的同时，提高后期蛋壳质量[88]。

1.2.3 添加微量元素

围绕提高蛋壳质量的微量元素研究主要集中在 Zn、Mn、Cu 等。Mn 可激活蛋壳形成中糖基转移酶的活性，促进形成蛋白多糖，调控碳酸钙晶体的生长方向，进而改善蛋壳质量。Cu 可参与基质薄膜中赖氨酸不同形式之间的转化，影响基质薄膜纤维的分布，从而调节蛋壳的机械特性。Zn 是碳酸酐酶（CA）的重要组成部分，且可调节蛋壳腺某些磷酸化基质蛋白，对蛋壳碳酸钙和基质蛋白的形成都具有重要作用。研究表明，Zn、Mn、Cu 通过影响蛋壳的形成和调节晶体的结构来调节蛋壳品质[89]，可显著提高后期蛋鸡蛋壳强度和硬度，改善蛋壳弹性[90]，提高蛋壳质量，减少鸡蛋损失[91]。微量元素添加剂可显著降低破蛋率[92]，蛋氨酸铜可显著提高蛋壳质量[93]，Mn 和 Zn 显著提高后期蛋鸡蛋壳重量、蛋壳厚度和蛋壳强度[94]。张亚男等[95]研究表明，Zn 可提高血浆和蛋壳腺内 CA 的活性、对血浆和蛋壳腺内碱性磷酸酶活性具有重要调节作用，并且可显著提高蛋壳腺内 CA、碱性磷酸酶、骨桥蛋白和 OC-116 的基因表达，从而改善蛋壳品质，70mg/kg 的蛋氨酸锌效果最佳。

1.2.4 电解质、添加剂

产蛋鸡饮水中 NaCl 含量对蛋壳品质的影响受日龄、品系、个体差异等诸多因素影响。

含量过高会引起蛋壳腺 CA 活性下降，过多摄入 Cl^- 会限制蛋壳腺内 HCO_3^- 和 Ca^{2+} 的摄取，从而降低蛋壳质量[96]。热应激下，蛋鸡后期日粮中添加 $NaHCO_3$，可提高蛋壳腺内 HCO_3^- 的浓度，改善生产性能[97]。

某些添加剂也可改善蛋壳品质。植酸酶可减少坏、破蛋的产生[98]；有机酸可提高肠道消化酶活性和矿物质元素的溶解性，提高 Ca^{2+} 的吸收，改善蛋壳[99]；添加降低日粮和肠道 pH 值的添加剂，可改善后期蛋壳质量[100]。

1.2.5　基质蛋白

关于蛋壳品质的调控，人们多从碳酸钙入手，旨在提高蛋壳腺内 Ca^{2+} 和 HCO_3^- 浓度，对基质蛋白的研究较少。基质蛋白在蛋壳形成中发挥重要作用，影响碳酸钙晶体的生长、定向及沉积，并调节蛋壳腺内的 pH[101]。介于基质蛋白对于蛋壳品质的作用，从基质蛋白角度入手调控蛋壳品质，以期从新角度研究调控蛋壳品质的可行性及其可调控的幅度，将是今后的研究重点。

1.3　鸡蛋风味的调控

饲料因素对鸡蛋风味的影响较大，风味调控的研究主要集中在如何降低或脱除饲料中对鸡蛋风味不利、有害成分的方面上。ω-3 PUFAs 富集鸡蛋的异味和鸡蛋鱼腥味是目前研究较多的两个方面。ω-3 PUFAs 富集鸡蛋的异味主要是由于脂肪酸的氧化和鱼粉中三甲胺引起的。具有抗氧化功能的维生素的添加，可缓解脂质氧化引起的风味下降[81]。

此外，日粮中含有菜籽油、菜籽饼粕、鱼粉和胆碱，极易诱发鸡蛋鱼腥味。蛋鸡的鱼腥味综合征系因含黄素单氧化酶 3（flavin-containing monooxygenases3，FMO3）基因突变，致鸡体无法正常代谢三甲胺（trimethylamine，TMA），从而使 TMA 逐渐累积并沉积于卵泡中，形成鱼腥味鸡蛋，该鸡蛋会散发出难闻的类似鱼腥味的气味，严重影响了鸡蛋的风味和可接受性。日粮中添加常规水平的氯化胆碱（0~2 200mg/kg）不会诱发蛋鸡鱼腥味综合征[102]。4 000mg/kg氯化胆碱足以诱发蛋鸡鱼腥味综合征[103,104]。高剂量胆碱能够增加蛋鸡体内 TMA 的产生和吸收，抑制肝脏 FMO3 mRNA 表达和酶活性，加剧 TMA 代谢的负担，从而诱发鱼腥味鸡蛋[105]。若将氯化胆碱添加量降到正常水平，突变基因型蛋鸡蛋中 TMA 含量9d 内即降到正常水平[106]。生产和加工过程中应控制蛋黄 TMA 含量≤3.79μg/g（嗅觉阈值），蛋黄 TMA 含量≥4.516μg/g，不被人们接受[107]。此外，Ward[108]试验表明，突变基因型蛋鸡对菜籽饼粕比相同胆碱含量的氯化胆碱更为敏感，双低菜籽粕不引起鸡蛋鱼腥味的最大添加量为 4%~7%。

1.4　小结

鸡蛋开发成为功能食品极具潜力。随着营养保健观念深入人心，各种功能性的营养保健鸡蛋风靡一时，但是未得到消费者的长期认可。我国功能性鸡蛋产品的开发仍处于初级阶段，大多以赢利为目的，没有明确的调控目标，缺乏功能性评价和科学性，所列功能难以相符，很难成为稳定产品。这就迫切需要饲料调控技术的支撑，针对性地提出有效的营养调控措施，保证产品质量，而不是盲目、简单地通过添加营养素或非营养素的手段实施。

在功能性禽蛋饲料调控技术研究方面，应注意的是：

（1）正确认识功能性。不同人群所需要的"营养"产品是不同的，其功能性目标是特定人群，并不是对所有人都是安全有效的。

（2）目标明确，逆向设计营养调控措施。以特定"目标"作用设计理念出发，"定向设计"动物产品，从而提出日粮营养方案。在这一过程中，调控措施应以动物体内的代谢调节为其生理基础。因此，借助生物技术及生物信息学工具，研究鸡蛋内在品质形成的生理途径，明确功能性成分构效、量校关系及鸡蛋中的代谢沉积规律，科学性评价其功能，进一步提高营养健康鸡蛋的科技含量，将是今后饲料营养调控措施的重点研究方向。

参考文献（略，可函索）

2　功能型禽肉及禽肉来源活性肽调控与饲料

张海军，副研究员，博士，硕士生导师，男，汉族，河南南阳人。1999 年和 2002 年毕业于河南农业大学，分别获学士和硕士学位。2005 年毕业于中国农业大学动物营养与饲料科学专业，获农学博士学位。2008 年 11 月～2009 年 11 月在意大利米兰大学访问研究。2005 年起在中国农业科学院饲料研究所工作。中国畜牧兽医学会动物营养学分会会员，《中国畜牧杂志》、《动物营养学报》和《中国农业科学》稿件外审专家。主编书籍 2 部，参编书籍 4 部，发表各类文章 50 余篇（其中 SCI 论文 8 篇）。先后主持过国家自然科学基金（31272456）、北京市自然科学基金（13F10312 和 6102022）、十二五和十一五国家科技支撑计划子课题；参与国家现代农业产业技术体系（蛋鸡营养调控）、现代农业产业技术体系北京家禽创新团队（家禽健康养殖）、"农业结构调整专项"、"973 子课题"、北京市科技项目、中国农业科学院院长基金等课题。主要研究方向：鸡肉发育和调控、肉鸡健康养殖、营养与免疫调控；植物来源添加剂的应用与互作；环境对畜产品品质的影响机理。

摘　要： 肉类在居民膳食蛋白质摄入量中占有重要比例。在我国肉类总产量中，禽肉占 20%，且因其高蛋白、低脂肪和低胆固醇的特性逐渐受到消费者的喜爱。近年来，随着人们营养保健意识的增强，食物的功能特性不断得到重视。通过对产品营养和功能性成分进行改善与调控，生产功能型禽肉是肉禽业的新出路之一。禽肉中也含有较多的生物活性肽类，开发生产禽肉相关功能性肽类，作为活性成分应用于食品和医药行业，是禽肉加工的发展方向之一。本文对功能禽肉的概念、设计思路、目前功能禽肉的生产以及禽肉水解物中功能性肽的提取及生理作用进行综述，并讨论了功能禽肉的研究方向和发展前景。

关键词： 功能禽肉；活性肽

2.1　功能性肉品简介及禽肉营养特点

2.1.1　功能食品

近年来，人们对食品的功能特性日益重视。功能特性是食品成分预防疾病和调节生理机能的作用。具有功能特性的食品就是功能食品。"功能食品"一词实际上是"为特殊健康需要而设计的食品"（Food for Specified Health Use）的简称，一般写作"FOSHU"。食品的抗癌、抗突变、抗氧化和抗衰老功能均是功能特性。由于人们对健康的关注，许多国家的食品生产商开始着手设计具有功能特性的食品。功能食品在摄入后应确实能够引起生理功能譬如胃肠道功能（营养物质消化和吸收能力）、免疫系统、整体身体表现以及行为（食欲或饱感等）、心理（应激、精神、睡眠等）等的改观。应该对一些疾病如心脏病、肥胖、2型糖尿病、骨质疏松症、某些癌症有预防作用，或使其发生率降低。

功能食品中具代表性的功能性成分有寡糖、膳食纤维、乳酸菌、大豆蛋白、糖醇、肽、钙、铁、多酚、配糖类、固醇酯和甘油二酯等。日本是世界上功能性食品研究最为活跃并且也是产品种类最多的国家，到2006年4月，日本批准使用的功能性食品已有近600多种。表2.2.1列出了功能性食品常用功能性成分。

表2.2.1　功能性食品主要功能性成分举例

活性成分	示例
脂肪和脂肪酸	n-3多不饱和脂肪酸（EPA和DHA）、双不饱和脂肪酸、共轭亚油酸等
蛋白质和肽	大豆蛋白、活性肽（抗高血压肽、肉碱、肌肽、鹅肌肽）
益生素	膳食纤维（燕麦、大豆、柑橘等），寡肽
益生菌	乳酸菌，双歧杆菌
维生素	生育酚、叶酸、抗坏血酸
微量元素	钙、镁、硒、锌、铁等
植物化学成分	植物甾醇类（甾醇和stanol酯）、胡萝卜素（β-胡萝卜素、番茄红素、玉米黄质、叶黄素），类黄酮（黄酮、二氢黄酮、邻苯二酚） 植物雌激素（异黄酮等）

2.1.2　功能性肉品

肉及肉制品是人们膳食重要的蛋白质、维生素和微量元素来源，但同时也含有脂肪、饱和脂肪酸、胆固醇和较多的盐分。功能食品在反刍动物乳制品方面已有较多的研究，而在肉及肉制品方面的工作目前还很少。通过增加或引入生物活性成分，生产功能性肉制品是肉品工业的新出路（Jimenez-Colmenero等，2001）。目前已在肉品中表明了较多的生物活性物质，如肌肽、鹅肌肽、L-肉碱、共轭亚油酸、谷胱甘肽、牛磺酸和肌氨酸等。鹅肌肽和肌肽是肉品中的内源抗氧化剂，也可用于医药和食品行业。L-肉碱除了促进能量代谢以外，还具有如降低胆固醇、促进钙吸收、增强骨骼强度的作用。最近的研究表明，L-肉碱阻断细胞凋亡，防止心衰时发生心肌损伤（Vescovo等，2002）。含有肉碱的饮料已在美国市场销售，具有增强体力和抗疲劳作用。目前，含有较多肉碱和肌肽的产品已在日本市场出现。这种产品是从盐腌的牛肉中提出的。

通过增加对健康有益的成分和去除对健康有害的成分，可以增强肉品的功能特性。Fernandez-Gines等（2005）列出的肉或肉制品功能性修饰主要有以下几个方面：改变脂肪酸或胆固醇水平，肉制品中引入植物油，添加大豆，添加具有抗氧化特性的天然提取物；控制氯化钠含量；添加鱼油；添加植物性制品；添加纤维成分。

2.1.3 鸡肉的营养特点

近年来消费者逐渐形成的保健饮食意识，使其对高脂肪、高胆固醇含量的红肉的消费加以节制，换之以高蛋白、低脂肪、低胆固醇含量的白肉，主要是禽肉。在欧美、日本等发达国家，这种变化比较明显，而且研究的比较深入。

鸡肉营养价值较高，蛋白质含量比猪、牛肉高许多，钙的含量与羊肉相仿，多于猪肉和牛肉，铁的含量略低于羊肉，优于猪肉和牛肉。鸡肉的脂肪含量较少，低于猪、牛、羊肉。表2.2.2列出了鸡肉与猪肉和牛羊肉的营养成分含量。

表 2.2.2 鸡肉与其他肉类营养成分比较

项目	蛋白质	脂肪	钙	磷	铁
鸡肉	23.3	1.2	11	190	1.5
猪肥肉	2.2	90.8	1.0	26	0.4
猪瘦肉	16.7	28.8	11	177	2.4
牛肥肉	15.1	34.5	7.0	124	1.0
肥瘦牛肉	17.7	20.3	5.0	179	2.1
肥瘦羊肉	13.3	34.6	11	129	2.0

鸡肉的蛋白质中40%以上是必需氨基酸，与鸡蛋相似。肉仔鸡蛋白质中必需氨基酸含量见表2.2.3。

表 2.2.3 鸡肉蛋白质氨基酸组成

氨基酸种类	含量/%	氨基酸种类	含量/%
组氨酸	4.5	蛋氨酸	7.8
亮氨酸	4.4	苏氨酸	4.5
异亮氨酸	7.6	色氨酸	1.1
赖氨酸	7.9	苯丙氨酸	3.9

鸡脂肪约80%的脂肪酸为油酸、亚油酸和软脂酸，不饱和脂肪酸总量可占70%，鸡脂肪的磷脂含22种脂肪酸，其中花生四烯酸是肌肉磷脂的基本成分。肉仔鸡胸肌脂肪由40.8%甘油三酯、54.4%磷脂、4.8%胆固醇组成，此外，鸡肉中含有多种维生素，如 VA、VB_1、VB_2、VC、尼克酸等。可见鸡肉营养价值较高，若进一步赋予其功能特性，使其额外富集多种功能性成分，将具有良好的市场前景。

2.2 功能禽肉生产

2.2.1 功能性肉品的设计思路

设计功能性肉及肉制品的思路是多方面的，Jimenez-Colmenero 等（2001）总结指出主要有以下几个方面：①改变胴体组成；②调控生肉组分；③肉制品的重组。比如降低脂肪含量，改变脂肪酸组成，降低胆固醇含量，降低肉的热量，降低钠离子含量，降低亚硝酸盐水平，增加功能性成分等。

功能禽肉的生产目前仅处于起步阶段，其主要的生产思路是在饲料中添加某些能强化人体特定功能的微量成分和营养物质，如功能性多不饱和脂肪酸、硒、锌、碘、铬、维生素等物质来饲养肉鸡，通过有机体生物转化过程生产出含有特定功能因子的保健型禽肉。

家禽产品生产、禽肉加工和烹饪过程等环节均会影响到禽肉的功能特性，本文主要从家禽生产环节和营养调控方面、功能性禽肉的生产、禽肉生物活性成分的提取以及对健康有益作用方面进行简要的概述。

2.2.2　胴体组成调节

肉禽胴体组成的调控主要是增大特定分割部位（胸肌和腿肌）的比例，减少脂肪（体脂和腹脂）含量以及降低肉品中的胆固醇含量。已有较多的研究表明 L-肉碱可增加肉鸡胸肉、腿肉重和瘦肉产量，并提高胸肌中的肌苷酸和肌红蛋白含量（占秀安等，2001；耿爱莲，2005）。有报道指出日粮中添加铬能提高瘦肉率，降低腹脂率，降低鸡肉胆固醇含量（Amatya 等，2004；Suksombat 和 Kanchanatawee，2005；Anandhi 等，2006）。Amatya 等（2004）对肉仔鸡的研究表明，饲粮中添加 0.2mg/kg 的铬（有机铬）可显著降低胴体脂肪含量，提高瘦肉产量，增加肉的消化率和肉的嫩度，增强肉鸡对热应激的抵抗力，改善肉品质。Konjufca 等（1997）报道大蒜粉（3%）和柠檬酸铜（63 或 180mg/kg 铜）降低肉仔鸡胸肌、腿肌中胆固醇含量，生产性能和饲料效率不受影响。田科雄等（2004）也有类似的研究结果。目前已有报道指出，新型添加剂植物甾醇也可降低禽肉中胆固醇的含量，可用于开发和生产低胆固醇禽肉。

2.2.3　脂肪酸组成调节

多不饱和脂肪酸（PUFA）如 n-3 PUFA 和共轭亚油酸（CLA）是近年来家禽生产中研究较多的功能性脂肪酸。

2.2.3.1　n-3 PUFA

n-3 PUFA 主要有两个方面的有益作用。一是在大脑中含量丰富，对大脑的发育和机能发挥具有重要作用；二是在抑制某些慢性病如心血管疾病和精神紊乱方面有显著功效。20 世纪 80 年代开始在改变肉品脂肪酸组成方面做了不少研究工作。最先是增加肉品中的多不饱和脂肪酸，使其与饱和脂肪酸的比例在 0.4 以上。随后又开始改变多不饱和脂肪酸的组成和比例，以降低 n-6/n-3 的比值。由于 n-6/n-3 比值是冠心病和癌症的危险因子（Enser 等，1998），因此推荐的 n-6/n-3 比值低于 4（Wood 等，2003）。

家禽饲料一般富含亚油酸，由于谷物、玉米、植物种子和油类里均富含亚油酸。可以通过饲喂亚麻籽、鱼油或海藻增加禽肉中的 n-3 PUFA 的含量。例如，含有 20% 白鱼粉的饲料可使 n-3PUFA 含量由 3% 增加到 10.4%，n-6/n-3 比值由 8.4 降低到 1.7（Givens 等，2006）。通过饲喂亚麻籽提取物和油菜籽，鸡肉中的亚麻油酸（ALA）可增加 10 倍。通过饲喂鱼提取物或海藻（油），鸡肉中二十二碳六烯酸（DHA）水平可增加 7 倍。可见，日粮中添加亚麻籽、亚麻粕或双低油菜籽以及鱼油和海藻均会显著提高肉禽胴体中 n-3PUFA 的水平，为人们提供富含 n-3PUFA 以及具有较佳脂肪酸比例的食品。需要注意的是，鱼油的营养价值和脂肪酸类型差异很大。此外，富含 n-3PUFA 鸡肉的稳定性也应当注意。

2.2.3.2 共轭亚油酸

共轭亚油酸（CLA）是近十几年来功能性脂肪酸研究的热点。大量动物试验已表明 CLA 具有抗癌、抗动脉粥样硬化、降低脂肪沉积和免疫调节作用。随着近年来 CLA 合成成本的降低，人们开始研究 CLA 在畜禽产品中的强化及其应用效果。

通过在日粮中添加 CLA，可以显著增加肉禽胴体 CLA 含量。Szymczyk 等（2001）研究了在 7 和 42 日龄肉仔鸡日粮中添加不同水平的 CLA（0，0.5%，1.0% 和 1.5%），表明鸡体组织的 CLA 沉积量与添加量呈线性关系，而对照组鸡只没有 CLA 沉积。腹脂中 CLA 沉积量分别为 0、29.4、66.6 和 102.0mg/g 脂肪酸，胸肌中分别为 0、28.9、52.5 和 93.5mg/g脂肪酸。在 3 周龄肉仔鸡日粮中添加 0、2%、3% 的 CLA 饲喂 5 周，胸肌中的 CLA 沉积量可达到 0、105.1 和 177.5mg/g 脂肪（Du 和 Ahn，2002）。1 日龄科宝-500 肉仔鸡添加 2% 或 4% 的 CLA，饲喂至 47 日龄，可显著增加腹脂中 CLA 的量（腹脂中 CLA 分别为 51.5mg/g、91.4mg/g 脂肪，对照组为 0.3mg/g 脂肪）。Aletor 等（2003）在罗氏肉鸡上也有类似的研究结果。除了使得 CLA 沉积于肌肉和脂肪组织外，CLA 也影响组织的脂肪酸组成，降低单不饱和脂肪酸，增加饱和脂肪酸和多不饱和脂肪酸含量。目前研究表明，烹饪和贮存对 CLA 含量无不良影响。Yan 等（2006）研究表明，日粮中添加 2.5% CLA，可显著降低辐照和贮存的火鸡胸肉脂质氧化程度，增加贮存稳定性。

2.2.4 维生素和微量元素

2.2.4.1 维生素

肉类含有相当多的 B 族维生素。然而，其维生素 A、维生素 D、维生素 C、和维生素 E 的含量却相当缺乏。目前在禽肉维生素富集方面的研究较少，较多的研究是集中在维生素 A、维生素 C、维生素 E 对禽肉脂质氧化影响方面。Alisheikhov 等（1976）指出日粮维生素 C 可增加禽肉中维生素 B_{12} 的沉积量。维生素 E 的沉积量与日粮浓度和饲喂时间有关。维生素 E 可以沉积在组织、亚细胞结构和细胞膜上，是非常有效且目前仍广泛应用的抗氧化剂。通常在屠宰前几周的添加量是 100 到 200mg/kg，比如 60~93kg 的猪在日粮中添加 200mg 的 α-生育酚，维生素 E 在肉中的含量可达到 12.9mg/kg 干物质。Bou 等（2006）报道，综合脂肪过氧化发生情况和原料成本，肉仔鸡在屠宰前 32 天日粮中添加 150mg/kg 的 α-生育酚醋酸酯比较经济。

2.2.4.2 微量元素

肉制品中含有大量的铁、镁、锌和硒。鸡肉中含的铁比牛羊肉要低。氧化型肌肉比酵解型肌肉中铁含量高。肉中铁、磷、铜和锌的含量受日粮水平影响较小。然而。肉中硒含量受日粮摄入量影响显著（Lynch 和 Kerry，2000）。添加亚硒酸钠和富硒酵母可生产硒含量高的肌肉。有报道指出，添加锌有助于硒在禽肉中的沉积，并且酵母硒的沉积效率比亚硒酸钠高（Bou 等，2005）。不同的镁盐，如天冬氨酸镁和盐酸天冬氨酸镁、延胡索酸镁可用来改善禽肉品质，一些价格相对便宜的镁源如硫酸镁和氯化镁也是有效的。

2.3 禽肉来源活性肽

肉的熟化过程和肉品发酵都可产生肽，肌肉蛋白的酶解也会生成多种生物活性肽。有代表性的肉品来源活性肽有：抗高血压的、抗氧化的、免疫调节的、抗菌的、益生菌的、结合矿物质元素的、抗凝血的以及降胆固醇的（Arihara,2006a）。

目前肉品蛋白质中来源的生物活性肽的研究资料还比较匮乏。但是利用这些成分来生产功能肉制品或作为食品成分添加是可行的。比如有研究表明，肉品在贮存过程中抗高血压肽的水平增加，腊肠发酵过程中产生肽。目前肉品活性肽的提取主要是利用商业蛋白酶进行酶解，常用的有木瓜蛋白酶、菠萝蛋白酶和无花果蛋白酶等（Arihara,2006b）。

2.3.1 抗高血压肽

在鸡肉蛋白质衍生的活性肽中，血管紧张素转化酶Ⅰ-抑制（抗高血压）肽是研究得最为深入的一种。抗高血压肽可以作为食品功能成分或替代血管紧张素转化酶Ⅰ-抑制剂药物的替代品，因此具有广阔的应用前景。表2.2.4列出了鸡肉酶解衍生的血管紧张素转化酶Ⅰ-抑制（ACE）肽及其特性。

表 2.2.4　鸡肉酶解产生的 ACE 肽

氨基酸序列	来源	IC_{50}[1]（µmol）	SHR[2]	参考文献
Ile-Lys-Trp	鸡肉	0.2	+	Fujita 等（2000）
Leu-Lys-Ala	鸡肉（肌酸激酶）	8.5	nt	Fujita 等（2000）
Leu-Lys-Pro	鸡肉（醛缩酶）	0.3	+	Fujita 等（2000）
Leu-Ala-Pro	鸡肉	3.5	+	Fujita 等（2000）
Phe-Gln-Lys-Pro-Lys-Arg	鸡肉（肌浆球蛋白）	14.0	nt	Fujita 等（2000）
Phe-Lys-Gly-Arg-Tyr-Tyr-Pro	鸡肉（肌酸激酶）	0.6	−	Fujita 等（2000）
Ile-Val-Gly-Arg-Pro-Arg-His-Gln-Gly	鸡肉（肌动蛋白）	2.4	−	Fujita 等（2000）
Gly-Phe-X-Gly-Thr-X-Gly-Leu-X-Gly-Phe	鸡肉（胶原质）	42.4	nt	Saiga 等（2003）

注：①抑制 50% ACE 活性需要的浓度。

②对自发高血压大鼠的抗高血压特性（＋，有作用；−，无作用；nt，未测定）。

Fujita 等（2000）用嗜热菌蛋白酶处理的方法从鸡肉中分离了 ACE 抑制肽（Leu-Lys-Ala，Leu-Lys-Pro，Leu-Ala-Pro，Phe-Gln-Lys-Pro-Lys-Arg，Ile-Val-Gly-Arg-Arg-Agr-His-Gln-Gly，Phe-Lys-Gly-Arg-Tyr-Tyr-Pro,Ile-Lys-Trp）。然而，有些肽对 SHR（自发高血压大鼠）中没有表现出抗高血压活性。Saiga 等（2003）报道用曲霉菌处理的鸡肉提取物具有抗高血压特性。此外，他们从水解产物中分离出了四种 ACE 抑制肽。其中的 3 种具有共同的序列，即 Gly-X-X-Gly-X-X-Gly-X-X，这与胶原质是同源的。序列为 Gly-Phe-Hyp-Gly-Thr-Hyp-Gly-Leu-Hyp-Gly-Phe 的肽具有最强的抑制 ACE 活性。

2.3.2　组氨酸二肽

肌肽和鹅肌肽是禽肉中含量丰富的具有抗氧化活性的二肽，由于二者均含有组氨酸，因此又称为组氨酸二肽。组氨酸二肽具有显著的抗氧化和抗衰老作用，在食品工业中已用作天然的抗氧化剂。Lai 和 Kuo（1999）表明鸡肉萃取液可抑制盐腌碎猪肉的氧化酸败，贮藏第 6 天和第 9 天的 TBA 值显著低于对照组。肌肽具有稳定肉色的作用，抑制肉中肌红蛋白的氧化。Peng 和 Lin（2004）研究了富含肌肽和鹅肌肽的鸡肉提取物对四氯化碳诱导的氧化应激 SD 大鼠的影响，表明鸡肉提取物在维持机体抗氧化酶活性和防止肝脏氧化损伤方面十分有效。

从禽肉中提取二肽的方法：将冷冻禽肉解冻、搅碎，加入 2 倍体积蒸馏水匀浆，$10\,000 \times g$ 离心 30min，收集上清液，WhatmanNo.4 滤纸过滤，过滤液 $100℃$ 加热 10min，收集热处理提取液于 $1\,000 \times g$ 离心 20min，收集上清液过 pH3.51mmol/L 磷酸钠缓冲液预平衡的羧甲基纤维柱除去金属离子，然后用磷酸钠（pH8.5，10mmol/L）缓冲液洗脱，收集洗脱液，真空干燥（60℃，4kPa，48h），所得产物含有较高浓度组氨酸二肽（郑裕国等，2003）。

Chan 和 Decker（1994）报道肌肽和鹅肌肽在白肌纤维肌肉中比在红肌纤维肌肉中含量高，他们表明鸡的白肌纤维肌肉比红肌纤维肌肉中包含有 5 倍多的肌肽和鹅肌肽。Huang 和 Kuo（2000）采用去除矿物质和木瓜蛋白酶水解的方法分离禽肉中的肌肽和鹅肌肽，表明未去除矿物质的禽肉提取物含有的肌肽、鹅肌肽、亚铁血红素和非亚铁血红素铁均比去除矿物质的禽肉提取物高。鸡、鸭和火鸡的胸肌提取物中肌肽和鹅肌肽均比腿肌高，而亚铁血红素和非亚铁血红素铁比腿肌低。鹅肌肽含量比肌肽含量高。提取之前，加入木瓜蛋白酶（1%）增加提取物中肌肽和鹅肌肽含量。禽肉中肌肽/鹅肌肽的比例相当稳定，并且不受去除矿物质与否的影响。未去除矿物质的肌肽/鹅肌肽比值可以作为鉴别蒸煮和非蒸煮的鸡肉（0.62~0.80）、鸭肉（0.75~0.77）和火鸡肉（0.15~0.16）的有效判别指标。

2.3.3　其他活性肽

蛋白水解过程中也会产生具有风味作用的肽类。如 Maehashi 等（1999）从鸡肉酶解产物中也表明优吗咪风味肽（Glu-Glu，Glu-Val，Ala-Asp-Glu，Ala-Glu-Asp，Asp-Glu-Glu，Ser-Pro-Glu），优吗咪风味肽与酸味有关。

2.4　今后研究方向

2.4.1　肉鸡脂肪沉积规律及其调控的研究

人们对肉品食用品质的抱怨主要集中于肉质干硬且缺少风味，同时，消费者却反映地方鸡肉比快大型好吃、气味香、味道好（武书庚，2001）。研究表明肉中脂肪分肌间和肌内脂肪，前者主要成分是甘油三酯，其含量多寡与肌肉的多汁性、大理石纹样等有关；后者则是磷脂，主要由总磷脂组成，因富含不饱和脂肪酸特别是多不饱和脂肪酸，极易被氧化，其氧化产物直接影响风味成分的组成。Mottram 等（1991）研究证实磷脂是肉品风味的前体物质，肌间脂肪仅对多汁性等有影响。岳永生等（1997）认为，土杂鸡的气味香、味道好是因为亚麻酸和亚油酸含量高，土杂鸡亚麻酸含量是快大型鸡的11.78倍。人们表明8~10碳支链不饱和脂肪酸可产生羊肉特有的膻味，1，4磷基9~10碳脂肪酸是羊肉酸甜味的主要成分。Poste等（1996）研究了日粮带壳燕麦对鸡肉脂肪酸含量的影响。

可见肉品中的脂质含量及其组成对肉品的品质有重要影响，然而目前人们对于肉鸡的脂质沉积规律的认识仍非常有限。从分子水平系统研究肉鸡不同生长时期脂类物质的沉积部位、含量、组成及其代谢差异，并在此基础上，研究日粮能量水平、氨基酸能量比、脂肪酸类型和水平、某些添加剂对不同部位脂类物质沉积的影响及其调控机理，对于从营养角度揭示肉品品质的形成规律，并最终调控肉品品质成为可能。

2.4.2　肉鸡肌纤维的生长规律及其调控的研究

肌纤维是构成肌肉的基本单位，肌纤维的生长快慢、粗细、脂肪沉积直接影响肌肉的增长速度和肉品质。肌纤维随品种、年龄、营养和肌肉的活动情况而不同。马先锋（1993）研究了不同年龄蛋鸡、肉鸡的肌肉纤维的变化。罗军（1989）认为肌肉纤维与肉质性状的相关关系密切。人们对快大型鸡肉的抱怨是肌纤维粗硬，咀嚼有干燥感。对鸡肉纤维生长的生长规律进行详细研究，摸清肉鸡肌纤维的生长规律，对于从营养角度调控肌肉生长，增加肌肉的嫩度和多汁性均具有重大的理论意义。王立克等（2001）研究了固始鸡肌纤维的生长发育，但是对于肉鸡肌肉纤维生长的蛋白质和脂肪沉积未作研究。因此系统全面研究肉鸡肌纤维的生长规律，对于从营养角度有效调控肌肉纤维的生长速度和增加肌肉脂肪含量均有一定理论意义。

2.4.3　肉鸡风味物质的呈味机理及其调控的研究

关于肉香的来源有两种观点：瘦肉起源说。认为香味是加热瘦肉的水溶性前体物所产生，脂肪不产生对肉香有特殊作用的含N、S芳香化合物；脂肪起源说。认为香味来自于脂肪，对烹调猪肉过程中大部分分解的香味化合物组成的研究表明，呈味组分主要由三类物质产生（Narasimhan，1993）：① 脂类物质——羰基化合物；② 含氮化合物——氨和胺类；③ 含硫化合物——硫醇、有机硫化物和 H_2S。

肉品风味形成机理尚不十分清楚，国内外风味研究集中于模拟呈味反应来探讨其反应机理，如国内李建军（2002）以模拟结合生产研究了优质肉鸡的风味特性。应进一步深入研究的工作包括：各种畜禽肉品风味如何区别，哪些风味是所有肉品都有的，哪些风味是某一肉品所独有，其前体是什么，前体是如何在动物体内外转化成香味物质的等。肉品风味基础研究的意义就在于通过营养调控来改善快大型动物肉品的风味，生产风味优异的肉品以满足人们不断增加的对风味的需要。

总之，营养调控是改善家禽肉质的重要途径，也是营养调控的重要研究方向。但是目前人们对于肉鸡脂类物质的沉积规律、肉鸡肌纤维的生长规律以及肉鸡风味物质的呈味机理知之甚少，使得相关的营养调控工作存在一定的盲目性。前人对不同品种禽肉风味的差异进行了一定研究（Morrison 等，1954；Larmond 等，1970；Touraille 等，1981），但这些研究，因为没有关于肉鸡脂肪沉积、肌纤维以及风味的形成规律及机理方面的参考，使得研究仅局限于感官评定结果。李建军（2002）从肉品风味的化学形成角度对风味进行了一些研究，但是也仅局限于风味前体物质的研究，远不能实现从营养角度调控肉品风味的目标。

2.4.4 研究领域

（1）功能性成分的互作关系研究

现在功能性成分研究大多还停留在探讨作用机制层面。对某些单一功能性成分已有较多深入研究，而对多种功能性成分的互作研究还很缺乏（Jeffery，2005）。如同时改变胴体组成，增加胸、腿肌肉产量，富含多种功能性成分的禽肉生产以及禽肉间的互作还需深入探讨。

（2）植物性活性成分的研究

深入研究一些植物性抗氧化剂成分的化学组成，从细胞培养和动物试验研究层面阐明其作用机理，并通过对比试验开展主要活性成分和完整植物对动物健康影响的比较研究。

（3）功能性成分提取工艺优化和效率改进的研究

可以针对鸡骨架、鸡碎肉等进行酶解，得到氨基酸、生物活性肽等产物。此外，酶解鸡肉蛋白的工艺和酶解液的澄清、脱苦还需要作更深入彻底的研究。特别是关于酶解液中的肽类物质的种类以及功能的研究还十分不够，急需开展对试验动物和人类临床应用效果的研究。

2.5 结语

禽肉是营养丰富的重要食品来源，作为功能营养型产品具有良好的发展前景。生产适合国民需求和食用的功能性禽肉，开发禽肉相关活性成分，是未来禽肉制品业面临的新课题。由于消费者习惯把肉制品与不利于健康相联系，目前在推行功能禽肉和肉制品还存在一些障碍。随着科研资料和数据文献的增多，功能型禽肉的确切功能和作用也将不断得到消费者的认识和认可。目前急需加大我国在禽肉产品品质研究方面的科技投入，同时加强宣传力度，积极引导人们改变饮食观念，从而为提高人们的食品质量和生活水平做出贡献。

参考文献（略）

3　羔羊肉中共轭亚油酸的营养调控

姜成钢，男，1980 年生于浙江衢州，助理研究员。从事草食家畜饲料及饲料添加剂和肉羊营养需要参数研究。先后主持和参加：北京市肉羊圈养饲料与养殖技术攻关与示范；科技部"十一五"国家科技支撑计划肉羊应激管理与福利饲养调控技术研究；科技部"十一五"国家科技支撑计划全株玉米青贮技术和工艺的研究与应用；农业部重大专项肉牛饲料中三聚氰胺限量值确定的试验研究等课题十多项。获得北京市 2011 年科技进步奖 1 等奖（排名第 4），获得国家授权专利 1 项，申请 2 项。在研课题有肉用绵羊的营养需要量标准的制定和肉羊常用饲料的营养价值评定（国家肉羊产业技术体系营养与饲料岗位团队成员）；粗饲料资源营养价值评定与农作物副产品开发研究等。发表学术论文 10 余篇，翻译专著 2 部。

摘　要：共轭亚油酸（Conjugated linoleic acid，CLA）是最近二十多年来研究最为热门的"明星营养素"之一。本文在阐明 CLA 的生理功能和羔羊肉营养特性的基础上，对增加羔羊肉中 CLA 含量的研究进展进行综述，为更好地将 CLA 的保健作用和羔羊肉的营养特性进行结合，提高羔羊肉的营养和经济价值具有重要的指导意义，并可对 CLA 羔羊肉的开发生产提供理论依据。

关键词：共轭亚油酸；羔羊肉；生理功能；营养特性

Advances in Studies on Nutritional Regulation of Lamb Meat Rich Conjugated Linoleic Acid

Abstract：Conjugated linoleic acid（CLA）was one of the most popular "nutriment star" in the recent twenty-years. The paper reviewed the advances in studies on enhancement of CLA content in lamb meat，which was on the basis of elucidating the physiological function of CLA and nutritional characteristics in lamb meat. All of those were very important for us to combine health function of CLA and nutritional characteristics of lamb meat and improve nutritional and economic value of lamb meat，which would aid in providing theoretical basis to development and production of CLA lamb meat.

Key words：Conjugated linoleic acid；lamb meat；physiological function；Nutritional characteristics

CLA 是亚油酸的一组空间和位置异构体的总称，是亚油酸的双键被共轭连接的一种特殊形式。CLA 具有抗癌、营养再分配、改善肉品质和免疫等生理功能。1978 年 Pariza 及其同事在研究牛肉烧烤过程中最早表明 CLA 的存在（Ha 等，1987）。随后人们研究不同原料的 CLA 含量，表明反刍动物的肉和乳是最主要的 CLA 来源。羔羊肉是生后 1 岁内，完全是乳齿阶段屠宰的羊肉。羔羊肉理化性质独特、营养丰富，深受广大消费者的厚爱，也是高档西餐的首选原料之一，具有较高的经济价值，并且羔羊肉本身含有较高的 CLA。开发 CLA 羔羊肉可有机结合二者的优点，在羔羊肉本身 CLA 含量的基础上进一步增加 CLA 的含量，从而提高羔羊肉的营养和经济价值，其市场前景广阔。

3.1　CLA 的生理功能

CLA 具有较多的生理功能，对动物的健康和肉品质大有裨益。饲粮中添加 CLA 可降低致癌剂处理动物后的癌变发生率，减少肿瘤总数目（Ip 等，1999）。多种动物试验证明：CLA 对前胃癌、乳腺癌、结肠癌、皮肤癌、前列腺癌有明显的抑制作用（Ip 等，2001；Liew 等，1995；Belury 等，1996）。添加 CLA 可有效地降低免疫刺激导致的生长抑制，而对免疫指标没有影响。此外，CLA 还能够促进 T 淋巴细胞分裂和增殖，延缓机体免疫能力的衰退（Hayek 等，1999）。在采食致动脉硬化日粮的试验动物中进行的研究结果显示，日粮中添加 CLA 能够降低血浆低密度脂蛋白，抑制试验动物动脉硬化的发生（Nicolosi 等，1997；Kritchevsky，2000）。CLA 也具有抗糖尿病的效果，Houseknecht 等（1998）研究得出，CLA 能恢复老鼠受损的血糖承受力，并改善患糖尿病前老鼠的胰岛素过高症。CLA 能促进骨组织的分裂与再生，促进软骨组织的合成及矿物质在骨组织中的沉淀，加快骨骼合成速率，并对骨质的健康有积极的作用（Li 等，1998）。CLA 是一种有效的抗氧化剂，可有效防止不饱和脂肪酸形成过氧化物（Ha 等，1990）。添加 CLA 可降低动物机体脂肪沉积，提高胴体瘦肉率，使生长猪背部脂肪厚度降低 25% ~ 30%（Ostrowska 等，1999）。研究表明，CLA 能改善肉仔鸡屠体性状，增加鸡肉系水力和延长货架存放时间（张海军，2006）；可改变猪肉的脂肪酸组成，提高脂肪硬度和大理石纹评分（Dugan 等，1999），且降低猪肉脂肪氧化作用，从而提高其贮存时间（Wiegand 等，2002）。

3.2　羔羊肉营养特性

羔羊肉具有瘦肉多、味美鲜嫩、容易消化等特点。羔羊肉在物理特征方面有以下几个特点：肌纤维直径小，剪切值低；系水力大，含水率高；蛋白质的持水能力强，不易变性；pH 值接近中性；宰后肌肉内部化学变化小，能较好地保持其肉质的鲜嫩多汁性。

通过与其他动物肉指标（张德福等，1994）比较（见表 2.3.1），可得出羔羊肉具有低脂肪、低胆固醇等突出的营养特性（罗建湘，1996；窦晓利等，2005）。

此外，羔羊肉中所含的氨基酸、矿物质和维生素含量也较高，更加符合人体营养需要。羔羊肉中含有人体易吸收的高浓度的必需氨基酸，其中赖氨酸、蛋氨酸、组氨酸和精氨酸接近于理想蛋白的含量，并且含有丰富的构成人体结缔组织主要成分的丙氨酸、甘氨酸、脯氨酸等胶原。羔羊肉中 Ca、P、Mg、Fe、Cu、Zn、Mn 等矿物质的含量为 1.14% ~ 1.15%，其中 Ca、Mg 的含量高于相应部位的牛肉，K、P 稍低，Na 的含量接近牛肉和猪肉。维生素有 VA、VB_1、VB_2、VB_5 等，其中 VB_1 和 VB_2 含量相对较高（窦晓利等，2005）。

表 2.3.1　不同动物肉质营养指标

指标	羔羊肉	绵羊	山羊	鸡肉	猪肉
总能/（MJ/kg）	21	15.58	9.8	5.52	7.07
蛋白/%	21.08	14.4	18.3	21.32	17.92
脂肪/%	1.65	3.5	2.8	3.4	6.57
胆固醇/（mg/kg）	44.72	700	600	2110	2740

3.3　富含 CLA 羔羊肉的营养调控

随着国民经济的不断增长，人们对于健康的饮食更加注重。基于羔羊肉和 CLA 所具有的营养特性和生理功能，将二者有机地结合起来，生产富含 CLA 的羔羊肉，提高羔羊肉的附加值，具有广阔的市场前景。对于富含 CLA 羔羊肉的营养调控，国内外进行了较多的研究和探讨，可通过以下途径增加羔羊肉中 CLA 的含量。

3.3.1　日粮中添加油脂

添加植物油如红花油是一种提高羔羊肉 CLA 含量的有效方法。由于日粮添加红花油后，降低了日粮中棕榈酸、硬脂酸和十八碳烯酸的含量，而亚油酸含量得到提高，并最终降低了瘦肉组织中十八碳烯酸的浓度，从而提高了亚油酸的含量。且 CLA 异构体的含量也得到了增加，其中顺-9，反-11CLA 增加最多（Boles 等，2005）。Mir 等（2000）研究得出饲喂断奶羔羊麦芽粒和紫苜蓿球按 1∶1 比例配制的饲粮，当添加 6% 的红花油时，膈肌、腿肌、脂肪组织和肝脏的 CLA 沉积会增加 2~4 倍。因此在饲粮中补充植物油能够增加羔羊肉的 CLA 含量。Boles 等（2005）在研究红花油对羔羊脂肪酸包括 CLA 组成的影响时得出，当日粮红花油添加量为 0%、3% 和 6% 时，肉中的 CLA 的含量分别为 8.44%、14.03% 和 16.07%，并且添加量为 6% 时肌肉中的多不饱和脂肪酸也得到提高，而羔羊的生产性能、屠体特征及肌肉色泽稳定性不会受到负面影响。Kott 等（2003）在羔羊日粮中添加了 6% 来自红花籽提炼的油，除了日增重等指标优于对照组外，添加组 [（8 969 ±643）mg/kg] 肌肉中顺-9，反-11CLA 含量是对照组 [（4 050 ±643）mg/kg] 的 2 倍。

日粮中添加富含 n－3 多不饱和脂肪酸的混合油脂也可有效增加羔羊肉中 CLA 含量。Demirel 等（2003）在日粮中分别添加饲用脂肪酸钙，亚麻籽油及亚麻籽鱼油混合油。结果表明，羔羊肉中中性脂肪 CLA 含量分别为 12.3、20.7 和 25.8mg/100g，反-11C18∶1 含量分别为 39、53 和 94mg/100g，亚麻籽鱼油混合油脂组羔羊肉中 CLA 显著高于其他 2 组，效果最好。改变日粮 n－6/n－3 脂肪酸比对羔羊肉中 CLA 含量也有较大影响。Kim 等（2007）运用亚麻籽、大豆和棉籽油调整日粮 n－6/n－3 脂肪酸比，设置 2.3∶1、8.8∶1、12.8∶1 和 15.6∶1 四个不同的比率，结果得出：随着比率的降低，能够提高羔羊腿部肌肉中反-11C18∶1（3.5%、3.8%、3.3% 和 2.7%）和顺-9，反-11CLA 浓度（0.46%、0.48%、0.44% 和 0.23%），其中比率为 15.6∶1 时降低最显著。这个结果可能是由于，饲喂 15.6∶1 比率日粮时羔羊体内 C18∶2n－6 含量表现为二次曲线性增加，在瘤胃中更少的 C18∶2n－6 用于异构成顺-9，反-11CLA 及氢化成反-11C18∶1，最终在肌肉中沉积的顺-9，反-11CLA 和反-11C18∶1 就越少。

3.3.2 提高母羊乳汁 CLA 含量

提高母乳中 CLA 含量可间接提高羔羊肉中 CLA 含量。Borys 等（2005）研究表明，哺乳母羊日粮（75% 的草料和 25% 的浓缩料）中添加 150g 油菜籽后，母羊乳汁的脂肪酸组成发生改变，同时也提高了蛋白质、脂肪和 CLA 含量。当母羊哺乳羔羊至 60 日龄时，将羔羊屠宰并取其内收肌和半腱肌进行检测，得出肌肉中脂肪降低，并且提高了 CLA 含量。Borys 等也用 100g 油菜籽和 50g 亚麻籽添加到哺乳母羊日粮（73% 的草料和 27% 的浓缩料）中以改变乳汁的脂肪酸，哺乳羔羊到 70 日龄时屠宰取其腿肌、内收肌和半腱肌进行检测，结果表明能够提高羔羊肉中的 CLA 含量。

3.3.3 日粮中直接添加 CLA

将 CLA 直接添加到动物日粮中对动物产品的影响研究较为广泛，但在羔羊肉方面研究较少。CLA 使生长肥育猪腹脂硬度增加，瘦肉率提高，肉品性状改善（O'Quinn 等，2000）。Du 等（2000）研究表明，CLA 可提高熟制的鸡肉馅饼有氧贮存期间的氧化稳定性。张海军等（2006）在肉仔鸡日粮中添加 CLA，结果表明，CLA 可改善肉仔鸡屠体性状，增加鸡肉系水力和延长货架存放时间。蒋桂韬等（2006）在奶牛日粮中添加高含量 CLA 豆油，结果得出，全期产奶量比添加豆油的对照组提高 4.97%，而乳脂率却降低了 2.67%，同时也提高了奶牛饲养的经济效益；王佳丽等（2007）在奶牛的全混合日粮中添加 CLA 也得到一致的结果。因此，通过以上关于添加 CLA 对猪禽肉质及乳制品研究，可设想将上述方法运用到羔羊肉当中，即在试验日粮中添加一定含量 CLA，从而达到产品 CLA 含量的提高并提高肉品质。当然，有必要探讨和研究上述方法对羔羊健康及肉品质方面的影响，来确定上述方法的可行性。

3.4 小结

作为一种功能性食品，CLA 羔羊肉营养丰富、生理功能独特，对人体的健康大有裨益。在国内优质高档肉制品缺乏和肉制品的国际市场竞争力不强的大环境下，开发 CLA 羔羊肉具有广阔的市场前景。日粮调控对增加羔羊肉中 CLA 的含量作用巨大，研究较多的方法主要是通过向日粮中添加一定量的油类或改变日粮 n－6/n－3 脂肪酸比，及提高母乳中 CLA 含量；还有一些方法在其他动物研究较多而在羔羊尚未采用，也可尝试来提高羔羊肉中 CLA 的含量，如在日粮中添加高含量 CLA 豆油或直接在日粮中添加 CLA。对富含 CLA 羔羊肉营养调控的研究尚处在试验阶段，如何更好地将 CLA 和羔羊肉在生产中有机结合，将 CLA 羔羊肉开发推广到生产实践值得更多的关注和探讨。

参考文献（略，可函索）

4 肉食性鱼类对不同蛋白源选择性摄食调控机制

薛敏，博士，研究员，女，40岁，中国农业科学院三级杰出人才，中国农业科学院饲料研究所水产动物营养与饲料安全课题组负责人，致力于研究水产动物替代蛋白源和脂肪源相关的摄食、生长调控和代谢机理；营养参数和加工工艺参数数据库建立；亲本与仔稚鱼营养调控等方面的研究。担任现代农业产业技术体系北京市创新团队鲟鱼、鲑鳟鱼饲料与安全功能研究室主任。同时担任全国饲料评审委员会专家；中国畜牧兽医学会动物营养学分会第九届水产营养专题组委员会副主任，中国水产学会水产动物营养与饲料专业委员会委员；北京水产学会营养与饲料专业委员会主任；全国饲料标准化技术委员会委员；《动物营养学报》水产栏目主编、《饲料工业》、《饲料研究》杂志编委，多个国际刊物审稿人

等社会兼职。2000年入选北京市科技新星人才计划，2008年入选北京市优秀人才计划项目。2009年赴法国农业科学院水生生物学部（INRA）进行为期3个月高级访问学者进修。主持承办第七届世界华人鱼虾营养学术研讨会（2008年），并于2009年第二次欧盟安全合作项目会议（SAFEED-PAP，青岛）和2009年国际鱼油鱼粉组织（IFFO）年会（维也纳）做特邀报告。发表论文80余篇，其中SCI收录论文20篇，授权专利2项，申报2项，完成制定国家标准5项，待终审农业行业标准1项。曾获得北京市科技进步三等奖，北京市星火科技一等奖、三等奖，湖北省科技进步一等奖等。

饲料成本是水产养殖过程中最主要的部分，至少会占到50%以上。鱼粉作为传统的肉食性鱼类饲料中的主要蛋白源，成为水产饲料成本的重要构成。然而随着海洋环境恶化，渔业资源的不断减少，以及受频繁的厄尔尼诺现象影响，鱼粉价格不断攀升，2009和2012年价格均曾经突破1 800美元/吨。鱼粉短缺是全球性的问题，中国是水产养殖大国，鱼粉等优质蛋白源缺乏的问题更为严峻（Nang Thu, et al., 2007；Hu, et al., 2013）。某种程度上，鱼粉的质量和使用量决定着饲料的适口性和养殖质量。饲料企业纷纷寻求替代蛋白源以应对世界性鱼粉紧张的局势。其中，牛羊源性动物蛋白由于饲用安全性问题，在全球很多国家禁止在饲料中使用。植物蛋白由于其资源相对丰富，产量稳定，成为替代蛋白源的研究重点。大部分植物蛋白源都存在氨基酸不平衡、适口性差、存在抗营养因子及消化吸收率较低等问题（Sørensena et al., 2002；Xue et al., 2004；Luo et al., 2006）。前期研究已经充分证

明通过多种蛋白源的配伍组合，补充外源性限制性氨基酸，可减少某些肉食性鱼类如虹鳟、硬头鲷、大菱鲆等品种饲料中鱼粉使用量（Luo et al.,2006；Gómez-Requeni et al.,2004；Fournier et al.,2004）。使饲料可消化必需氨基酸水平达到或接近理想蛋白模式，是有效解决蛋白源紧张，降低氮、磷排放的途径之一。然而，对于大多数肉食性鱼类来说，受植物蛋白适口性较差的影响，仅通过营养素平衡仍然难以实现高水平替代鱼粉。主要限制因素和调控机制主要有以下几个方面。

4.1　肉食性鱼类的摄食特点

肉食性鱼类对植物蛋白饲料存在长期的主动选择性摄食抑制（厌食症）现象，而促摄食物质不是解决该问题的根本途径。

摄食是鱼类等水产养殖动物获取营养和能量的唯一途径，动物通过摄食为个体的存活、生长、发育及繁殖等提供物质和能量基础。鱼类的摄食包括摄食行为、摄食量、摄食频率、摄食节律等。集约化水产养殖中，饲料通常占养殖成本的60%以上，合理的投喂不仅使养殖动物可以获得充分、平衡的营养，而且可以降低饲料用量，提高生长效率，降低养殖成本，还可以减少废物排放，降低渔业污染。然而，很多水产动物的摄食调控机制仍然十分模糊。这主要是因为水产动物的摄食调控非常复杂，不仅与其本身的遗传背景有关系，还随年龄、季节、食物类型、食物丰度、营养史等发生变化。鱼类的索饵和摄食行为除了受饵料传来的物理性刺激而引起感应外，还会受从饵料中溶出物成分引起的化学性刺激的感应。饲料的适口性包括物理和化学性状两方面的因素。物理性状包括饲料的粒径、形状、颜色、水中稳定性、硬度（硬颗粒或软颗粒）等，一般可以通过饲料加工工艺的调整与改进达到理想状态；化学性状主要是指饲料本身的气味和味道。鱼类寻找食物要通过视觉、机械感觉和化学感觉，其中的嗅觉已证明对许多鱼类确定食物的位置起重要作用（Hara，1986）。但是摄入的食物适口性对一些抢食性较弱或某些肉食性的鱼类来说更为重要。饲料需要同时具有引诱性和适口性才能逐渐被驯化吃食人工配合饲料。鱼类摄食行为及其对饲料（包括天然饵料）的嗜好性是一个相当复杂的问题，它有着各种内、外因素的相互深刻的关联。因此，要探明鱼类的摄食机制并非易事。20世纪70年代以后，在国际上由于电生理与电化学、摄食行为学、营养学以及分子生物学研究的不断进步，鱼类摄食化学感觉和摄食调控有关的知识才得到迅速的积累（Carr et al.,1977；Johnsen et al.,1990；Hara et al.,1994；Aliro and Vinicius,1998；Volkoff et al.,2005；Volkoff & Wyats,2009；Zhou et al.,2013）。

鱼类的味觉器官是味蕾，散布在身体表面，头部和口唇部最为密集（Marui and Caprio，1992；Hara,1994）。除了对氨基酸反应敏感，鱼类的味蕾可以对多种有机酸、核苷和胆酸盐等的痕量溶液有明显反应（Caprio,1980；Marui et al.,1983；Zeng and Hidaka,1990）。因此，相对而言，鱼类比陆生哺乳动物的味觉更为敏感。

在鱼类饲料替代蛋白的研究中，无论是动物性还是植物性的替代蛋白源，它们都会因为本身所存在的一些缺陷，如氨基酸不平衡、必需脂肪酸不足、抗营养因子等因素降低饲料的适口性（Gómez-Requeni et al.,2004；Wang et al.,2012）。肉食性鱼类普遍对植物蛋白饲料表现出厌食现象，这也是肉食性鱼类对饲料中鱼粉依赖性较强的主要原因（Gómez-Requeni et al.,2004；Lansard et al.,2009；Wang et al.,2012）。因此，对肉食性鱼类饲料中替代蛋白源的应用，摄食是需要解决的首要问题。在饲料中添加适当的促摄食物质，改善替代蛋白饲料的适口性，提高摄食率，促进生长，是解决这个问题的途径之一。但是，大部分非营养性促摄食物质所起到的作用持续时间较短，或者作用有限，不能根本解决肉食性鱼类对植物蛋白饲料的厌食问题（Dias et al.，1997；Papatryphon and SoaresJr.，2000；Xue et al.，2004）。张志勇（2013）对鲈鱼的研究中表明，饲喂全植物蛋白饲料三周内，花鲈持续处于饥饿状态，血浆中 GH 和 NPY 显著高于鱼粉对照组，GH 受体和 IGF-ImRNA 表达显著降低。虽然此时，花鲈体内的促摄食神经肽均已反馈在脑中，具有强烈食欲，但在一定周期内（甚至长达 4～8 周），花鲈在摄食行为上对全植物蛋白饲料的表现仍为抢食-吐食-厌食的循环。明显降低的摄食率导致鱼体摄入的营养物质不足，摄食率显著降低是导致摄食低鱼粉日粮的鲈鱼生长缓慢的最主要因素。从而说明，肉食性鱼类对于食物来源的选择性不完全受机体能量稳态和食欲的调控，长期的主动选择性摄食抑制（厌食症）是其存活率和生长率显著降低的主要原因。

4.2 鱼类摄食行为的中枢和外周调控机制

鱼类对植物蛋白饲料存在摄食抑制到适应再到补偿性摄食的行为受中枢和外周 Ghrelin/Leptin-NPY/AGRP 和 mTOR-NPY 途径的调控，但机制尚不明确。然而在一定程度上鱼类还具有独特的摄食适应性行为，如在虹鳟（Refstie et al.，1997）和异育银鲫（Xue et al.，2004）上表明，前期摄食含较高鱼粉饲料在改喂豆粕或肉骨粉为主的饲料时，其摄食率均明显下降。但在摄食 14～28 天之后，其摄食率会逐渐出现补偿性反弹，从而产生补偿生长效应。这种对植物蛋白饲料的适应性也反映在鲈鱼的摄食行为上。在 0～8 周摄食明显受到抑制的鲈鱼在 8～16 周逐渐表现出了对高植物蛋白饲料的适应和摄食补偿现象，相应在这个阶段摄食植物蛋白饲料组的生长率甚至显著高于鱼粉组（张志勇，2013）。这一点，充分体现了鱼类的生存竞争中，其味觉敏感性和选择性摄食具有较强的可塑性。最适觅食理论（Optimal for aging theory）假设：鱼类在觅食过程中的一系列形态、感觉、行为、生态和生理特性等，均为保证鱼类具有最大的摄食生态适应性，而这种适应总是倾向于使鱼类获得最大的净能收益（Netenergygain）（Kamil et al.，1987）。在对夏威夷金枪鱼摄食行为的研究中表明，这种鱼嗜好夏威夷鳀，如果改喂加利福尼亚鳀，最初金枪鱼对其摄食量很低，但是金枪鱼会随着驯化时间的延长对加利福尼亚鳀的刺激表现愈来愈兴奋，摄食量也逐渐恢复至正常水平（Bardach and Atema，1971）。由此可见鱼类选择性摄食调节的高度适应性是有利于鱼类的生存，使鱼类能够适应环境的变化。

机体能量稳态与采食量的协调是一个非常复杂的过程，包括一些信号通路和营养感应因子。mTOR（Mammalian target of rapamycin，该因子不仅仅作用于哺乳动物，现称作 Mechanistic target of rapamycin，雷帕霉素靶蛋白）是生长因子和营养信号的整合器。哺乳动物中 mTOR 与其他不同的蛋白结合，形成两种复合体 mTORC1（mTOR Complex1）和 mTORC2（mTOR Complex2）。mTORC1 对雷帕霉素敏感，而 mTORC2 不敏感。在下丘脑中，mTORC1 几乎参与动物机体所有营养素的代谢调控，其中最主要的功能是对蛋白质、脂肪合成和能量代谢的调控（Laplante & Sabatini，2012），而 mTORC2 参与细胞骨架的形成（Cybulski & Hall，2009）。目前认为 mTOR 信号通路的上游调节因子主要有四种，即生长因子、营养要素、能量和环境压力。参与能量代谢调控过程中对采食量的调控作用是最为关键的，一旦出现紊乱，则会出现一系列代谢性疾病，如糖尿病和肥胖症等。蛋白质合成最具特色的mTOR下游效应器包括两条信号通路，即真核细胞翻译启始因子4E结合蛋白1（theeIF-4E-bindingprotein1，4R-BP1）和核糖体蛋白S6激酶（ribosomal protein S6 kinases，S6Ks），形成两条平行的调节mRNA转译的信号通路（Fingar et al.，2004）。在动物摄食调控方面，胞外或胞内的影响因子通过不同的细胞表面受体或靶蛋白将信号传导至mTOR或直接作用于其下游效应器（可能为S6K1，但机制尚不明确），来调节下丘脑中食欲肽的表达（Howell&Manning，2011）。哺乳动物中已经明确证实mTORC1通过降低下丘脑中促摄食类神经肽Y（NPY）和AGRP的表达抑制动物摄食（Blouet et al.，2008；Cota et al.，2008）（图2.4.1）。动物进化过程中，mTOR基因表现出了高度的保守性，鲤鱼、斑马鱼mTOR和人类基因同源性达到90%以上，鲤鱼和斑马鱼的mTOR基因同源性达到97%以上（Chen et al.，2012）。目前，关于mTOR信号通路调控鱼类蛋白质和氨基酸代谢的研究较多（Lansard et al.，2009；Seiliez et al.，2011；Chen et al.，2012）。尚没有关于mTOR对其短期或长期摄食调控的影响的研究报道。鉴于mTOR在其他动物体内代谢调节功能的重要性，可以推测mTOR同样是鱼类食欲中央调控的最为重要的上游调控因子之一。和哺乳动物类似，鱼类的食欲同样受中央和外周的调控，中央调控主要在下丘脑区域，该区域整合来自各种物理、代谢或者内分泌的信号，再通过中枢神经系统发出刺激（orexigenci，促进食欲）或者抑制（anorexigenic，食欲减退）摄食的信号（表2.4.1）（Volkoff et al.，2005）。和哺乳动物相同，脑肠肽（Ghrelin），神经肽Y家族（Neuropeptide Y family of peptides，NPY）和瘦素（Leptin）是最受关注的摄食调控因子，不同因子在不同环境条件下调控功能的重要性不同。对于鱼类来说，不同食性品种、不同营养史都会导致中枢和外周摄食调控因子的显著变化。

和其他动物类似，外周Ghrelin和Leptin分别是食欲增强和抑制的第一反应信号。而中枢NPY和POMC信号通路分别在第一时间反馈启动或者停止摄食。外周调控包括通过脑发出的或者消化道反馈体液信号，如由胃、肠等合成的Ghrelin，具有促进生长激素释放，增加食欲等功能，是目前研究表明的唯一的外周分泌的能促进食欲的激素。下丘脑Ghrelin受体激活中枢NPY信号通道，释放NPY和AGRP，抑制POMC通道，引起食欲增强，摄食提高。Leptin是外周重要的抑制摄食的因子之一，Leptin可与下丘脑进食中枢的Leptin受体相结合，抑制NPY/AGRP的表达，抑制食欲，也可与饱食中枢的Leptin受体结合，促使POMC神经元分泌，释放α-促黑素细胞激素（α-MSH），引起食欲降低和机体能耗增加（图2.4.1）。人类肥胖症和厌食症都是由中枢和外周食欲调控紊乱导致。

NPY包括神经肽Y（NPY）、YY肽（PYY）、胰多肽（PP）和Y肽（PY）。这些缩氨酸连接的G-蛋白耦合受体组成Y家族，具有5个克隆肽，分别命名为Y1，Y2，Y4，Y5和Y6（Larhammar et al.，2001）。神经肽Y（NPY）在哺乳动物中央神经系统（CNS）中有很高的丰度，尤其是在下丘脑核（Halford et al.，2004），鱼类同样如此（Liang et al.，2007；Zhou et al.，2013）。NPY是在哺乳动物中已知的最有效的开胃药（Halford et al.，2004；Kalra et al.，1999）。硬骨鱼类中NPY调控摄食的机理和哺乳动物类似。给金鱼、大西洋鲑、斑点叉尾鮰（Ictaluruspunctatus）中央注射哺乳动物或鱼类NPY会导致剂量依赖的摄食量增加（DePedro et al.，2000；Lopez-Patino et al.，1999；Narnaware et al.，2000a；Silversteinand Plisetskaya，2000）。给金鱼中央注射低剂量的 Y1 或 Y5 受体激动剂可以诱导摄食量的增加，但 Y2 激动剂处理没有显著影响（Narnawareand Peter，2001b）。这一结果证明，NPY 在金鱼中通过 Y1 或 Y5 受体单独的刺激摄食，这和哺乳动物完全一致。然而，Y1 和 Y5 在草鱼中却可能并不存在，草鱼下丘脑中的主要 NPY 受体为两种 Y8 受体（Zhou et al.，2013）。不同鱼类 NPY 在摄食调控网络中的重要性会有所区别，它们所拥有的 NPY 受体也不完全相同，这可能和鱼类食性分化有关（Liang et al.，2007；Zhou et al.，2013）。

表 2.4.1 摄食调控有关主要神经肽因子

Table2.4.1 Major neuro peptide sinvolved in appetite regulation

神经肽	促进食欲	抑制食欲
中央	1. 神经肽 YneuropeptideY，NPY 2. MCH 3. 食欲素 Orexins/hypocretins 4. AGRP 5. 甘丙肽 Galanin 6. 内源性类罂粟碱 Endogenousopioids 7. 内源性大麻素 Endocannabinoids	1. CART 2. 前鸦片黑皮素原 proopiomelanocortin，POMC 3. GLP 4. CRF 5. 胰岛素 Insulin 6. 血色素 Serotonin 7. 神经降压素 Neurotensin
外周	1. 脑肠肽 Ghrelin	1. YY 肽 PeptideYY 2. 胆囊收缩素 cholecystokinin，CCK 3. 瘦素 Leptin 4. 胰岛淀粉多肽 Amylin 5. 胰岛素 Insulin 6. 胰高血糖素样肽 Glucagon like peptide，GLP 7. 铃蟾肽 Bombesin，BBS 8. 促性腺激素释放激素（GnRH）

＊AGRP：agouti-related protein 豚鼠相关蛋白；CART：cocaine-andamphetamine-regulated transcript 可卡因和安非他明调节转录产物；MCH：Melanin-concentrating hormone 黑色素聚集激素.

Ghrelin，又称生长激素释放肽，是生长激素促分泌素受体（growth hormone secretagogue receptor，GHSR）的内源性配体。Ghrelin 在胃和脑中合成，在哺乳动物中控制能量平衡和增进食欲，被认为是餐前饥饿及启动摄食的第一信号。内源性 Ghrelin 在空腹时升高，而在餐后迅速下降。肥胖症病人通常有较高的血浆 Leptin 水平，较低的 Ghrelin 水平，厌食症患者与之相反（Kojima et al.，1999）。同样，在淡水鳕（*Lotalota*）中，饥饿降低血浆中 Ghrelin 免疫反应信号并伴随着 leptin 免疫反应信号的降低（Nieminen et al.，2003）。GhrelinmRNA 在鱼类胃/肠中高量表达，并且在脑中检测到其具有中等水平（Unniappan et al.，2002；Fox et al.，2009；Hervøy et al.，2012）。Ghrelin 受体 cDNAs 在河豚（*Spheroidesnephelus*）（Palyha et al.，2000）和黑鲷（*Acanthopagrusschlegeli*）（Chanand Cheng，2004）中被表明并且在垂体和脑中高量表达，尤其是下丘脑中（Chanand Cheng，2004）。无论中央还是外周注射金鱼或人类的 Ghrelin 均能促进金鱼摄食（Unniappan et al.，2002，2004）。金鱼摄食前后脑和肠中 GhrelinmRNA 表达和血清中 Ghrelin 水平的变化进一步证明 Ghrelin 具有促进食欲的作用。但是 Jönsson et al.（2010）给虹鳟中枢一次性注射或外周长期注射 Ghrelin 均导致其摄食降低，

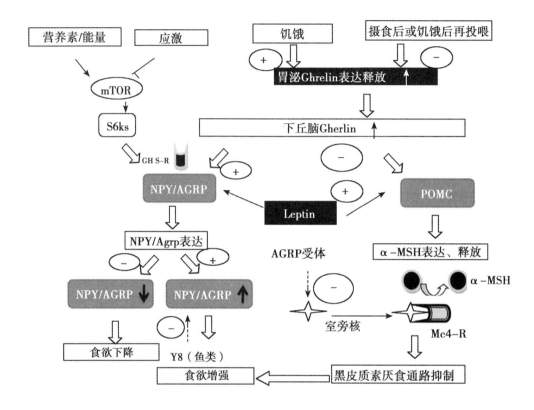

图 2.4.1　食欲中枢和外周调控途径

（部分引自 http：//www. bioon. com. cn/company/index. asp？ id＝87017）

Figure 2.4.1　Activity of mTOR-NYP/AGRPandLeptin-NPY/POMC signaling pathway incentral and peripheral control of food intake

该研究表明，GHS-R（Ghrelin 受体）存在于虹鳟的中枢神经系统中，并且 Ghrelin 在中枢神经系统中通过促肾上腺皮质激素释放因子（Corticotropin-releasing factor，CRF）介导途径扮演食欲减退激素的角色。说明鱼类摄食调控关键因子的功能和哺乳动物不同，甚至完全相反。

Leptin 主要由脂肪细胞产生和分泌，但同样也在其他组织中合成，如脑和胃上皮细胞（Harvey and Ashford，2003）。Leptin 是一种多效性激素，对动物脂肪合成代谢、能量平衡及摄食调控等方面均起到重要调控作用（Nieminen et al.，2003；Li et al.，2010；Won et al.，2012）。Leptin 通过抑制下丘脑促食欲途径和刺激抑制食欲途径来影响摄食（图2.4.1）。对银大马哈鱼（*Oncorhynchuskisutch*）（Baker et al.，2000）、鲶鱼（Silverstein and Plisetskaya，2000）和蓝鳃太阳鱼（Londraville and Duvall，2002）的研究显示，Leptin 处理对摄食和增重没有影响。但在金鱼中，无论外周还是中央注射鼠源的 Leptin 都会降低摄食（Volkoff et al.，2003）。鱼类具有 2 个旁系同源的 leptin 基因，*glep-a*1 广泛地在中枢和外周组织中表达，而 *glep-a*2 则优先在脑中表达。说明其可能在金鱼中存在不同的生理功能（Tinoco et al.，2012；Won et al.，2012；Zhang et al.，2013）。Leptin 受体（*glepR*） mRNA 在组织中广泛地表达，在端脑和下丘脑中表达量最高。

4.3 鱼类摄食调控的特殊性

鱼类饱食后引起短暂摄食抑制与植物蛋白引起的主动选择性长期的厌食可能存在不同的调控机制，某些调控因子在不同鱼类功能可能完全相反。对肉食性鱼类摄食调控网络进行系统研究是解决植物蛋白高效利用的必要途径。

由于人类食物链中的养殖陆生动物均为杂食性，目前关于肉食性陆生动物摄食调控的研究几乎为空白。野生猫科动物作为捕食者通常为肉食性，但是家猫由于生存环境的改变，虽然其食物中仍以动物性食物为主，但是猫粮中搭配较高比例的植物性原料已经十分普遍（Willard，2003）。因此，肉食性鱼类，特别是亲本来自于野生群体的品种，其在摄食调控机理方面可能和其他食性动物在关键调控因子的功能上存在较大区别。这种由植物蛋白引起的主动选择性长期的厌食机制可能与摄食节律饱食后引起短暂摄食抑制调控机制有一定差异。

大西洋鲑和草鱼中均表明中枢 NPY 对摄食节律引起的短期调控起关键作用，而对长期厌食调控并不是主导因子（Hervøy et al.，2012；Zhou et al.，2013）。脑腔注射重组 NPY 后，与对照组相比，草鱼摄食量显著增加，但这种摄食促进作用仅在 8h 内表现，而且高剂量较低剂量组促摄食作用反而效果不明显（Zhou et al.，2013）。在对鱼类长期摄食调控机制研究主要分为两种模式，一种是由环境应激引起的主动选择性摄食抑制（Fox et al.，2009；Hevrøy et al.，2012），植物蛋白替代鱼粉抑制肉食性鱼类摄食即属于这种模式。另外一种是人为限食模式，即将鱼饥饿一定时间后再恢复投喂所导致的摄食调控因子的变化规律，这种可以归类为被动性摄食抑制（Trombley et al.，2012）。这两种饥饿模式所诱导的摄食调控机制可能不同，如 Fox et al.，（2009）和 Hervøy et al.，（2012）均表明长期低温对罗非鱼或高温对大西洋鲑所导致的主动性摄食抑制主要受外周 Ghrelin 表达降低的调控，NPY 反应不敏感，而 Leptin 表达受 Ghrelin 的调控。饥饿 3 周会降低杂交条纹鲈肝脏中 LeptinmRNA 的水平，而再恢复 3 周摄食后又会增加，尽管其水平并没有完全恢复到对照组的水平。腹腔内注射人类 Leptin 会抑制杂交条纹鲈的食欲。该结果证明，Leptin 在鲈形目中会响应营养状况的变化，发挥摄食抑制作用，扮演调节体内能量平衡的作用（Won et al.，2012）。但是 Trombley et al.，（2012）却表明人为限食（正常摄食量40%）7 周内，一龄大西洋鲑血浆 Leptin 水平和肝脏中 glep-a1 基因的表达均异常高于正常摄食组。而 glep-a2 基因下调，脑中 Leptin 受体表达量上调，且随饥饿时间延长差异更为显著，说明大西洋鲑在长期食物不足的条件下，其 Leptin 系统对摄食调控起主导作用。然而，在对金鱼的研究中却表明 Leptin 系统的表达在对照组、2 周过饱食和 1 周饥饿组间没有明显的差异，肝脏中 glep-a1 在摄食后9h 显著地增加，而下丘脑中 Leptin 系统在摄食后并没有明显的变化。Leptin 在金鱼中能够导致短期的摄食变化，如餐后过饱，但似乎并不依赖于饥饿/过饱食状态，说明在金鱼中营养状况与 Leptin 系统缺乏表观上的联系（Tinoco et al.，2012）。类似现象在点带石斑鱼上也有表明（Zhang et al.，2013）。此外，Leptin 表达升高也是鱼类繁殖期摄食量骤减的主要调控因子（Barash et al.，1996；Trombley & Schmitz，2012）。以上均说明鱼类之间摄食调控模式具有较高复杂性和多样性。

植物蛋白替代鱼粉不仅带来适口性的差异，由于鱼粉的营养价值除了必需氨基酸、必需脂肪酸以外，一些条件性必需氨基酸缺乏，甚至一些未知生长因子的影响均会导致高植物蛋白饲料的营养缺乏。因此，高植物蛋白组鱼类摄食和生长性能降低也有可能是由替代蛋白引起的 mTOR 上游刺激因子，如营养要素、能量、生长因子以及环境胁迫中的某种设或全部因子发生改变而引起的下游信号通路受阻而导致的。鱼类的摄食行为受到复杂的因子调控，其中 Ghrelin/Leptin-NPY/AGRP 和 mTOR-NPY 是最直接的摄食调控信号通道，也是控制人类肥胖症、II-型糖尿病以及厌食症的重要调控中枢（Tschöp et al.，2000；Morton et al.，2006）。该系统通过中央和外周的 Ghrelin/Leptin 以及上游因子 mTOR 对食欲进行调控。目前，对于肉食性鱼类摄食调控系统的研究尚属空白。鱼类和哺乳动物具有相似的摄食调控系统，但是主要摄食调控因子 NYP，Ghrelin 和 Leptin 与哺乳动物甚至在不同鱼种之间同源性均较低（Liang et al.，2007；Chen et al.，2009；Trombley & Schmitz，2012），暗示着他们在不同鱼类摄食调控网络中的功能性可能具有一定差异，在不同生存条件下，主导调控因子可能不同。但是，目前为止，尚没有任何关于鱼类主动和被动摄食抑制之间调控模式差异的研究，而且也没有关于替代蛋白引起的摄食调控关键因素和调控机制的系统研究报道。对肉食性鱼类在应对植物蛋白替代鱼粉饲料的摄食行为变化过程所对应的 Ghrelin/Leptin-NPY/AGRP 和 mTOR ~ NPY 系统的动态变化机制进行研究，明确其对植物蛋白的摄食抑制和适应能力背后的摄食调控机理，对以提高养殖鱼类利用植物蛋白源摄食能力为目的的人工干预研究途径，有效提高肉食性鱼类利用植物蛋白能力具有关键性意义。

参考文献（略，可函索）

5　家禽骨骼肌组织的生长发育规律及调控

闫海杰，女，美国爱荷华州立大学博士，副研究员。主要从事畜产食品质量安全调控和饲料科研基础数据库研究。先后主持美国农业部肉品安全相关项目、"十五"科技部食品安全专项子课题、农业部应急专项、所长基金及多项合作研究项目。参加完成国家"八五"、"九五"、"十五"和"十一五"科技攻关、863 课题、公益性行业科研专项等多项课题研究。参编著作 3 部，发表文章 10 余篇，其中 SCI 刊源 9 篇。现正在开展饲料科研基础数据库、畜禽动态营养模型、畜产品质量安全调控等研究工作。

　　摘　要：产肉性能是衡量家禽经济价值的重要指标之一，骨骼肌的生长发育对于家禽的产肉性能具有重要影响。家禽的选育主要集中于生长速率和胴体的组成，而很少考虑肌肉的组织结构和代谢状况。肌纤维的特性在一定程度上决定了肌肉的特性，不同基因型、性别的家禽肌肉产量不同可能是由于肌细胞数量和大小不同，高生长速率可能会导致骨骼肌形态学畸变、肌纤维直径增大、糖酵解纤维比例增加以及较低的骨骼肌蛋白沉积潜能。因此，了解骨骼肌组织的结构特点、骨骼肌组织的生长发育机制以及影响骨骼肌组织生长发育的因素，对畜牧业生产具有重要启示。

　　关键字：家禽；骨骼肌；肌纤维；生长发育；调控机制

　　现代肉鸡生产主要是利用其早期生长速度快的特点，以期在短时间内获得较大体重。例如，在不到 40 年的时间里，饲养一只 1.8 kg 的肉鸡和一只 30 kg 的火鸡的时间已经分别缩短到 5 周和 20 周[1]。家禽胴体肌肉主要分布在胸和腿上，胸、腿肌的产量和质量是影响家禽屠宰性能的重要因素，也是家禽育种中需要选择的主要性状之一。在适宜的饲养条件下，家禽孵化后肌肉产量与肌纤维的数量密切相关[2]。

　　肌肉是体内蛋白质合成速率最低的组织，但其蛋白质占的比例很高，超过 50%，每天合成总量约占全身的 20%[3]。畜禽从出生到成年，肌肉占全身质量的比例净增加 30% ~ 45%，构成了体蛋白质沉积的主要部分，成为体蛋白质的储备库[3]。简单地说，肌肉发育过程是一个蛋白质增加及细胞增殖分化的过程。因此，研究家禽骨骼肌组织的生长发育及调控机制，将有助于提高动物机体中蛋白质的正常快速沉积，改善动物机体的生产性能和饲料转化率，获取高质高量的动物畜产品。

5.1 骨骼肌组织结构

骨骼肌主要由轴旁中胚层（paraxial mesoderm）的成肌细胞（Myoblast）发育而来[4]，约占动物体重的 40% ~ 60%。骨骼肌通过韧带、筋膜、软骨和皮肤直接或间接与骨相连。根据性状、大小和行为动作不同，在动物体内有超过 600 块肌肉。每块肌肉被结缔组织管鞘覆盖，结缔组织与结缔组织鞘膜相连延伸到肌肉内，神经纤维和血管伴随着结缔组织网贯穿骨骼肌。

5.1.1 肌纤维基本特性

肌肉细胞（肌纤维）是构成骨骼肌组织的基本单位，占肌肉总容积的 75% ~ 92%，还有一定量的结缔组织、血管、神经纤维和细胞外液[5]。家禽的骨骼肌纤维呈长线状、多核、无分支，两端略尖呈锥形，直径为 10 ~ 100μm，长度为 1 ~ 40mm，最长可达 100mm。成熟的肌纤维被三层结缔组织膜围绕、支撑，它们是肌内膜、肌束膜和肌外膜。结缔组织由细胞和细胞外基质组成，细胞外基质又由纤维状的和非纤维状的蛋白组成。骨骼肌应当包含界限清楚的肌纤维以及清晰的肌内膜和肌束膜。在盲目追求快速生长的肉鸡和火鸡中，经常可以观察到肌纤维退变，肌内膜和肌束膜发生破碎[6]。Velleman 等[7]研究发现，火鸡胸肌肌纤维发生退变，肌束膜的结缔组织层毛细血管供应不足。血液供应不足使肌肉中乳酸含量增加，从而使肌肉损伤和肌纤维退变[8]。

肌纤维直径是描述肌肉特征的重要参数，肌纤维密度即单位面积内肌纤维的数量[9]。刘冰等[10]研究表明，家禽腿肌和胸肌的肌纤维直径随周龄的增加逐渐增大，其中腿肌纤维在 0 ~ 2 周龄生长速度最快；不同品种肌纤维的生长速度差异较大；同一品种在同一周龄，胸肌肌纤维直径都要小于腿肌。在杂交优势率上，杂交鸡的肌肉纤维直径并没有表现出规律性变化，而是偏向母本，表现出一定的母体效应。陈宽维等[11]研究发现，白肌纤维直径大于红肌纤维直径和中间型肌纤维直径，并且肌纤维直径和密度共同影响肌肉的蛋白质含量。廖菁等[12]通过研究不同品种鸭肌纤维的发育规律表明，随周龄的增加，肌纤维直径在 8 周龄前逐渐增大，8 周龄时增长速度最快，然后基本保持稳定或有所下降。陈国宏等[13]对肖山鸡、白耳鸡肌肉生长发育规律的研究表明：不同时期（4、8、12 周龄）肖山鸡、白耳鸡胸、腿肌肌纤维密度都逐渐降低，尤以 8 ~ 12 周龄下降明显；同一时期、同一鸡种、不同部位，胸肌肌纤维密度大于腿肌肌纤维密度；不同鸡种、同一部位在同一时期，白耳鸡肌纤维密度高于肖山鸡。此外，纤维密度还与生长速度密切相关，快生型畜禽的肌纤维密度高于慢生型[14]；肌纤维横截面积随日龄的增加而增加，肉禽比蛋禽的大，生长速度快的比生长速度慢的大[15]。

5.1.2 肌纤维类型

骨骼肌纤维高度分化，根据其颜色、功能和生理生化特性可将肌纤维分成不同的类型。1673 年 Loranzini[16]发现骨骼肌纤维有红、白两种颜色。Ranvier[6]1873 年提出将骨骼肌划分为红肌和白肌两种类型。Brooks 和 Guth[17]提出酶组化分类法，根据肌球蛋白 ATP 酶对酸碱稳定性的不同，将肌纤维分为 β、α、αβ 或 Ⅰ、Ⅱa、Ⅱb 三种类型。Peter[18]根据肌纤维收缩速度和代谢特征的不同，将其分为慢收缩氧化型、快收缩氧化酵解型和快收缩酵解型，与上述分型基本对应。1994 年 Schiaffino[19]在对啮齿类和人类的研究中，确认了与肌纤维相对应的 4 种肌球蛋白重链 My HC 类型。4 种不同的肌球蛋白重链异构体 My HC1、My HC2a、My HC2b、My HC2x 分别特征性的对应 4 种不同类型的肌纤维 1、2a、2b 和 2x。最新的分类方法是利用单克隆抗体确定具体的肌球蛋白亚型[20]，基于这种方法肌纤维被确定为Ⅰ型（慢缩，氧化代谢），ⅡB 型（快缩，酵解代谢）和ⅡX 型（快缩，氧化酵解代谢）。慢收缩氧化型纤维是红肌纤维，快收缩氧化酵解型纤维是中间型纤维，快收缩酵解型纤维是白肌纤维。

5.1.3 肌纤维转化规律

不同家禽的肌纤维类型转化规律基本一致，但转化率不同。畜禽初生时肌肉主要由红肌纤维组成，出生后随着生长速度加快，肌肉纤维的酵解性增强，红肌纤维所占比例随年龄的增长而逐渐下降，白肌纤维所占比例逐渐上升。畜禽出生后肌纤维总数保持不变，肌束内红肌纤维比例的下降和上升，是由于肌肉中的红肌纤维转化成白肌纤维[21]。

魏法山等[22]通过对不同生长阶段固始鸡不同肌纤维类型面积比动态变化的研究表明：腿肌中的红肌纤维和中间型面积和所占比例随周龄增加而增大，白肌纤维的含量逐渐减少，且公鸡比母鸡增加得快而明显；胸肌中间型肌纤维面积比例有随周龄的增加而下降的趋势，白肌纤维面积比例有增大的趋势，且公鸡前 12 周的中间型肌纤维面积比例一直下降，12 周后稍有回升，而母鸡前 9 周的中间型肌纤维面积有下降的趋势，以后又逐渐上升。

5.2 骨骼肌生长发育机制

骨骼肌的生长可分为两个阶段，增殖和肥大。增殖是指胚胎时期成肌细胞数目增加。在肌肉发育的胚胎期，成肌细胞增殖分化形成多核肌管，然后形成肌纤维。在发育阶段，肌管形成分为 2 个或者 3 个不同的状态。第一个高峰期是来自于胚胎时期的成肌细胞（鸡孵化 8 d），第二个高峰期来自于胎儿期的成肌细胞（孵化 8~21 d），他们分别形成初级纤维和次级纤维[23]。胚胎期肌纤维形成后，肌纤维数目就已经固定[24]。孵化前肌肉的生长如何影响孵化后肌肉的增加还不得而知。

家禽孵化以后，肌肉不断生长发育，蛋白合成增加，需要更多的 DNA 发生转录翻译。DNA 增加，细胞核增加。然而，来自成肌细胞的细胞核数目在孵化时就已经固定，新的细胞核则来源于其他类型的细胞。1961 年，Mauro[25]鉴定了这种细胞的存在并将其定义为卫星细胞。1971 年，Moss 和 LeBlond[26]通过 ^{3}H-胸腺嘧啶核苷标记小鼠的卫星细胞，标记在肌纤维的细胞核中被发现。1979 年，Allen 等[27]报道，成熟肌纤维中的多数细胞核来源于卫星细胞，孵化后，卫星细胞与存在的肌纤维融合使肌纤维尺寸增加。

但是，简单地通过肌纤维合并更多卫星细胞细胞核并不能使肌肉增加。肌肉增长是分解代谢和合成代谢的一个净结果，通过肌肉组织蛋白质的沉积状态可较好地反映骨骼肌的生长发育状况。在骨骼肌的生长发育过程中，肌肉蛋白质的合成与降解始终处于相互联系的动态变化之中，动物在合成新的肌肉组织蛋白的同时，原有的组织蛋白被降解成氨基酸，新降解形成的氨基酸又可用于组织蛋白合成，从而实现组织蛋白的不断更新、替换。Water-low[28]用"蛋白质周转"（Protein turnover）这一术语来描述蛋白质在体内的动态变化，它泛指蛋白质合成和降解的两个可逆过程。

家禽骨骼肌的蛋白质分为三类，即肌原纤维蛋白、肌浆蛋白、基质蛋白，以前者为主。从细胞水平而言，各类蛋白质周转率不同；从组织水平而言，肌肉类型不同，周转率也不同。随着畜禽年龄的增加，骨骼肌蛋白质周转率会下降。在对蛋用雏鸡的研究中观测到的数据表明，蛋用雏鸡刚孵化后的两周内，不同阶段骨骼肌蛋白质的合成速率和降解速率下降幅度非常明显，两周龄后随着年龄的增长，下降幅度减缓[29,30]。像这种发育过程中蛋白质周转速率的下跌也同样在火鸡的幼雏和老鼠肌肉组织蛋白质周转代谢的研究中被发现[31-33]。2周龄的肉用雏鸡和蛋用雏鸡相比，肉用雏鸡骨骼肌很高的生长发育速率主要是通过略高的肌肉组织蛋白合成速率和明显的较低的蛋白降解速率来实现的[30]。同样的结果也出现在骨骼肌生长发育速率不同的两个品系的小鼠的研究中[33]。

除此之外，Reeds等[34]通过改变蛋白水解活性，β-激动剂能够促进鼠类、羔羊、牛和鸡的肌肉生长，用β-激动剂克伦特罗（Clenbuterol）处理大鼠，结果表明，肌肉肥大完全来自蛋白分解代谢减弱。研究发现肌肉内存在3种蛋白分解系统：组织蛋白酶（溶酶体）、钙蛋白酶（Calpain）和蛋白酶体（ATP/泛素依赖性）。目前，这些酶类已经全部测序，前两种酶类的特异性抑制剂（半胱氨酸蛋白酶抑制剂和钙蛋白酶抑制蛋白）已经纯化。其中蛋白酶体作用于大多数蛋白周转代谢[35]，钙蛋白酶作用于细胞骨架分解。因此，肌肉蛋白降解是调控肌肉生长的一个重要机制[36]。

有关生长速度对于胸肌蛋白水解能力的影响的研究（表2.5.1）还发现，慢生型鸡具有更高的分解酶/抑制剂比率。在慢生型鸡中，分解酶过量；在快生型鸡中，抑制剂过量。白来航鸡具有最大的钙蛋白酶活力，较高的H组织蛋白酶和半胱氨酸蛋白酶抑制剂活性。这些研究表明，现代肉鸡品系生长速度和肌肉重量的增加在很大程度上来源于蛋白分解代谢减弱。

表 2.5.1　生长速度与蛋白水解性能的关系[1]

品种	饲料转化率	μ-钙蛋白酶	组织蛋白酶 B 和 L	组织蛋白酶 H
白来航	2.527	7.08	3.40	1.44
罗斯	1.758	0.37	1.53	1.28
快生选育品系	1.701	0.57	1.29	1.09

1　数据来自Schreurs等[37]（1995），它们代表白来航（650g，6周）、罗斯（2.4kg，6周）和一种快生选育品系（2.5kg，6周）公鸡胸肌的蛋白水解潜力（酶量与其特异性抑制剂的比例），酶活表示为每克肌肉每分钟催化底物的微摩尔数。

其中，Calpain水解系统又包括钙蛋白酶和其内源性抑制剂钙蛋白酶抑制蛋白。Calpain的作用可能仅在细胞内蛋白质的降解过程中起调节作用，而并非整个降解过程的直接参与者。体外试验表明，快速萎缩肌肉中Calpain活性是正常的数倍，它的一个特征是Z线降解，肌动蛋白和肌球蛋白保持完整[38]。Calpain引发肌原纤维蛋白质降解的可能机制如下：Calpain使Z线（使细肌丝固着于肌原纤维）和肌联蛋白、伴肌动蛋白（使粗肌丝和细肌丝固着于肌原纤维）降解，肌原纤维释放出肌丝。细肌丝的肌原蛋白和原肌球蛋白以及粗肌丝的 C-蛋白降解，粗肌丝和细肌丝分别解离出肌球蛋白和肌动蛋白，释放出的粗肌丝和细肌丝可与母体或其他肌原纤维重新装配，也可被胞质蛋白酶或溶酶体组织蛋白酶降解成氨基酸。

5.3　影响骨骼肌生长发育机制的因素

蛋白质在机体内的沉积是动物生长与生产的重要内容[39]。早在 1940 年 Schoenheimer 和 Rittenberg 就已提出动物肌肉组织的生长由肌内蛋白质的合成与降解决定。

5.3.1　营养对骨骼肌蛋白质代谢的调控

饲料可以刺激畜禽骨骼肌生长发育过程中蛋白质的合成，如日粮中的能量、蛋白质、氨基酸等营养因素都可提高肌肉蛋白质的沉积速度和效率。李超等[40]对不同能量水平对北京鸭蛋白质周转代谢的影响研究表明，14 日龄时能量限饲降低了骨骼肌的蛋白质合成，高能组蛋白质合成率与对照组相比未有增加反而下降。李玉欣等[41]发现在限饲阶段，能量限饲和蛋白质限饲使胸肌和腿肌蛋白质合成率显著下降；在营养恢复阶段，能量限饲对胸肌的蛋白质合成和降解率没有影响，但能量限饲显著提高了腿肌的蛋白质合成率。Rivera-Ferre MG 等[42]研究显示，日粮赖氨酸缺乏会降低骨骼肌蛋白质片段的合成率，影响骨骼肌中蛋白质的生长发育。Tesseraud 等[43]研究表明，随着周龄的增加，赖氨酸缺乏使肉仔鸡骨骼肌的蛋白质合成率下降，显著降低了蛋白质的沉积。

赖氨酸缺乏对 2、3、4 周龄肉仔鸡不同肌肉组织及肝脏蛋白质周转代谢的影响不同，随周龄增加，肝脏蛋白质合成率（FSR）和蛋白质降解率（FBR）不变，而肌肉中的 FSR 下降；赖氨酸缺乏对胸大肌蛋白质周转代谢率的影响明显大于其他骨骼肌及肝脏；同一周龄骨骼肌赖氨酸缺乏组（0.77%）的 FSR 和 FBR 较对照组（1.10%）显著提高，可见赖氨酸缺乏诱发了更大的周转代谢，但周转效率却较低[44]。比较相同重量的家禽发现，赖氨酸缺乏主要体现在 FBR 增加，蛋白质绝对合成率降低，使肌肉产量下降[45]。

5.3.2　非营养因素对骨骼肌蛋白质代谢的调控

影响骨骼肌蛋白质代谢的非营养因素很多，例如饲喂方式、环境、生理状态等都会影响家禽骨骼肌蛋白质的代谢。在补偿生长期，肌肉蛋白质的合成与对照组无显著差异，肌肉蛋白质合成量和 RNA 量均未发生显著变化，而蛋白质的降解率显著低于对照组[46]。骨骼肌的蛋白质代谢还受到环境温度的影响，高温下的蛋白质降解率的降低可以通过日粮中增加甲状腺素而恢复正常[46]。环境温度变化对蛋白质的合成与降解的影响与内分泌功能改变有关，畜禽分泌的激素在肌肉组织间有极强的营养重分配功能。例如，胰岛素能抑制因氨基酸枯竭而加强的溶酶体降解蛋白质途径，从而抑制对肌肉组织蛋白的降解[47]，促进蛋白质合成；生长激素（Growth Hormone, GH）是垂体合成和分泌的一种多肽类物质，具有刺激蛋白质沉积、增加骨长度的作用。Leung 等[48]从鸡垂体中分离出高纯度、具有生物活性的鸡生长激素制剂，通过臂静脉每日注射 GH，持续两周，结果表明外源性 GH 能促进 4 周龄小公鸡的体重增长。

应激对骨骼肌蛋白质代谢的影响尤为明显。畜禽应激期间蛋白质代谢的主要特征是：蛋白质分解代谢增强而合成代谢减弱，整个机体的蛋白质周转速度提高，氮排泄增加，体氮沉积降低。Yunianto 等[49]发现热应激增加了肉鸡肌肉蛋白质降解率，对合成率的影响程度远小于降解率，导致蛋白沉积减少。Temin 等[50]研究发现应激显著降低了胸肉和腿肉的蛋白质合成率和蛋白质合成能力，并且合成率的降低主要是因为蛋白质合成能力的降低引起的。

除此之外，应激使血浆中糖皮质激素含量升高[51-53]。许多研究已表明，糖皮质激素能够促进骨骼肌的蛋白质分解并且抑制骨骼肌蛋白质的合成[54,55]。高浓度的糖皮质激素会引起肉仔鸡的负氮平衡，造成骨骼肌萎缩[56]；糖皮质激素对肌肉生长的抑制作用归因于骨骼肌蛋白质合成率的降低，或蛋白质降解率的增加[57]。另外，Lin 等[58]报道，糖皮质激素抑制肉仔鸡胸肌的发育强度要高于腿肌。

5.4　结论与展望

促进骨骼肌的生长发育取决于蛋白质在该组织中的沉积。蛋白质周转是动物体内蛋白质沉积形成动物产品的唯一生物学途径和基本机制，是生物体细胞结构和功能的根本动力学过程。研究家禽肌肉组织蛋白质的沉积有助于进一步深入阐明骨骼肌的生长发育机制。然而，虽然从不同角度研究畜禽肌肉组织的生长发育特点的报道很多，但系统而全面的研究家禽骨骼肌生长发育规律及蛋白质沉积对肌肉组织性状形成的调控的研究很少，对于骨骼肌组织蛋白沉积调控的研究也不够深入，相信这都将是动物营养领域以后的研究重点。

参考文献 （略）

第三部分　幼龄动物营养与饲料研究

本部分主持。

刁其玉，男，1958年生于山东文登，德国哥廷根大学动物生理营养学博士，中国农业科学院博士后；饲料研究所研究员，博士生导师，饲料营养应用技术团队首席科学家，中国农业科学院二级杰出人才，国家肉羊产业技术体系营养与饲料研究室主任。研究领域为反刍动物生理营养与饲料学科的理论研究与应用技术开发。研究方向包括：反刍动物幼畜生理营养研究；肉羊营养需要标准与饲料营养参数；微生态制剂调控动物生理与养殖环境的研究；提高粗饲料生物学利用率的关键技术研究。在我国率先开展犊牛和羔羊的生理营养研究，得出幼畜对营养物质消化代谢规律，研制开发出我国第一个具有独立知识产权的代乳品产品。所获奖励包括：国家科学技术进步二等奖（2009年）；北京市科学技术一等奖（2011年）；北京市科学技术二等奖（2005年）；中华农业科技奖三等奖（2010）；农科院二等奖2次（2006年）；天津市科学技术三等奖（2009年）；2006获得北京市"十佳"农业科技人才称号。先后出版书籍10部，发表文章300余篇（包括英文和德文）。兼任国家农产品质量安全风险评估专家，全国无公害农产品评审委员；全国饲料评审委员会委员；国家农产品地理标志评审委员；北京低碳协会副会长；动物营养学会常务理事兼反刍动物专业委员会主任。爱好特征：路在脚下，走出智慧，走出健康！

（1）幼龄动物消化酶发育及调控

幼龄动物的早期营养对动物出生后的生长和以后的发育均有重要影响，这一观点已经得到普遍认同。幼龄动物消化系统和免疫器官发育不完善，消化道中酶和胃酸的分泌量不足，正常的肠道微生态系统尚未建立，需要由液态食品（如奶、卵黄囊等）逐步过渡到固态饲料。日粮种类和各营养成分含量对于幼龄动物消化酶的分泌有重要影响。小麦、大麦、燕麦等麦类谷物饲料中含有较丰富的非淀粉多糖，非淀粉多糖具有与各种消化酶、胆盐和脂类结合的能力，从而降低消化道内各种酶的活性和营养物质的吸收。外源性消化酶对内源酶的分泌可能不存在所谓的"反馈性抑制作用"，因外源性消化酶多由真菌或细菌发酵而来，与动物消化道内源酶的结构和酶活最佳条件均有较大区别。研究幼龄动物消化酶的发育规律及日粮影响因素，刺激并促进其内源消化酶的及早发育和成熟，提高其对日粮营养物质的吸收，是幼龄动物营养调控技术的主要趋势之一。

幼龄动物在出生后营养和环境发生显著变化，它们对这些变化的适应程度决定了其生存、健康及生长速度。研究表明，动物在幼龄阶段细胞分裂都是最为活跃的，饲料转化率是最高的，动物在这个阶段所发育的器官（骨骼、内脏、免疫器官、肌肉等）都是对其未来生产性能的提高有着重要意义。而同时，幼龄动物消化机能很不发达，吸收能力较差，体温调节能力差，容易受到营养及环境的应激。因此，开展幼龄动物生理营养研究，提高幼畜培育质量显得尤为迫切。

（2）肠道健康与动物健康

肠道健康不仅仅是当今人类健康研究的主题，同样也是动物健康的研究热点。肠道黏膜营养对肠道的结构和功能的维持极其重要，它决定着肠道的健康，肠道健康与否将直接影响动物对营养物质的摄取。无明显病变的亚临床感染通常会在经济上造成比急性短期的传染更严重的毁灭性影响，家禽的坏死性肠炎就是一个典型的例子。目前国内外学者在肠黏膜的供能物质、氨基酸代谢、矿物质、维生素及日粮中营养成分或非营养成分对肠黏膜结构和功能的影响做了较多的研究。谷氨酰胺、短链脂肪酸和核苷酸作为维持肠道黏膜结构和功能的营养成分受到高度重视。微生态制剂作为非营养成分对肠道微生物区系和肠道健康的作用也得到了较多的关注。

目前普遍认为，维持和增强肠道健康远比仅通过益生菌或益生元来调控肠道微生物区系复杂得多。肠道健康是一个广泛的课题，包括肠道生理学、内分泌学、微生物学、免疫学和营养学等学科。以肠道微生物菌群为例，尽管能够用于分析微生物特性的分子技术取得了长足的发展，但科学地确定肠道微生物在动物健康和营养中的作用仍处于初级阶段。肠道健康的复杂性源于微生物之间的相互作用和由此引发的基因表达改变和内分泌调节变化等，这会影响用于肠道器官发育、组织生长和免疫系统成熟的营养物质的分配和利用。何为理想的微生物菌群，它们之间和它们与宿主之间如何相互作用等仍将是今后许多年内令科学家感兴趣的问题。

综合调配各类营养成分，配制专用日粮，合理调控处于应激状态下的幼龄动物肠道黏膜免疫，使其处于适度激活的免疫水平，而不产生炎症或影响生长的状态，是保证动物健康的重要途径。在配制改善幼龄动物健康水平的专用日粮或设计饲喂方案时，充分考虑能调控肠道黏膜免疫系统和肠道微生物菌群的日粮因子，兼顾肠道自身营养和肠道内的微生物营养，这是保证幼龄动物健康的前提。

（3）幼龄动物饲料配制

国内外在幼龄动物营养方面开展了一系列探索性的研究工作，如家畜断奶前后消化系统和免疫系统的发育规律，断奶前后营养及免疫与生长的关系，日粮抗原、动植物蛋白原料及非营养添加剂对消化道功能的调节；家禽出壳后进食时间及进食不同饲料对随后生长和健康的后续效应等。在肉鸡饲养业，良好的开端是获得最好性能和最大利润的一个重要因素。国外已有幼雏补充料 Oasis ®育雏源等优质产品出现，国外一些大型肉鸡养殖场在研究的基础上已制定出早期阶段（出雏后的头 7 天）的饲料配方、营养规格和饲料形态等应遵循的饲养规范。中国农业科学院饲料研究所在研究犊牛、羔羊、雏禽、稚鱼、幼兔生理营养需要、对饲料原料和添加剂的可利用性的基础上，集成了部分关键技术；其中犊牛羔羊代乳粉获得了中华农业科技奖、中国农业科学院科学技术奖等奖项，申请专利 2 项。

目前在幼龄动物腹泻防治和保证健康方面，注重多管齐下，从抗氧化营养、抗应激营养、免疫营养、肠道营养、肠道微生物营养等多方面综合考虑调配幼龄动物营养。一些优质易消化的动植物蛋白如肠膜蛋白、乳清粉等越来越多地得到应用。一些兼具安全与高效特点的饲料添加剂产品，如有机酸、益生素、寡肽、酶制剂、低聚糖类、天然植物提取物等已逐渐成为幼龄动物饲料配制时的主流产品。近年来又涌现出了抗菌肽、卵黄抗体等新产品。但与发达国家相比，我国在幼龄动物专用饲料产品研发方面的整体研究与产业化水平仍较落后，主要表现为幼龄动物成活率低、增重速度和饲料效率差，有效的专用产品十分缺乏。因此亟须进行科技支撑研究，对现有的分散技术进行集成创新，形成配套的幼龄动物专用功能饲料配制技术，全面提高养殖业的生产效率。

在反刍动物幼畜营养调控领域，国内仅有中国农业科学院饲料研究所进行了系统研究，并取得了显著成果。目前国内不少科研教学单位也陆续跟踪饲料所开展这方面的研究。本团队针对我国的实际情况，开展了系统的犊牛羔羊早期培育和目标控制技术研究工作，在犊牛羔羊生理营养理论研究方面有重要的创新，阐明了日粮调控犊牛羔羊生长发育的机制，在实际应用方面首次提出我国犊牛羔羊日粮的营养素供给参数，而且集成研发出具有独立知识产权的犊牛羔羊代乳品。在全国得到大面积的示范与推广，切实提高了犊牛羔羊培育效果和养殖效益，目前处于国内领先、国际先进水平。

（4）小结

今后，本研究方向拟重点研究幼畜营养素调控和粗饲料利用。围绕营养素对幼畜生长发育、瘤胃微生物区系发生发展、机体免疫、营养素需要参数开展理论研究。同时研发出后备牛羊早期培育的技术和技术产品，为幼畜的早期培育提供科学依据，培育健康的后备牛和育成羊，为成年畜的高产奠定基础；开展粗饲料营养价值评价与高效利用，建立反刍动物饲料（粗饲料）的评价方法和体系，破解粗饲料的碳链结构，促进饲料资源的利用，为科学利用饲料资源提供科学依据技术。

团队方向：反刍动物幼畜生理营养研究；肉羊营养需要标准与饲料营养参数；微生态制剂调控动物生理与养殖环境的研究；提高粗饲料生物学利用率的关键技术研究。

1 犊牛营养生理与定向培育

屠焰，女，1969年生，博士，研究员，奶牛产业技术体系北京市创新团队饲料与营养功能研究室主任、岗位专家。1991年大学毕业于中国农业大学动物营养与饲料加工专业，后就职于中国农业科学院饲料研究所至今。从事反刍动物营养与饲料科学专业的研究和开发工作，研究领域集中于幼龄反刍动物生理营养及饲料开发、反刍动物非常规饲料资源开发利用、低排放饲养综合技术研究与推广。"十五"起作为主要执行人参加"科技支撑计划"、"跨越计划"、"行业专项"等。"十二五"期间主持"科技支撑计划"子课题、承担行业专项研究内容等4项。在研究与实践中取得了一系列科研成果，获北京市科技进步一等奖、二等奖各1次，中华农业科技三等奖1次，中国农业科学院科学技术成果二等奖2次。陆续制修订标准7项，已颁布实施6项。在犊牛营养生理与饲料配制技术研究上进行了大量系统、深入的研究，在国内处于领先地位。作为主创人员研制的犊牛代乳粉获得国家发明专利4项，已产业化生产，在我国20余省市推广应用，解决了养殖户的实际困难，可完全替代牛奶饲喂犊牛。陆续制订农业行业标准7项，已颁布实施6项：《无公害食品 蛋鸡饲养饲料使用准则》、《无公害食品 肉牛饲养饲料使用准则》、《饲料级磷酸脲》、《无公害食品 畜禽饲料和饲料添加剂使用准则》、《山羊用精饲料》、《绿色食品 畜禽饲料和饲料添加剂使用准则》。拥有专利10项，其中发明专利8项。作为主编或副主编出版书籍《奶牛饲料调制加工与配方集萃》、《新编奶牛饲料配方600例》、《奶牛规模养殖技术》、《动物磷营养与磷源》等，对犊牛瘤胃微生物的调控方面有很深的造诣。为秸秆的利用和青贮饲料的制备做了大量的研究和推广示范工作。

摘　要：犊牛及后备牛是成年牛的基础，这个生理阶段的消化系统的发育和躯体的增长对奶牛的一生都至关重要。中国农业科学院饲料研究所近年来采用饲养试验和屠宰试验等方法，就犊牛出生后日粮因素和环境因素对其消化系统的发育开展了一系列的试验研究。本文总结了犊牛基本消化生理发育规律，以及日粮蛋白质、氨基酸、能量和饲料添加剂对犊牛生长发育的影响，阐述了日粮和环境因素对犊牛的消化系统和胃肠道结构以及生产性能定向调控的可能性。

关键词：犊牛；生理规律；日粮因素；研究进展

前言

我国奶牛养殖业近年来一直保持着稳定增长的趋势,2011年全国奶牛存栏1 440万头,奶类产量3 810万吨,分别比2008年增长17%和0.8%[1]。但我国奶牛平均单产在5.4t,与发达国家奶牛8~10t的水平差距较大。犊牛和后备牛培育的滞后影响了成年奶牛的培育。多年来在犊牛培育方面仍沿用鲜牛奶培育犊牛的方法,每头犊牛消耗鲜奶300~400kg。后备牛配种年龄多在17月龄以上,严重影响了牛群的更新和结构调整。加强犊牛和后备牛生理营养的基础研究和早期断奶技术研究对奶业的发展非常必要。

本文将就本团队的研究工作进行归纳与总结。

1.1 犊牛基本生理发育规律的研究

犊牛在出生的60天内,消化器官发育很快,消化器官的发育对犊牛的生长至关重要。犊牛消化功能在60天内从消化鲜奶或流体饲料向消化固体饲料过渡,这期间瘤胃不断发育,逐步满足消化固体饲料、供给快速生长发育的需要。

本结果汇集了2002—2011年期间李辉[2]、周怿[3]、屠焰[4]、张蓉[5]等在北京以中国荷斯坦犊牛为对象所进行的5个试验中,早期断奶犊牛8周龄的胃肠道和血清生化参数。这5个动物试验中处理组的主因素为:日粮蛋白质来源或水平、日粮赖氨酸水平和β-葡聚糖添加效果、日粮酸度,试验用犊牛头数依次为9、9、9、18、18头。

1.1.1 瘤胃发育

表3.1.1为8周龄犊牛胃肠道和主要消化腺体占机体活重的比重,以百分数计算。所得结果表明皱胃所占比重介于0.47%~0.53%,差异甚微,而瘤胃差异则较大;胰脏、脾脏和肝脏的差异均较小。

表3.1.1 8周龄犊牛胃肠道和消化腺体组织占机体活重的平均比重 /%

项目	蛋白源试验[2]	蛋白质水平试验[2]	赖氨酸水平试验[2]	β-葡聚糖试验[3]	日粮酸度试验[4]	所占比重范围
瘤胃	0.99	1.04	1.22	0.89	0.82	0.82~1.22
网胃	0.26	0.22	0.28	0.21	0.21	0.21~0.28
瓣胃	0.27	0.28	0.26	0.28	0.24	0.24~0.28
皱胃	0.47	0.49	0.49	0.50	0.53	0.47~0.53
十二指肠	0.10	0.07	0.15	0.11	0.11	0.07~0.15
空肠	2.14	2.07	2.04	2.24	2.03	2.03-2.24
回肠	0.07	—	0.42	0.11	0.20	0.07~0.42
胰脏	0.08	0.09	0.13	0.12	0.11	0.08~0.13
肝脏	1.91	1.89	2.06	1.84	1.89	1.84~2.06
脾脏	0.25	0.23	0.28	0.23	0.22	0.22~0.28

表3.1.2为8周龄犊牛4个胃室的差异情况，相对瘤胃皱胃和瓣胃差异较小。犊牛8周龄瘤胃、网胃、瓣胃和皱胃重量与整个胃室重的比例分别为46.25%～52.95%、10.85%～12.90%、11.39%～14.73%和22.90%～29.33%。

表3.1.2　8周龄犊牛4个胃室重所占的比重　　　　　　　　　　　　/%

项目	蛋白源试验[2]	蛋白质水平试验[2]	赖氨酸水平试验[2]	β-葡聚糖试验[3]	日粮酸度试验[4]	所占比重范围
瘤胃	49.77	51.18	52.95	46.99	46.25	46.25～52.95
网胃	12.90	10.85	12.76	11.43	11.05	10.85～12.90
瓣胃	13.66	13.87	11.39	14.73	13.33	11.39～14.73
皱胃	23.67	24.08	22.90	26.85	29.33	22.90～29.33

表3.1.3和表3.1.4为8周龄犊牛瘤胃单位面积乳头数量与不同区域瘤胃乳头的发育情况，可以看出瘤胃前庭乳头的数量少，然而发育较好，因为乳头高度和宽度均高于其他区域。

表3.1.3　8周龄犊牛瘤胃单位面积乳头数　　　　/（乳头个数/cm²）

瘤胃部位	蛋白源试验[2]	蛋白质水平试验[2]	赖氨酸水平试验[2]	范围
瘤胃前庭	101	155	116	101～155
前背盲囊	142	168	149	142～168
后背盲囊	134	160	132	132～160
后腹盲囊	184	163	134	134～184

表3.1.4　8周龄犊牛瘤胃乳头发育　　　　　　　　/μm

项目	瘤胃部位	蛋白质水平试验[2]	赖氨酸水平试验[2]	日粮酸度试验[4]
乳头高度	瘤胃前庭	1 387.21	1 884.94	1348.55
	前背盲囊	728.31	958.41	
	后背盲囊	1 108.90	1 145.84	
	后腹盲囊	1 006.93	1 156.80	
乳头宽度	瘤胃前庭	335.88	389.16	1542.85
	前背盲囊	316.47	337.10	
	后背盲囊	382.66	312.48	
	后腹盲囊	306.64	323.54	

表3.1.5为8周龄犊牛小肠结构形态，可以看出不同肠断的绒毛高度、绒毛宽度、隐窝深度和肠壁厚度。

试验测定结果表明，8周龄犊牛胃肠道和消化腺体组织占机体活重的比重比较稳定，4

个胃室差异不显著，瘤胃占体重的范围在 0.89% ~ 1.22%，皱胃的范围变异甚微近0.47% ~ 0.50%；肝、胰和脾脏很稳定，小肠的 3 部分有差异。8 周龄犊牛瘤胃单位面积乳头数和乳头宽度与高度均处于一个比较恒定的范围内。8 周龄犊牛小肠结构形态，包括小肠绒毛的高度和宽度以及隐窝深度和肠壁厚度变异范围比较大。

表 3.1.5 8 周龄犊牛小肠结构形态 /μm

肠道	项目	蛋白源试验[2]	蛋白质水平试验[2]	赖氨酸水平试验[2]	日粮酸度试验[4]	变化范围
十二指肠	绒毛高度	425.90	763.09	529.36	1 332.93	425.90 ~ 1 332.93
	绒毛宽度	79.14	196.89	128.21	—	79.14 ~ 196.89
	隐窝深度	115.27	354.37	131.83	229.80	115.27 ~ 229.80
	肠壁厚度	919.25	1 209.33	517.13	1 796.38	517.13 ~ 1796.38
空肠前段	绒毛高度	520.39	797.92	609.53	—	520.39 ~ 797.92
	绒毛宽度	136.66	197.43	133.60	—	133.60 ~ 136.66
	隐窝深度	135.70	322.56	118.52	—	118.52 ~ 322.56
	肠壁厚度	614.38	713.56	380.95	—	380.95 ~ 713.56
空肠后段	绒毛高度	508.47	809.64	—	—	
	绒毛宽度	102.57	211.26	—	—	
	隐窝深度	134.19	409.60	—	—	
	肠壁厚度	527.09	799.40	—	—	
回肠中段	绒毛高度	408.00	—	629.20	1465.23	408.00 ~ 1465.23
	绒毛宽度	96.58	—	148.14	—	96.58 ~ 148.14
	隐窝深度	118.03	—	126.61	242.65	118.03 ~ 126.61
	肠壁厚度	690.47	—	317.28	2 001.73	425.90 ~ 2 001.73

1.1.2 血液指标

关于血清学指标的试验研究，犊牛阶段生长发育处于异速状态，随年龄的增加，其血清学指标也随着发生变化。表 3.1.6 为血清 2 个重要指标——尿素氮（BUN）和血糖（GLU）的变化情况；表 3.1.7 为 8 周龄犊牛血清蛋白类指标和脂类指标的变化。

试验结果表明，犊牛出生后随着年龄的增加，血液生化指标中的蛋白类指标趋于下降，脂类指标趋于上升。这可能与动物调节能量的增加有关，机体可以在一定的范围内调整相关指标的稳定性。

表 3.1.6 日粮蛋白质水平、能量水平对犊牛部分血清尿素氮、血糖的影响

项目 日龄	21d		31d		41d		51d		61d	
	李辉[2]	张蓉[5]	李辉[2]	张蓉[5]	李辉[2]	张蓉[5]	李辉[2]	张蓉[5]	李辉[2]	张蓉[5]
尿素氮 BUN（mg/dL）	4.77	3.80	4.03	3.55	3.18	3.48	2.74	3.61	2.93	3.56
血糖 GLU（mmol/L）	4.93	4.34	4.96	4.36	4.7	4.57	4.41	4.63	4.39	4.82

表 3.1.7　日粮蛋白质水平和酵母 β-葡聚糖对犊牛部分血清生化指标的影响

项目 \ 周龄	0w		2w		4w		6w		8w	
	李辉[2]	周怿[3]	李辉[2]	周怿[3]	李辉[2]	周怿[3]	李辉[2]	周怿[3]	李辉[2]	周怿[3]
总蛋白（g/L）	—	49.21	45.74	51.53	48.62	52.93	51.08	53.75	53.44	—
白蛋白（g/L）	—	36.01	24.78	36.14	26.08	36.55	25.66	36.14	25.62	—
球蛋白（g/L）	—	—	20.97	—	22.55	—	25.42	—	27.81	—
白/球蛋白	—	—	1.23	—	1.17	—	1.02	—	0.95	—
甘油三酯（mmol/L）	—	0.32	—	0.35	—	0.40	—	0.34	—	—
总胆固醇（mmol/L）	—	1.81	—	3.22	—	3.06	—	3.45	—	—

1.2　后备牛日粮营养供给及其作用机制研究（哺乳期和断奶后）

后备牛的营养供给，特别是日粮中能量、蛋白质，对后备牛生长发育的作用是非常重要的。从奶牛整个一生的生长发育来看，后备牛处于快速生长阶段，随着年龄的增长，其全身组织器官化学成分不断变化，对营养物质的需求也随之不同。因此必须根据后备牛各阶段的生理特点和营养需要特点进行正确饲养。

1.2.1　蛋白质

蛋白质营养历来是动物营养研究中最重要的内容之一。犊牛日粮中常见的蛋白质包括乳蛋白和非乳蛋白两大类[6]。国外对后备牛蛋白质营养的研究开展得较早，国内近年来才逐步有文献报道。李辉、张乃锋等将粗蛋白质（CP）水平 18%、22%、26% 的三种犊牛代乳品进行比较。结果表明，高蛋白水平可导致哺乳期犊牛血清 BUN 含量升高，22% 时犊牛的血清 GLU 和总蛋白含量高于其余两组，CP 消化率最高；蛋白质水平影响犊牛的肠绒毛形态，高蛋白水平会降低肠道的绒毛高度/隐窝深度比值；22% 的 CP 水平有利于犊牛瘤胃乳头的发育及瘤胃内挥发性脂肪酸的产生[2]。而对断奶犊牛免疫及相关指标上，CP22% 时犊牛血清 IgG 含量最高（$P > 0.05$），血清碱性磷酸酶（AKP）活性达到峰值，体重和脾脏指数最大；CP 高于 22% 时，犊牛炎性细胞因子（IL-1）显著升高（$P < 0.05$），犊牛小肠肥大细胞数量显著增加（$P < 0.05$）；犊牛血清生长激素（GH）、IGF-1、总抗氧化能力（TAOC）等指标有随蛋白质水平的提高而升高的趋势，但过高的 CP 水平降低了犊牛一氧化氮水平（NO）；CP22% 日粮有利于促进犊牛蛋白质合成代谢与生长发育，增强机体免疫能力，蛋白水平过高或过低均不利于犊牛生长和机体免疫机能[7]。

而代乳品中的蛋白质来源（植物蛋白占总蛋白 20%、50% 和 80% 的代乳品）对 2～8 周龄犊牛生长性能及营养物质表观消化率无显著影响，但会影响犊牛胃肠道黏膜形态，添加植物性蛋白质可促进犊牛瘤网胃的发育[2]。在血液免疫相关指标上，在断奶过渡期（6～11 日龄）犊牛日粮中，植物蛋白占总蛋白的 50% 时，血清 GH、IgG 最高，TAOC、NO、AKP 等指标水平最高；植物蛋白超过总蛋白的 50% 时，犊牛腹泻率和腹泻频率显著升高[7]。在断母乳后（2～8 周龄）犊牛上，日粮植物蛋白占总蛋白的 50% 时，血清 IgG、IL-

1 和肿瘤坏死因子（TNF-α）、AKP 水平最高；植物蛋白含量为 80% 时，提高了犊牛腹泻率和腹泻频率；犊牛在 4 周龄以后对 50% 及以下的植物蛋白表现出较好的适应性[7]。

对于断奶后犊牛，云强等研究确定了 3～4 月龄犊牛开食料中 CP 水平 20.21% 时有利于犊牛的生长发育。在开食料 CP 水平 16.22%、20.21%、24.30% 范围内，高蛋白组犊牛的 BUN 浓度显著高于中蛋白组，CP 表观消化率高于低蛋白组；犊牛的吸收氮和沉积氮随开食料中 CP 水平升高而升高；开食料中 CP 水平对犊牛瘤胃乳头发育的影响没有差异[8]。张卫兵等试验表明，在消化能 2.6Mcal/kg 下，CP 水平 14.30%、14.88%、15.77%（蛋白能量比分别为 56.3：1、57.2：1、60.9：1）的日粮，对 3～5 月龄中国荷斯坦犊牛（ADG800g）的饲料转化率、乳头长都没有显著影响；犊牛血清的雌激素、孕激素、催乳素、生长激素、IGF～1 等相关指标没有产生明显变化，只是 CP 表观消化率和 BUN 含量随着日粮 CP 水平的增加而提高；同样，在消化能 3.2Mcal/kg 下，CP 水平 11.93%、14.53%、16.61%（蛋白能量比分别为 37.9：1、44.4：1、50.5：1）的日粮，对 8～10 月龄中国荷斯坦犊牛（ADG900g）乳头长、相关营养物质表观消化率及血清激素水平的影响不显著，BUN 含量和瘤胃液氨氮浓度随着日粮 CP 水平的增加而升高[9]。

1.2.2　氨基酸比例和模式

李辉等给 0～2 月龄犊牛饲喂了赖氨酸水平分别为 1.35%、1.80%、2.25% 的代乳品，犊牛对日粮中氨基酸的表观消化率没有差异，1.80% 时瘤胃乳头及瘤胃功能发育较好，赖氨酸水平对小肠形态结构没有产生显著影响[2]。

张乃锋等试验结果表明，对于犊牛非特异性免疫反应，赖氨酸缺乏时其反应提高，蛋氨酸缺乏时在犊牛 28 日龄时降低而 56 日龄时升高，苏氨酸缺乏则影响较小；赖氨酸和蛋氨酸缺乏，使得 28 日龄犊牛免疫系统由 Th2 向 Th1 偏移，犊牛细胞免疫水平提高，体液免疫水平降低；而 56 日龄犊牛免疫系统则发生了相反的变化，由 Th1 向 Th2 偏移，犊牛体液免疫水平提高，与犊牛血清 IgG 浓度的变化一致，显著提高 56 日龄犊牛血清 IgG 水平；苏氨酸缺乏对 28 日龄和 56 日龄犊牛免疫系统则均是由 Th1 向 Th2 偏移，犊牛体液免疫水平提高；苏氨酸缺乏下犊牛胸腺、脾脏、肝脏指数均有降低趋势；赖氨酸和蛋氨酸缺乏，犊牛的腹泻率、腹泻频率、粪便指数均明显提高[7]。

在 CP15.22% 的开食料中，赖氨酸/蛋氨酸比例 3.1：1 时，3～4 月龄犊牛的增重较高，血清 BUN、精氨酸和缬氨酸浓度皆显著降低，优于 CP19.64% 开食料的饲养效果[8]。可见适宜的氨基酸比例将有利于犊牛的生长和提高饲料利用效率。而日粮赖氨酸、蛋氨酸、苏氨酸的适宜比例会根据测定指标和犊牛周龄有所变化[10]，具体详见表 3.1.8。

1.2.3　能量

代乳品能量水平影响了 0～2 月龄犊牛的生长性能。张蓉[5]给犊牛饲喂 CP 水平相同，总能为 18.51、19.66、20.80MJ/kg 的 3 种代乳品，犊牛饲料日进食量分别为 706.9、666.9 和 569.3g。10～60 日龄的平均日增重（ADG）中能量组犊牛高于低能量和高能量组，60 日龄时中能量组犊牛的体高、体斜长及管围显著高于其他两组；中能量组犊牛有机物、粗脂肪、CP、总能表观消化率均显著高于其他两组。

表 3.1.8　犊牛日粮中赖氨酸、蛋氨酸、苏氨酸的平衡模式[10]

指标	项目	0~3 周龄	4~6 周龄
最大 N 沉积	限制性顺序	Lys > Met > Thr	Lys > Met > Thr
	氨基酸模式	100 : 29 : 70	100 : 30 : 60
最大平均日增重	限制性顺序	Lys = Met > Thr	Lys > Met > Thr
	氨基酸模式	100 : 35 : 63	100 : 27 : 67
最优饲料转化率	限制性顺序	Lys = Met > Thr	Lys > Met > Thr
	氨基酸模式	100 : 26 : 56	100 : 23 : 54

1.3　代乳品供给模式

1.3.1　代乳品饲喂量及饲喂方式

代乳品饲喂量和饲喂方式对犊牛有较大的影响。代乳品的饲喂量对犊牛生长、营养物质的消化代谢、血清生化指标均有不同程度的影响，代乳品乳液的适宜饲喂量为犊牛体重的 11.0% [11]。许先查研究表明，与 9.5%、12.5% 饲喂量相比，11.0% 组犊牛的 ADG、饲料转化率都较好，对营养物质的消化率均略高其他组。而不同的代乳品饲喂方式对犊牛的行为有不同的影响，用奶瓶饲喂犊牛能有效降低犊牛非营养性吸吮行为和异常行为的持续时间。用奶瓶饲喂的犊牛摄乳时间均显著长于用奶桶饲喂的犊牛；单圈饲养的犊牛出现顶乳行为的次数较多，在第 3 周龄时，单圈组犊牛吸吮空桶/吸舔乳头的时间显著长于合圈组。用奶桶饲喂的犊牛表现出较长时间的吸吮栏杆、相互吸吮颈部和耳朵；代乳品饲喂方式对犊牛的磨蹭栏杆、自我修饰、嗅地、躺卧以及合圈组犊牛的嗅其他牛、社会修饰等行为有一定的影响，但持续时间均较短[11]。

1.3.2　特殊用途代乳品及其饲喂模式

随着我国奶牛养殖业的发展，奶公犊牛年产数量也逐渐增加，将其直接卖给药厂抽提血清或经简单喂养后宰杀卖肉，不能作为高档牛肉进入市场，既浪费了奶公犊牛资源，也降低了奶牛饲养的效益。随着我国人民饮食结构的逐渐变化，高档优质小牛肉也将受到消费者的青睐。但目前我国小牛肉生产技术体系和相关标准尚不完善，奶公犊牛利用率低，经济效益不高，只有黑龙江、北京、新疆等地进行了饲养奶公犊牛生产小牛肉的初步研究。如何合理利用丰富的奶公犊牛资源生产高档小牛肉成为需要关注和亟待解决的问题。王永超等针对以上问题，研究了以颗粒料 + 代乳品方式替代全代乳品饲喂奶公犊牛生产优质小牛肉的可行性。结果表明，2 个处理组犊牛全期 ADG（0.73kg 和 0.74kg）和饲料转化率（2.39 和 2.36）差异不显著（$P > 0.05$）、体高、体长、胸围、管围、腰角宽差异亦不显著（$P > 0.05$）；颗粒料 + 代乳品组犊牛腹泻率及腹泻频率分别比对照组降低 4.87 和 1.31 个百分点（$P < 0.05$）；两种饲喂模式下犊牛的屠宰率、净肉率、胴体出肉率及肉骨比均无显著差异（$P > 0.05$）；颗粒料 + 代乳品组复胃鲜重及各胃室鲜重占空体重比例皆极显著提高

（$P<0.01$）；在专门用于小牛肉生产的出生后 1~180d 的奶公犊牛日粮中添加颗粒料，可保持犊牛同等的生长性能和屠宰性能，促进犊牛复胃的发育，并降低腹泻率和腹泻频率[12,13]。本研究为奶公犊育肥生产优质小牛肉提供了新型、经济的饲养模式。

1.4　结语

与产奶牛、干奶牛相比，有关犊牛乃至后备牛阶段营养生理的研究仍有很多空白，而生产实际中在其饲养管理、饲料配制技术等方面也存在着较大的盲目性，尤其是中小型奶牛养殖场（户）中这种现象更为突出。以上研究相对于后备牛整个生理期来说仅仅是个开始，还有很多疑问等待解决。例如，后备牛日粮中矿物质、维生素等组分的作用，以及后备牛肌肉、器官生长发育规律，早期发育对成年后奶牛生产性能的影响等等，都是悬而未决的课题。同时，生物体是个有机的系统，蛋白质、氨基酸、能量以及各种组分对生物体的作用都不是单一的，它们之间存在着协同或者拮抗作用，以上研究仅仅就单一营养组分的作用和规律进行了研究，实在是在现有条件下的无奈之举，牛羊等大动物试验的规模受到试验条件的影响程度更甚于猪和鸡。随着科学技术的不断发展，希望尽快在这方面有所突破。

参考文献（略，可函索）

2 犊牛日粮中生长的调节剂

屠焰，女，1969年生，博士，研究员，奶牛产业技术体系北京市创新团队饲料与营养功能研究室主任、岗位专家。1991年大学毕业于中国农业大学动物营养与饲料加工专业，后就职于中国农业科学院饲料研究所至今。从事反刍动物营养与饲料科学专业的研究和开发工作，研究领域集中于幼龄反刍动物生理营养及饲料开发、反刍动物非常规饲料资源开发利用、低排放饲养综合技术研究与推广。"十五"起作为主要执行人参加"科技支撑计划"、"跨越计划"、"行业专项"等。"十二五"期间主持"科技支撑计划"子课题、承担行业专项研究内容等4项。在研究与实践中取得了一系列科研成果，获北京市科技进步一等奖、二等奖各1次，中华农业科技三等奖1次，中国农科院科学技术成果二等奖2次。

陆续制修订标准7项，已颁布实施6项。在犊牛营养生理与饲料配制技术研究上进行了大量系统、深入的研究，在国内处于领先地位。作为主创人员研制的犊牛代乳粉获得国家发明专利4项，已产业化生产，在我国20余省市推广应用，解决了养殖户的实际困难，可完全替代牛奶饲喂犊牛。陆续制订农业行业标准7项，已颁布实施6项：《无公害食品 蛋鸡饲养饲料使用准则》、《无公害食品 肉牛饲养饲料使用准则》、《饲料级磷酸脲》、《无公害食品 畜禽饲料和饲料添加剂使用准则》、《山羊用精饲料》、《绿色食品 畜禽饲料和饲料添加剂使用准则》。拥有专利10项，其中发明专利8项。作为主编或副主编出版书籍《奶牛饲料调制加工与配方集萃》、《新编奶牛饲料配方600例》、《奶牛规模养殖技术》、《动物磷营养与磷源》等，对犊牛瘤胃微生物的调控方面有很深的造诣。秸秆的利用和青贮饲料的制备做了大量的研究和推广示范工作。

摘 要： 犊牛健康生长是高产稳产泌乳牛的基础，关系到成年牛的健康和泌乳性能，进食抗生素奶和抗生素日粮都对犊牛的健康产生不可逆转的负面影响。试验研究表明在犊牛代乳品和开食料中使用生长调节剂可以有效调节犊牛的生长发育，促进犊牛增重、调节胃肠道环境、提高免疫机能等作用。本文就饲料研究所反刍动物营养生理团队近年来在犊牛微生态制剂、酶制剂、酸度调节剂、多糖方面的研究做一综述。

关键词： 犊牛生长调节；微生态制剂；多糖；酸度调节剂；酶制剂

新生犊牛的消化系统类似于单胃动物，随着日龄的增加瘤胃系统快速发育，反刍功能逐步健全。对于犊牛如何从营养角度调控生长发育，为了解决和克服抗生素带来的弊端，国内外学者们都在积极寻求、开发无毒副作用、无残留，既能促进动物生长，又能预防人畜疾病的新型添加剂[1]。近年来众多学者和技术人员就犊牛阶段的生长调节剂展开了一系列的试验研究，得出了既有实用价值又有理论意义的结果，微生态制剂、酶制剂、酸度调节剂、寡糖和多糖、天然物饲料添加剂等都被证明对犊牛的生长发育和机体免疫有积极作用，主要表现在如下几个方面。

2.1　微生态制剂

微生态制剂广泛用于猪和家禽营养与饲料中，主要作用归纳为，保持肠道微生态平衡、防治疾病、促进生长，同时净化环境、改善畜产品品质[3]以及扩大饲料来源、提高饲料转化率。微生态制剂对反刍动物的使用效果尚存在争议[2]，而在犊牛阶段的试验研究更是最近几年才逐步开始的。就目前报道的试验结果分析，用于断奶前后犊牛营养与饲料中的微生态制剂主要有酵母及酵母培养物、芽孢杆菌（纳豆芽孢杆菌、蜡样芽孢杆菌）、乳酸菌等。

酵母及其培养物　酵母 β-葡聚糖在犊牛营养生理中具有积极作用。周怿等在犊牛代乳品中添加酵母 β-葡聚糖，研究其对早期断奶（0~2 月龄）犊牛生产性能、血液生理生化指标和部分免疫指标[4]，以及器官发育、胃肠道形态发育[5]及直肠中微生物数量变化[6]的影响。结果表明，试验各期及试验全期，添加 75mg/kg 酵母 β-葡聚糖组的犊牛，ADG 显著高于对照组，饲料转化率（F/G）显著优于对照组，粪便状况得以改善（$P < 0.05$），血清白蛋白浓度降低（$P < 0.05$），碱性磷酸酶浓度显著提高（表 3.2.1）；添加 50、75、100、200mg/kg 酵母 β-葡聚糖组，犊牛血清中 IgG 浓度与未添加组相比差异显著，IgM 含量也随着 β-葡聚糖含量的增加而呈规律性变化（表 3.2.2）。添加酵母 β-葡聚糖对于犊牛消化道结构也有影响，瘤网胃相对比重有随日粮中酵母 β-葡聚糖含量升高而上升的趋势，小肠各段绒毛高度与隐窝深度比以 75mg/kg 组显著大于其余各组（$P < 0.05$）；与对照组相比，75mg/kg 组犊牛直肠内容物中大肠杆菌数显著降低，乳酸菌数明显提高[6]。以上试验结果提示，在早期断奶犊牛日粮中添加 75mg/kg 的酵母 β-葡聚糖可显著提高犊牛日增重、饲料转化比和犊牛免疫能力；可提高早期断奶犊牛的小肠绒毛高度，增加小肠绒毛高度与隐窝深度比，优化肠道微生物结构，从而减少疾病发生，促进犊牛健康生长。同时在犊牛日粮中添加 75mg/kg 酵母 β-葡聚糖可改善犊牛肠道微生物区系，优化肠道微生物结构，从而保证犊牛健康生长，并能在一定程度上替代或减少抗生素的使用。

芽孢杆菌：芽孢杆菌在犊牛日粮中具有一定的作用。符运勤等在犊牛代乳品中添加地衣芽孢杆菌（B 组）、地衣芽孢杆菌与枯草芽孢杆菌的复合菌（C 组）、地衣芽孢杆菌＋枯草芽孢杆菌＋植物乳酸杆菌的复合菌（D 组），与不添加益生菌的 A 组犊牛相比，各组料重比差异不显著（$P > 0.05$）；第 8 周龄时，B 组和 D 组的体躯指数均显著高于 A 组（$P < 0.05$）。添加地衣芽孢杆菌单菌提高了犊牛 0~8 周龄的 ADG 和 8 周龄的体躯指数，添加地衣芽孢杆菌与枯草芽孢杆菌和植物乳酸杆菌的复合菌提高了犊牛 8 周龄的体躯指数，而添加益生菌对犊牛血清生化指标没有显著影响[7]。而饲喂延续到犊牛 52 周龄时表明，添加地衣芽孢杆菌可提高后备牛的 ADG，促进体长生长[8]。随后对瘤胃内环境的研究结果表明，日粮中添加地衣芽孢杆菌及其复合菌，可以促进后备牛生长，改变瘤胃内环境参数，增加

后备牛瘤胃优势菌群的种类，促进瘤胃纤维分解菌的定植和生长，提高了0～8周龄犊牛瘤胃发酵参数的稳定性，8～52周龄后备牛瘤胃细菌多样性的稳定性，而基本不影响后备牛正常的血清生化指标[9]。

表3.2.1　酵母β-葡聚糖对早期断奶犊牛血清生化参数的影响[4]

日龄	项目	酵母β-葡聚糖添加剂量/（mg/kg）					
		0	25	50	75	100	200
0d	总蛋白TP/（g/L）	49.10±5.37	50.50±5.20	51.20±3.37	47.65±0.64	50.47±6.31	46.36±8.83
	白蛋白ALB/（g/L）	37.00±4.58	36.70±2.17	36.40±3.80	36.13±2.37	36.70±3.00	33.10±1.68
	尿素氮BUN/（mmol/L）	3.47±0.23	3.50±0.31	2.40±0.43	3.30±0.09	3.63±0.18	2.60±0.22
	血糖GLU/（mmol/L）	4.60±0.30	4.97±1.16	5.53±0.55	4.97±0.55	5.36±0.50	5.67±0.57
	甘油三酯TG/（mmol/L）	0.32±0.09	0.30±0.04	0.33±0.01	0.29±0.05	0.35±0.03	0.33±0.02
	总胆固醇TC/（mmol/L）	1.61±0.71	2.04±0.60	2.08±0.55	1.81±0.37	1.62±0.30	1.71±0.87
14d	总蛋白TP/（g/L）	51.73±4.80	51.43±0.81	51.03±1.44	52.27±6.33	49.60±4.16	53.10±5.86
	白蛋白ALB/（g/L）	38.60±2.99[a]	36.37±0.95[ab]	36.80±1.22[ab]	33.50±0.17[b]	35.17±1.17[b]	36.37±2.61[ab]
	尿素氮BUN/（mmol/L）	2.80±0.26	3.50±1.18	2.40±0.78	3.40±0.95	3.30±0.92	3.33±0.51
	血糖GLU/（mmol/L）	6.33±0.94	6.07±1.46	7.10±0.35	6.93±1.08	6.50±0.87	6.60±2.07
	甘油三酯TG/（mmol/L）	0.56±0.03[a]	0.31±0.02[ab]	0.25±0.06[b]	0.24±0.03[b]	0.34±0.07[ab]	0.37±0.01[ab]
	总胆固醇TC/（mmol/L）	3.82±0.04	3.56±0.81	3.18±1.09	3.08±0.67	2.62±0.33	3.05±0.26
28d	总蛋白TP/（g/L）	50.93±1.57	55.30±4.92	50.87±4.77	50.83±3.98	51.63±7.88	58.00±3.94
	白蛋白ALB/（g/L）	39.67±0.91[a]	35.67±1.66[ab]	36.13±2.83[ab]	33.87±0.58[b]	36.53±3.69[ab]	37.40±2.11[ab]
	尿素氮BUN/（mmol/L）	3.30±0.10	3.87±0.87	3.13±0.55	3.30±0.46	3.97±1.70	2.83±0.15
	血糖GLU/（mmol/L）	5.67±1.40	5.17±0.25	5.30±0.62	5.63±0.60	4.03±1.68	5.07±0.85
	甘油三酯TG/（mmol/L）	0.48±0.02[a]	0.45±0.03[a]	0.39±0.07[ab]	0.36±0.03[ab]	0.38±0.04[ab]	0.32±0.03[b]
	总胆固醇TC/（mmol/L）	3.37±0.76	3.10±1.11	3.71±0.90	2.78±0.19	2.88±0.24	2.51±0.64
42d	总蛋白TP/（g/L）	57.37±5.81	51.75±5.16	54.30±3.76	52.03±4.18	50.65±2.61	56.37±4.69
	白蛋白ALB/（g/L）	38.40±1.61[a]	35.37±1.80[ab]	36.47±1.68[ab]	34.57±0.40[b]	34.97±1.28[b]	37.07±0.57[ab]
	尿素氮BUN/（mmol/L）	3.70±0.56	3.37±1.10	3.97±0.87	3.33±0.33	3.17±0.45	2.83±1.21
	血糖GLU/（mmol/L）	6.67±1.75	5.20±1.14	6.30±0.70	6.80±0.44	5.97±0.40	6.40±1.50
	甘油三酯TG/（mmol/L）	0.42±0.07[a]	0.36±0.13[ab]	0.37±0.06[ab]	0.35±0.04[ab]	0.30±0.05[ab]	0.26±0.02[b]
	总胆固醇TC/（mmol/L）	3.91±0.45	3.58±1.36	3.32±0.41	3.22±0.30	3.18±0.42	3.46±0.57

注：同行肩标不同小写字母表示差异显著（$P<0.05$），下表同。

芽孢杆菌非瘤胃原有菌群，从日粮中添加后，地衣芽孢杆菌不能在后备牛肠道中大量繁殖，需要在日粮中持续添加。停止饲喂后备牛地衣芽孢杆菌后，粪便中芽孢数逐渐降低（表3.2.3），停喂5～7d后即消失[9]。

乳酸菌：乳酸菌能够调节肠道微生物区系的平衡，增强机体的免疫力和抵抗力，促进肠道的生长和发育，是得到广泛应用的益生菌之一。近年来，大量研究从菌株的安全性、抗病原菌的活性、耐酸和胆盐及对胃肠道的耐受性等方面进行体外评价益生菌的益生效果。董晓丽等从北京市养殖场附近土壤中分离得到了一株能抑制病原菌大肠杆菌和金黄色葡萄球菌生长的乳酸菌（GF103,），经16SrRNA基因序列分析鉴定为植物乳杆菌（*Lactobacillus-plantarum*），GenBank登录号JN560899；经体外益生效果评价得知，该乳酸菌在pH＝3的条件下活菌数较高，能够耐受 0.3% 胆盐；在人工模拟胃液中培养 0.5h 活菌数不受影响，培养 3h 活菌数降低 1 个 log 值（$P < 0.01$）；在人工模拟肠液中培养 3h 活菌数不变，因此乳酸菌 GF103 具备益生菌特性[10]。随后的饲养试验，犊牛饲喂基础日粮（不添加抗生素和益生菌）、基础日粮 + 植物乳杆菌 GF103，结果显示，饲喂益生菌后，哺乳期犊牛生长性能有改善，腹泻状况有所减轻，但血清指标、瘤胃 pH 值和氨态氮、瘤胃微生物区系差异不显著；断奶后犊牛继续饲喂益生菌，能够改善断奶前期犊牛的饲料转化率，减轻断奶应激带来的不良影响，并能影响断奶后犊牛的瘤胃微生物区系[11]。

表 3.2.2　酵母 β-葡聚糖对早期断奶犊牛部分免疫指标的影响[4]

日龄	项目	酵母 β-葡聚糖添加剂量/（mg/kg）					
		0	25	50	75	100	200
0d	IgG/（ng/mL）	36.19 ± 1.04	36.83 ± 1.03	32.36 ± 0.93	34.91 ± 1.30	33.64 ± 1.21	40.19 ± 1.76
	IgA/（μg/mL）	4.30 ± 0.71	4.39 ± 0.51	4.24 ± 0.39	4.58 ± 1.56	4.62 ± 0.44	4.85 ± 0.77
	IgM/（μg/mL）	11.02 ± 0.95	11.94 ± 1.02	11.09 ± 0.82	11.33 ± 0.63	11.06 ± 0.31	11.05 ± 0.33
	碱性磷酸酶 ALP/（U/L）	185.00 ± 11.34	207.00 ± 21.55	262.67 ± 17.68	231.67 ± 15.63	190.67 ± 23.11	214.67 ± 19.77
14d	IgG/（ng/mL）	53.52 ± 2.11[a]	56.74 ± 1.09[a]	58.68 ± 1.32[a]	85.49 ± 0.95[b]	78.97 ± 1.12[b]	74.25 ± 0.82[b]
	IgA/（μg/mL）	5.15 ± 1.09	4.60 ± 1.48	4.72 ± 0.38	4.90 ± 0.95	5.38 ± 0.56	5.45 ± 0.56
	IgM/（μg/mL）	14.09 ± 0.99[a]	16.85 ± 0.65[ab]	16.76 ± 0.41[a]	20.26 ± 0.67[b]	17.99 ± 0.82[ab]	17.36 ± 0.32[ab]
	碱性磷酸酶 ALP/（U/L）	138.33 ± 21.95[a]	129.33 ± 18.44[a]	125.67 ± 11.34[a]	183.67 ± 16.87[b]	128.33 ± 20.68[a]	138.67 ± 17.56[a]
28d	IgG/（ng/mL）	88.11 ± 2.64[a]	90.04 ± 2.23[a]	127.69 ± 2.18[b]	143.83 ± 2.94[b]	136.34 ± 2.89[b]	132.39 ± 2.32[b]
	IgA/（μg/mL）	4.81 ± 0.56	5.06 ± 1.13	4.18 ± 0.58	4.36 ± 0.77	4.80 ± 1.62	4.15 ± 1.17
	IgM/（μg/mL）	16.80 ± 0.99	16.09 ± 1.42	17.42 ± 1.68	18.82 ± 0.55	17.72 ± 0.92	17.10 ± 0.78
	碱性磷酸酶 ALP/（U/L）	125.00 ± 13.28[a]	113.00 ± 15.97[a]	117.33 ± 21.00[a]	184.33 ± 18.75[b]	159.67 ± 14.87[b]	156.33 ± 21.90[b]
42d	IgG/（ng/mL）	117.74 ± 3.99[a]	128.37 ± 3.41[a]	164.85 ± 3.47[b]	175.41 ± 3.82[b]	156.68 ± 3.55[b]	143.87 ± 3.97[b]
	IgA/（μg/mL）	4.38 ± 1.01	4.97 ± 0.63	5.02 ± 0.63	4.81 ± 1.64	4.83 ± 1.54	5.07 ± 0.86
	IgM/（μg/mL）	20.80 ± 1.23[a]	22.96 ± 1.40[a]	24.29 ± 1.42[ab]	25.04 ± 1.71[b]	25.79 ± 1.66[b]	23.49 ± 1.43[ab]
	碱性磷酸酶 ALP/（U/L）	123.33 ± 12.18[a]	140.00 ± 13.21[a]	139.33 ± 14.56[a]	209.61 ± 19.66[b]	167.67 ± 16.43[b]	174.33 ± 14.90[b]

表 3.2.3　地衣芽孢杆菌停喂后不同时间点粪便中芽孢数[9] lg　　　　（CFU/g）

停喂天数	处理组		SEM	固定效应 P 值		
	对照组	芽孢杆菌组		时间	处理	处理×时间
1 ~ 14d 平均值	6.75[b]	7.23[a]	0.0988	0.0035	0.0136	0.0109
1d	6.70[b]	8.01[aA]				
3d	6.90[b]	7.66[aB]				
5d	6.73	6.82[C]				
7d	6.60	6.71[C]				
14d	6.80	6.93[C]				

注：同一行数据后缀不同小写字母表示差异显著（$P < 0.05$），同一列不同大写字母表示差异显著。

2.2 酶制剂

在反刍动物日粮中添加外源酶制剂可增强对植物纤维素的消化能力，提高反刍动物对饲料的有效利用。随着微生物学的深入研究，酶制剂的应用研究取得了极大的进展，但在生产中的应用效果受到多种因素的影响，如动物的品种、年龄、健康状况、养殖场的管理水平以及酶的使用方法和日粮类型等因素[12]。

犊牛出生时，消化系统酶发育不健全，蛋白酶系尚未建立完全，淀粉酶活性较低。同时哺乳期犊牛缺少瘤胃微生物的帮助，仅靠自身产生的消化酶分解和消化营养物质。因而极易产生消化不良、生长发育受阻等现象。在日粮中添加外源酶制剂是提高犊牛饲料利用率的有效途径之一。研究表明，在犊牛 TMR 日粮中添加外源酶制剂可提高 3~7 周龄犊牛的干物质采食量，提高对饲料中 ADF、NDF、总能的表观消化率，促进瘤胃发育，改善瘤胃发酵参数，促进瘤胃微生物区系优势菌群的建立，从而提高犊牛日增重[13]。

2.3 酸度调节剂

在犊牛代乳品中添加甲酸或盐酸，可改善犊牛生长情况。屠焰等将酸度调节剂用于犊牛代乳品中，分别以盐酸调整代乳品乳液 pH 值至 5.5 和 5.0，或以甲酸调整代乳品 pH 值至 5.0；与普通代乳品组相比，以盐酸做酸度调节剂时犊牛全期 ADG 分别提高了 5.2%、12.1%，腹泻率降低了 29.7%；以甲酸为酸度调节剂时，犊牛的 ADG 在第 14~28d 显著增长，全期 ADG 提高了 10.9%，腹泻率降低了 37.5%[14]。其试验还研究了代乳品中添加复合酸度调控剂对 0~3 月龄犊牛生长性能、血气指标的影响，与对照组相比，试验组犊牛各阶段的 ADG 有所提高，其中 0~14、14~28、28~42、42~56d 分别提高了 5.6%、45.9%（$P < 0.05$）、11.9%、5.8%；全期腹泻率试验组比对照组降低了 13.9%；28d 体长指数试验组低于对照组（$P < 0.05$）；从表 3.2.4 可见饲喂 14d 时试验组血液的 pH 值（$P < 0.05$）、氧饱和度（$P < 0.05$）、氧气分压、实际剩余碱储、标准碳酸氢盐浓度皆高于对照组，而二氧化碳分压显著降低（$P < 0.05$）。以上结果表明，在代乳品中添加复合酸度调控剂后 28d 前对犊牛产生了一定作用，可提高 14~28d 阶段犊牛日增重，降低 28d 体长指数，并有降低腹泻率的趋势；犊牛血液的 pH 值、氧饱和度升高而二氧化碳分压降低[15]。

2.4 多糖

张国锋等[16,17]研究蜂花粉及其多糖对 14~70 日龄犊牛生长性能、营养物质消化率和血清生化指标的影响。试验选用 25 头新生荷斯坦犊牛，随机分成 5 组，分别饲喂蜂花粉 10g/d（10BP）组、25g/d（25BP）组、50g/d（50BP）组、蜂花粉多糖 5g/d（5PS）组和对照（C）组，试验期 56d，用全收粪法在犊牛 21~28 和 42~49d 进行两期消化试验。结果表明，25BP 和 5PS 组犊牛全期 ADG 显著高于 C 组；25BP 组 F/G 改善了 12.85%（$P < 0.05$）；在犊牛 21~28d 时，25BP 和 5PS 组分别提高 DM 表观消化率 8.38% 和 7.66%，显著高于 C 组和 50BP 组，25BP 组的 CP 表观消化率比 C 组提高了 18.03%（$P < 0.05$）；试验犊牛 70 日龄时 10BP 和 25BP 组体高和胸围显著高于对照组；在血清生化指标中，添加蜂花

粉和多糖组犊牛 70d 时，血清总蛋白和白蛋白有增加趋势，尿素氮和总胆固醇有降低趋势，甘油三酯显著降低。代乳品中添加蜂花粉及其多糖可提高犊牛生长性能及对 DM 和 CP 的表观消化率，改善饲料转化率和降低血清甘油三酯水平，并有提高血清总蛋白和白蛋白含量的趋势。蜂花粉添加量为 25g/d 或蜂花粉多糖添加量为 5g/d 水平时，犊牛生长性能和营养物质消化率有明显的改善[16,17]。

表 3.2.4 代乳品中添加酸度调控剂后犊牛的血气指标[15]

项目		处理组	
		对照组	试验组
血液 pH 值	0d	7.37 ± 0.01	7.36 ± 0.05
	14d	7.32 ± 0.03[b]	7.39 ± 0.04[a]
	42d	7.36 ± 0.02	7.40 ± 0.05
二氧化碳分压 PCO_2/mmHg	0d	54 ± 1	53 ± 8
	14d	59 ± 3[a]	49 ± 8[b]
	42d	55 ± 6	53 ± 1
氧气分压 PO_2/mmHg	0d	32 ± 5	33 ± 9
	14d	27 ± 3	67 ± 52
	42d	38 ± 6	33 ± 4
氧饱和度 SO_2/%	0d	57 ± 12	58 ± 20
	14d	43 ± 8[b]	79 ± 18[a]
	42d	68 ± 8	63 ± 8
碳酸氢根浓度 HCO_3^-/mmol/L	0d	29 ± 1	29 ± 1
	14d	30 ± 2	29 ± 3
	42d	31 ± 3	32 ± 3
实际剩余碱储 ABE/mmol/L	0d	2 ± 1	3 ± 1
	14d	2 ± 2	4 ± 2
	42d	4 ± 3	6 ± 3
总二氧化碳浓度 TCO_2/mmol/L	0d	31 ± 2	31 ± 2
	14d	32 ± 2	31 ± 3
	42d	32 ± 3	34 ± 3
标准碳酸氢盐浓度 SBC/mmol/L	0d	26 ± 2	26 ± 2
	14d	25 ± 2	27 ± 2
	42d	28 ± 2	29 ± 3
标准剩余碱储 SBE/mmol/L	0d	4 ± 2	4 ± 1
	14d	4 ± 1	4 ± 2
	42d	6 ± 3	7 ± 3

注：同一行数据肩标不同小写字母表示差异显著（$P < 0.05$）。

2.5 结束语

犊牛是青年牛、成年牛的基础，犊牛的培育关系到成年泌乳牛的机体健康和生产性能，要培育高产稳产的奶牛，必须从犊牛及后备牛抓起。目前牛场的大量抗生素奶用于犊牛培育，这将后备牛和成年牛的健康发育埋下安全隐患。犊牛的定向培育技术，包括日粮中生长调节剂的合理使用和搭配，开发新型饲料添加剂，从技术上杜绝抗生素的过量使用和滥用，保障犊牛健康生长，将迫在眉睫。我国有关犊牛日粮中生长调节剂的研究刚刚起步，涉及的范围及研究深度都有很大的发展空间[18]。

参考文献（略，可函索）

3 羔羊营养需要与调控

屠焰，女，1969年生，博士，研究员，奶牛产业技术体系北京市创新团队饲料与营养功能研究室主任、岗位专家。1991年大学毕业于中国农业大学动物营养与饲料加工专业，后就职于中国农业科学院饲料研究所至今。从事反刍动物营养与饲料科学专业的研究和开发工作，研究领域集中于幼龄反刍动物生理营养及饲料开发、反刍动物非常规饲料资源开发利用、低排放饲养综合技术研究与推广。"十五"起作为主要执行人参加"科技支撑计划"、"跨越计划"、"行业专项"等。"十二五"期间主持"科技支撑计划"子课题、承担行业专项研究内容等4项。在研究与实践中取得了一系列科研成果，获北京市科技进步一等奖、二等奖各1次，中华农业科技三等奖1次，中国农科院科学技术成果二等奖2次。陆续制修订标准7项，已颁布实施6项。在犊牛营养生理与饲料配制技术研究上进行了大量系统、深入的研究，在国内处于领先地位。作为主创人员研制的犊牛代乳粉获得国家发明专利4项，已产业化生产，在我国20余省市推广应用，解决了养殖户的实际困难，可完全替代牛奶饲喂犊牛。陆续制订农业行业标准7项，已颁布实施6项：《无公害食品 蛋鸡饲养饲料使用准则》、《无公害食品 肉牛饲养饲料使用准则》、《饲料级磷酸脲》、《无公害食品 畜禽饲料和饲料添加剂使用准则》、《山羊用精饲料》、《绿色食品 畜禽饲料和饲料添加剂使用准则》。拥有专利10项，其中发明专利8项。作为主编或副主编出版书籍《奶牛饲料调制加工与配方集萃》、《新编奶牛饲料配方600例》、《奶牛规模养殖技术》、《动物磷营养与磷源》等，对犊牛瘤胃微生物的调控方面有很深的造诣。秸秆的利用和青贮饲料的制备做了大量的研究和推广示范工作。

摘　要：随着我国养羊业的蓬勃发展，羔羊的优质培育逐步为人们所关注。本文从羔羊早期断奶代乳品适宜的蛋白质水平、饲喂量，以及羔羊能量、主要矿物质营养需要量等方面对中国农业科学院饲料研究所近年来在羔羊营养与饲料上的研究进展进行了总结。

关键词：羔羊早期断奶；代乳品；能量；矿物质；需要量

随着人们食物结构的改变，肥羔肉和优质羊肉的生产成为肉羊业发展的趋势。肉羊养殖业逐步从放牧向舍饲、半舍饲方式转变，生产效率逐年提高。肉羊的工厂化、集约化生产客观上要求母羊快速繁殖，在一胎多羔的基础上达到一年两产或两年三产[1]。而我国羔羊断奶多采用传统方式，即母乳喂养至3～4月龄断奶，这种方式延长了母羊配种周期、降低了繁殖利用率。同时因多胎或母羊产奶量不足，母羊乳不能满足羔羊快速生长的营养需要，影响了羔羊的健康发育。为此生产中采用牛奶饲喂羔羊或用奶山羊来代哺，但牛奶、山羊奶以及绵羊奶营养成分差别很大[2]，不能满足羔羊生长需要。羔羊早期断奶可使母羊体内物质消耗减少，体力得到迅速恢复，从而减少了母羊空怀时间，提高繁殖效率。例如一年一产的滩羊可以提高到两年三产，两年三产的小尾寒羊可以提高到一年两产。对于羔羊，早期断奶后可较早采食开食料，促进消化器官特别是瘤胃的发育，有利于提高羔羊在后期培育中的采食量和粗饲料利用率。在现代工厂化养殖过程中，羔羊早期断奶技术结合同期发情、人工授精及胚胎移植等繁殖新技术，更有利于集约化生产的组织。近年来，国内外学者对羔羊早期断奶以及营养需要、饲料配制进行了研究，其中中国农业科学院饲料研究所投入大量人力、物力在此方面开展了一系列研究，初步解决了羔羊早期断奶中母乳替代的问题，探明了 20～35kg、35～50kg 羔羊能量需要量，保障了羔羊的健康生长。

3.1 羔羊早期断奶及代乳品配制技术

3.1.1 代乳品粗蛋白质水平

实施早期断奶技术，使羔羊离开母羊进行人工哺喂，代乳品的生产和应用是其中的关键技术。由于羔羊生理机能的特殊性，其营养需要与犊牛有很大区别，羊奶和牛奶的营养成分上也具有较大的区别。从营养成分组成分析牛奶不如羊奶，羔羊进食同样量的牛奶不能满足其对营养物质和其他未知因子的需求[1]。因此在人工哺喂时使用犊牛代乳品或套用犊牛代乳品的营养指标生产羔羊代乳品都是不恰当的。

对于羔羊专用代乳品的粗蛋白质（CP）水平，岳喜新[3]等通过研究 CP21%、25%、29% 的代乳品对羔羊生长性能、营养物质消化代谢（图 3.3.1）、内脏器官及胃肠道结构发育的影响，提出植物源性羔羊代乳品的 CP 水平以 25% 为宜。代乳品中 21% CP 水平满足不了羔羊对蛋白质的需要，造成 DM、总能（GE）和 EE 表观消化率降低，最终影响了日增重。而 29% CP 水平下日粮蛋白质供应量超过了羔羊需要量，虽未影响氮的表观消化率，但氮的沉积率低于 21% 和 25% CP 水平组，尿中氮的排泄增加。羔羊钙、磷的表观消化率及沉积率与代乳品 CP 水平无关。在胃肠道发育方面，以上 CP 水平的代乳品对羔羊瘤胃乳头宽度和高度、小肠绒毛形态结构都无显著影响（$P > 0.05$，表 3.3.1）。

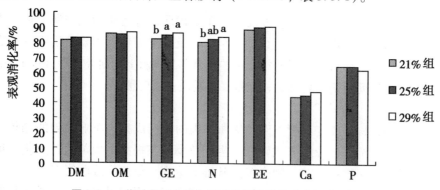

图 3.3.1　代乳品蛋白质水平对羔羊营养物质消化率的影响

以上研究结果表明，配制羔羊代乳品时，其 CP 水平可以设在 25% ~ 26%，而过高的 CP 水平并不能提高羔羊的生长性能，反而造成了氮的浪费。

表 3.3.1　代乳品蛋白质水平对羔羊瘤胃乳头和小肠形态结构发育的影响

部位	项目/μm	代乳品粗蛋白质水平/%		
		21	25	29
瘤胃腹囊	乳头宽度	419.65 ±41.23	411.28 ±16.89	485.46 ±21.45
	乳头高度	1 481.31 ±37.04	1 444.44 ±18.35	1 460.23 ±68.00
十二指肠	粘膜厚度	2 314.21 ±116.23	2 281.29 ±128.15	2 454.17 ±233.76
	绒毛长度	1 730.78 ±12.20[a]	1 242.59 ±110.48[b]	1 406.23 ±123.36[b]
	隐窝深度	695.00 ±29.18	622.70 ±38.28	665.30 ±61.32
空肠	粘膜厚度	2 149.21 ±54.54	2 117.88 ±209.69	1 888.06 ±252.23
	绒毛长度	1 100.41 ±21.61	1 146.86 ±108.77	1 019.03 ±96.42
	隐窝深度	625.28 ±20.78	580.94 ±35.13	568.04 ±7.85
回肠	粘膜厚度	2 113.68 ±159.22	2 024.39 ±67.08	2 125.33 ±191.67
	绒毛长度	1 103.37 ±61.91	1 069.57 ±74.14	1 123.08 ±131.29
	隐窝深度	667.71 ±39.30	609.24 ±35.86	620.15 ±16.98

3.1.2　代乳品的饲喂量

代乳品的饲喂量直接影响着羔羊的生长发育和健康，适宜的饲喂量可促进羔羊生长、改善饲料转化率，保障早期断奶技术的实施和经济效益的最大化。岳喜新等[4]研究认为，适宜的代乳品饲喂量可显著提高羔羊生长性能及其对营养物质的消化率，改善饲料转化率，并建议在羔羊 20 ~ 50、50 ~ 70 和 70 ~ 90d 时代乳品的饲喂量分别按羔羊体重的 2.0%、1.5% 和 1.0% 计算为宜。该试验中分别按羔羊体重的 1.0%、1.5% 和 2.0% 饲喂代乳品，表明随着代乳品饲喂量的提高，羔羊的体重和体尺增加（$P < 0.05$），ADG 逐步提高（表 3.3.2），但饲料转化率在各日龄阶段随饲喂量的变化规律有所不同，DM、OM、GE、氮、EE、Ca、P 消化率升高（表 3.3.3）；50d 时各组间血清的总蛋白（TP）、BUN、GLU、胆固醇（CHOL）、甘油三酯（TG）差异不显著（$P > 0.05$），但 1.0% 和 1.5% 饲喂量组羔羊的血清 ALP 活性显著低于 2.0% 组（$P < 0.05$）。羔羊 90d 时，2.0% 饲喂量组 CHOL 显著高于 1.0% 组（$P < 0.05$）。

3.1.3　饲喂代乳品羔羊与母羊乳哺乳羔羊的比较

对羔羊实施早期断奶，其自身消化生理功能能否接受这一改变，断奶后羔羊对非母乳日粮的消化吸收能力如何，是否会对其正常生长发育产生不良影响，甚至对育肥后肌肉品质是否有影响，这是代乳品研究和应用中人们最关注的问题之一。

表 3.3.2　代乳品饲喂量对羔羊生长性能的影响

项目	饲喂量（占体重比例）	日龄/d								SEM	P		
		20~30	30~40	40~50	50~60	60~70	70~80	80~90	20~90d		日龄	组别	日龄×组别
平均日增重ADG/g	1.0%	13.00^c	126.5^b	208.33^b	189.94^b	220.28^b	168.11	290.39	173.79^c				
	1.5%	62.33^b	135.22^{ab}	283.06^a	199.94^{ab}	262.22^{ab}	178.78	311.78	204.76^b	7.06	<0.0001	<0.0001	0.6138
	2.0%	100.67^a	177.56^a	303.39^a	245.50^a	298.06^a	195.40	337.21	236.83^a				
饲料转化率FCR	1.0%	4.84^a	1.63	1.90	2.67	2.32	3.66^b	2.10	2.73				
	1.5%	1.46^b	1.72	1.51	2.81	2.17	3.87^{ab}	2.32	2.26	0.083	<0.0001	0.0017	<0.0001
	2.0%	1.19^b	1.58	1.75	2.81	2.43	4.42^a	2.48	2.38				

注：表中同一项目内同列数字肩标间不同小写字母者差异显著（$P < 0.05$）。下同。

表 3.3.3　代乳品饲喂量对羔羊营养物质消化代谢率的影响

项目/%	饲喂量（占体重的比例）	日龄/d		SEM	P		
		55~60	85~90		日龄	组别	日龄×组别
DM 表观消化率	1.0%	80.17^b	81.62^b				
	1.5%	83.2^{ab}	84.79^b	0.56	0.1624	0.0025	0.9977
	2.0%	84.74^a	86.18^a				
OM 表观消化率	1.0%	82.16^b	84.61b				
	1.5%	85.45^{ab}	87.02^a	0.53	0.0697	0.0031	0.9202
	2.0%	86.61^a	88.27^a				
GE 表观消化率	1.0%	78.36^b	82.07^b				
	1.5%	83.32^a	85.17^a	0.68	0.0296	0.0024	0.7312
	2.0%	84.94^a	86.96^a				
N 表观消化率	1.0%	75.54^b	89.75^b				
	1.5%	81.08^a	92.46^{ab}	0.70	0.0323	0.0025	0.5984
	2.0%	82.13^a	94.54^a				
EE 表观消化率	1.0%	79.69^b	87.05^b				
	1.5%	88.34^a	90.27^{ab}	0.90	0.0020	0.0002	0.0911
	2.0%	90.74^a	93.09^a				
Ca 表观消化率	1.0%	35.13^b	40.13^b				
	1.5%	46.4^{ab}	45.64^{ab}	1.66	0.5064	0.002	0.7093
	2.0%	51.59^a	53.10^a				
P 表观消化率	1.0%	55.38^b	83.3^b				
	1.5%	68.31^a	86.01^{ab}	2.24	<0.0001	0.0026	0.0676
	2.0%	73.62^a	89.58^a				
N 沉积率	1.0%	65.7^b	78.65^a				
	1.5%	70.04^{ab}	76.42^{ab}	1.08	0.0171	0.8266	0.0054
	2.0%	75.33^a	70.87^b				
Ca 沉积率	1.0%	33.84^b	38.13^b				
	1.5%	44.25^{ab}	42.81^{ab}	1.41	0.9504	0.0036	0.448
	2.0%	49.25^a	45.93^a				
P 沉积率	1.0%	53.77^b	79.14^b				
	1.5%	67.11^{ab}	82.96^a	2.05	<0.0001	0.0018	0.063
	2.0%	72.21^a	83.78^a				

我国羔羊代乳品中自主产业化生产的成熟产品出现在 2001 年前后，随后陆续对其实际饲养效果进行了验证与报道。饲养实践证明，采用优质的羔羊代乳品对波尔山羊羔羊和杂交羔羊实施早期断奶是可行的，进食代乳品的羔羊群体整齐，发育均匀，可降低种用羔羊的生产成本，有利于加快母羊的繁殖率，缩短世代间隔，有利于羔羊疾病的预防和治疗[1]。与母羊哺乳的羔羊相比，饲喂代乳品羔羊的日增重提高了 148.6g，体高增加 5.5cm，胸围增长 6.77cm（$P < 0.01$）[5]。2003 年以后，对羔羊营养生理的研究和代乳品的研制进入了规范化、系统化阶段。同样与母羊乳哺乳的羔羊相比，饲喂植物源性代乳品的羔羊表现出同等的增重和体尺变化[3]，对营养物质的消化率方面，除 Ca、P 消化率略低外（$P < 0.05$），DM、CP、OM、EE 的表观消化率皆无显著差异（$P > 0.05$），饲喂代乳品可刺激羔羊尽早采食开食料，但不影响其饲料转化率[3]。

代乳品试验研究中显著提高了羔羊瘤胃重量和瘤胃乳头高度（$P < 0.05$），促进了瘤胃发育[3]；采用 DGGE 技术结合 16SrDNA 序列分析研究表明，饲喂代乳品对羔羊瘤胃细菌区系产生了明显影响（图 3.3.2），增加了 DGGE 指纹图谱条带数（表 3.3.4），影响了同一细菌类型丰度，使得瘤胃微生物区系更为丰富[3]。

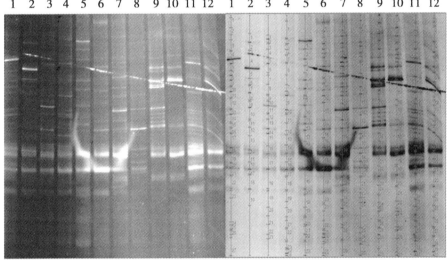

图 3.3.2　30d 羔羊瘤胃细菌 16SrDNAV3 区基因的 PCR-DGGE 图谱

（其中泳道 1~6 为母羊乳哺乳组羔羊；7~12 为代乳品饲喂组羔羊）

表 3.3.4　饲喂代乳品和日龄对羔羊瘤胃细菌 DGGE 指纹图谱条带数的影响

处理组	日龄						SEM	P		
	20d	30d	40d	50d	70d	90d		日龄	处理	日龄×处理
母羊乳哺乳组	22.33[c]	24.00[Bb]	28.33[Bb]	27.67[Bb]	28.67[b]	31.67[a]	0.51	<0.0001	0.0007	0.2520
代乳品饲喂组		29.50[Ab]	32.83[Aa]	32.50[Aa]	31.17[ab]	33.67[a]				

注：小写字母不同表示同一行数字间差异显著（$P < 0.05$），大写字母不同表示同一列数字间差异显著（$P < 0.05$）。

综上所述，有关羔羊早期断奶技术及代乳品的研究与应用已经展开，产品已达到产业化生产的要求。生产羔羊代乳品时，其适宜的粗蛋白质水平应在25%～26%，可选用优质的植物蛋白质饲料原料来替代乳源性饲料原料。使用这种代乳品饲喂羔羊时，可在羔羊15d开始逐步替代母羊乳，建议饲喂量在羔羊20～50d、50～70d和70～90d分别达到羔羊体重的2.0%、1.5%和1.0%。

目前有关羔羊代乳品研究所涉及的内容尚远远不足，尤其是与目前养羊业蓬勃发展的势态相比仍显薄弱。和其他幼畜一样，羔羊阶段是快速生长阶段，培育质量的优劣将影响其一生的健康与生长性能。羔羊培育过程中有待于研究的内容很多，例如，探索羔羊生理基础参数和营养物质需要量，研究羔羊定向培育营养调控技术，根据不同的培育目标来制定合理的营养供给方案；针对牧区和半农半牧区饲养模式，研究实用的羔羊补饲技术，提高恶劣气候下羔羊存活率和生长效率；针对农区舍饲模式，研制配套快捷饲喂设施，保障早期断奶技术的实施，提高羔羊增重，为羔羊快速育肥建立良性、可循环的持续发展体系。

3.2 羔羊营养需要量

在国家肉羊产业技术体系支持下，饲料研究所反刍动物营养生理团队采用比较屠宰法针对我国杂交肉用绵羊羔羊的能量、蛋白质、矿物质需要量进行了研究。试验设计了自由采食组（AL）、采食量为AL70%（IR70）组和40%（IR40）组，每组7只羊，共计21只。试验结果陆续发布，其中到2013年11月已公开发表的研究内容如下。

3.2.1 羔羊组织器官发育及营养物质沉积规律

许贵善等[6]研究中表明，日粮限饲对20～35kg体重杜泊×小尾寒羊杂交公羔的组织器官发育具有影响，AL组羔羊的瘤胃重占胃总重的比例最高，为67.08%，与IR70组差异不显著；皱胃重占胃室重的比例则以IR40组最高，为15.27%，AL组最低，三组间差异显著（$P<0.05$）；肝脏重占宰前活重的比例，以AL组最高，并显著高于IR70和IR40组（$P<0.05$）；心脏、肾脏、肺脏、皮+毛及生殖器官鲜重占宰前活重的比例，三组间皆无显著差异。这个试验证实了，饲喂水平能够显著影响公羔内脏器官、胃室的发育。许贵善等[7]还证实，饲喂水平会显著影响20～35kg杜寒杂交公羔羊机体中粗蛋白、脂肪和水分的比例，其中脂肪和水分含量呈高度负相关关系；不同组织的能值/机体总能值、蛋白/机体总蛋白参数受饲喂水平的影响不尽相同；机体的蛋白含量相对稳定，脂肪含量易受年龄和饲喂水平的影响；羔羊空腹体重与不同的组织与器官存在强相关关系，去毛空体重与机体的主要化学成分存在强相关关系。

纪守坤等[8]在同样的试验中表明，公羔羊骨骼、肌肉和皮中钙、磷、镁、钠、钾含量均无显著变化。日粮限饲对羔羊体增重、骨骼、肌肉、皮、脂肪、内脏（包括血液）增重影响显著（AL组＞IR70组＞IR40组）（$P<0.05$），对羊毛重影响不显著；在各组织中，仅有IR70组内脏（包括血液）中钙含量显著高于IR40组（$P<0.05$），AL组和IR70组内脏（包括血液）中磷含量显著高于IR40组（$P<0.05$）；在分布上，作为钙、磷、镁、钠主要储存部位的骨骼，其中的含量分别占机体总量的98.5%、83.4%、71.7%和41.5%，

而钾主要储存于肌肉中，占机体总量的 49.4%。

3.2.2 20~35kg 体重羔羊的能量需要量

许贵善等[9]研究了 20~35kg 杜寒杂交 F_1 代公羔羊维持和生长的代谢能与净能需要量。其试验采用了杂交公羔羊 50 只，其中 35 只用于比较屠宰试验，15 只用于消化代谢试验。当用于比较屠宰试验的 35 只羊体重为（20.26±1.29）kg 时，随机抽取 7 只进行屠宰，用以估测试验羊初始体组成；剩余的 28 只羊分为自由采食组（AL，14 只）、70% 自由采食组（IR70，7 只）和 40% 自由采食组（IR40，7 只）3 个饲喂水平组。当自由采食组的 14 只羊体重达到（28.54±2.29）kg 时，随机抽取 7 只羊进行屠宰；将剩余的 21 只羊按上述三个饲喂水平饲喂，每个饲喂水平包括 7 只羊。当自由采食组羊只平均体重达到 35kg 时，按屠宰规程进行屠宰。在消化代谢试验中，将体重为（32.38±2.23）kg 的 15 只杜寒杂交公羔羊随机分为三个处理组（每个处理组 5 只羊），试验日粮及饲喂水平同比较屠宰试验，采用全收粪尿法收集粪、尿，采用开放式呼吸测热系统测定 24h 甲烷产生量、CO_2 排放量和耗氧量。该研究得出了，杜寒杂交公羔羊维持净能和维持代谢能需要量分别为 250.61 和 374.21kJ/kgSBW$^{0.75}$，代谢能维持利用效率为 0.67；在 20~35kg 体重阶段，公羔日增重分别为 100、200、300 和 350g/d 时的生长净能和生长代谢能的需要量变化范围在 1.10~5.04MJ/d 和 2.63~12.03MJ/d，代谢能的生长利用效率为 0.419（表 3.3.5）。本研究表明，20~35kg 杜寒杂交 F_1 代公羔羊能量代谢参数（包括维持净能、维持代谢能、生长净能和生长代谢能）参数值略低于 NRC 和 AFRC 肉羊能量需要量的推荐标准。

表 3.3.5 20~35kg 体重杜寒杂交公羔羊生长净能和生长代谢能需要量

日增重 ADG / (g/d)	宰前活重 SBW/kg				体重 BW/kg			
	20	25	30	35	20	25	30	35
生长净能								
100	1.13	1.27	1.39	1.51	1.10	1.22	1.33	1.44
200	2.26	2.54	2.78	3.02	2.19	2.44	2.67	2.88
300	3.39	3.81	4.17	4.53	3.29	3.66	4.00	4.32
350	3.96	4.45	4.87	5.29	3.84	4.27	4.67	5.04
生长代谢能								
100	2.70	3.03	3.32	3.60	2.63	2.91	3.17	3.44
200	5.39	6.06	6.63	7.21	5.23	5.82	6.37	6.87
300	8.09	9.09	9.95	10.81	7.85	8.74	9.55	10.31
350	9.45	10.62	11.62	12.63	9.16	10.19	11.15	12.03

纪守坤等[10]在同等条件下测定了 20~35kg 杜寒 F_1 代杂交公羔羊钙、钠、钾、镁生长需要量。试验结果显示，羔羊在 20~35kg 体重阶段，肌肉生长速度较稳定，骨骼生长速度逐渐减慢，而体内脂肪组织在迅速增加；羔羊体内矿物质含量与空腹体重（EBW）具有高度相关性（$R^2 = 0.84 \sim 0.98$），钙、钠、钾、镁净生长需要量（NRG）预测公式分别为 $NRG_{Ca} = 15.26EBW^{-0.171}$，$NRG_{Na} = 1.67EBW^{-0.085}$，$NRG_K = 1.94EBW^{-0.023}$，$NRG_{Mg} =$

$0.34EBW^{-0.051}$。以空腹体增重（EBG）表示，机体钙、钠、钾、镁的 NRG 分别为 $8.56 \sim 9.36g/kgEBG$、$1.15 \sim 1.20g/kgEBG$、$2.07 \sim 2.09g/kgEBG$、$0.39 \sim 0.40g/kgEBG$（表 3.3.6）；以体增重（BWG）表示，分别为 $7.18 \sim 8.18g/kgBWG$、$0.96 \sim 1.05g/kgBWG$、$1.76 \sim 1.81g/kgBWG$、$0.34g/kgBWG$。

表 3.3.6　20~35kg 羔羊钙、钠、钾、镁的净生长需要量

项目	宰前活重 SBW/kg				回归方程
	20	25	30	35	
空腹体重 EBW/kg	17.48	21.44	25.39	29.35	
钙 Ca/（g/kg 空腹增重）	9.36	9.03	8.78	8.56	$NRG_{Ca} = 15.26EBW^{-0.171}$
钠 Na/（g/kg 空腹增重）	1.20	1.18	1.16	1.15	$NRG_{Na} = 1.67EBW^{-0.085}$
钾 K/（g/kg 空腹增重）	2.07	2.08	2.09	2.10	$NRG_{K} = 1.94EBW^{-0.023}$
镁 Mg/（g/kg 空腹增重）	0.39	0.40	0.40	0.40	$NRG_{Mg} = 0.34EBW^{-0.051}$

3.3　35~50kg 羔羊的能量需要量

邓凯东等[11]同样采用比较屠宰法对 35~50kg 杜寒杂交公羔羊的净能（NE）、代谢能（ME）需要量进行了研究。以 7 只羔羊作为基础处理组，在 35kg 体重时屠宰，其他的 28 只羊随机分成 4 组，每组 7 只。其中 3 组分别采用自由采食、60% 自由采食、45% 自由采食的方式饲喂，并在自由采食组羊只达到 50kg 体重时全群屠宰。每组中 3 只羊自由采食。第 4 组羔羊作为中间组，在 43kg 体重时屠宰。试验期间以代谢笼进行消化代谢试验，测定代谢能（ME）。本研究得出，中国 35~50kg 杜寒杂交公羔羊的能量需要量稍低于英国或美国的需要量，其日维持净能需要量为 $263kJ/kgBW^{0.75}$ 或者 $278kJ/kgSBW^{0.75}$，代谢能的维持利用效率为 0.69；日生长净能需要量为 $1.12 \sim 5.31MJ/d$（100~400gADG），或 $1.29 \sim 6.18MJ/d$（100~400gSBW），代谢能的生长利用效率为 0.46。具体数据见表 3.3.7。

表 3.3.7　35~50kg 体重杜寒杂交公羔羊生长净能、代谢能（生长 + 维持）需要量

日增重 ADG/（g/d）	体重 BW/kg			
	35	40	45	50
生长净能 NEg（MJ/d）				
100	1.12	1.19	1.26	1.33
200	2.24	2.39	2.53	2.65
300	3.37	3.59	3.79	3.98
400	4.49	4.78	5.06	5.31
ME*/（MJ/d）				
100	7.98	8.69	9.38	10.0
200	10.4	11.3	12.1	12.9
300	12.9	13.9	14.9	15.8
350	15.3	16.5	17.6	18.7

*ME = MEm + MEg。其中 MEm = $381kJ/kgBW^{0.75}$，MEg 由 NEg 逐一计算而来，系数 $k_g = 0.46$。

采用同样的试验设计，邓凯东等[12]还研究了 35 ~ 50kg 德国肉用美利奴和内蒙古美利奴杂交母羔羊的净能需要量。该试验共有 49 只母羔羊，其中 34 只进行比较屠宰试验，随机分成 3 组，分别采用自由采食、75% 自由采食、55% 自由采食的方式饲喂，其余羊只用于代谢试验以开路式呼吸测热系统测定甲烷产量，并测定代谢能。试验表明，当采食量由 100% 降低到 75%、55% 自由采食量时，羔羊的干物质表观消化率直线增长（60.8%、63.6%、66.9%），而甲烷产量从 52.1L/d 降低到 44.3、39.9L/d，甲烷能/总能采食量却从 8.20% 分别增加到 8.6%、10.97%。计算得知，母羔羊的维持净能需要量（NEm）为 255kJ/kgBW$^{0.75}$，维持代谢能需要量（MEm）为 352kJ/kgBW$^{0.75}$，维持能量利用效率 km = 0.72；生长净能需要量（NEg），ADG100 ~ 300g/d 时为 1.26 ~ 4.66MJ/d，生长能量利用效率 kg = 0.45。这个结果同样低于英国和美国的需要量标准。具体数据见表 3.3.8。

表 3.3.8　35 ~ 50kg 体重德国美利奴 × 内蒙古美利奴杂交母羔羊生长净能需要量

日增重 ADG/（g/d）	体重 BW/kg			
	35	40	45	50
100	1.26	1.36	1.46	1.55
150	1.89	2.04	2.19	2.33
200	2.52	2.72	2.92	3.11
250	3.15	3.41	3.65	3.88
300	3.78	4.09	4.38	4.66

肉羊的营养需要量和饲养标准是科学养殖肉羊的依据，是配制肉羊饲料的指南，对合理利用饲料、充分发挥肉羊生产性能、降低饲养成本和提高养殖业经济效益具有重要意义。畜牧业发达的国家始终将肉羊营养需要量的研究作为肉羊产业高效、快速发展的重要课题，系统开展了不同品种、不同生产目的下绵山羊的营养需要量研究，并对营养需要量参数和饲养标准进行不定期的更新和完善。中国对肉羊营养需要量的研究起步较晚，多年来肉羊的饲养标准大多参照美国 NRC 和英国 AFRC 的推荐标准。中国的肉羊饲养具有品种的差异性及饲料的多样性，全面套用国外的饲养标准缺乏科学性和实用性。近年来，中国学者采用不同的研究方法，陆续开展了小尾寒羊、湖羊、大尾寒羊、内蒙古细毛羊、滩羊等地方品种羊维持和生长（产）的能量需要量研究，得到了不同生产目的或不同生理阶段的消化能、代谢能或净能的需要量参数。但尚未见到采用经典的比较屠宰试验、消化代谢试验和呼吸代谢试验综合获得杜寒杂交羔羊营养需要参数的研究报道。本研究团队采用饲养试验、比较屠宰试验、消化代谢试验和呼吸测热试验等研究方法，通过对试验羊能量摄入、排出、沉积之间关系的解析，建立一系列能量需要量的析因模型，并以此为基础系统归纳和推导出杜寒杂交公羔羊的能量需要量参数，希望为肉羊的营养标准制定提供理论参数，为规模化养殖和标准化生产提供科学依据[9]。

参考文献（略）

4　仔猪营养需要与调控

张乃锋，副研究员，博士，硕士生导师。现代产业技术体系北京市创新团队岗位专家。2008 年毕业于中国农业科学院研究生院，获博士学位，2002 年和 1999 年毕业于山东农业大学分别获得硕士和学士学位。研究方向：动物营养与饲料科学。主要研究领域为动物营养与免疫研究。先后研究了幼畜蛋白质营养与免疫的关系及其影响机制，限制性氨基酸需求参数及免疫应激对主要限制性氨基酸需求量的影响机制等；开展了植物活性成分（多糖）和微生态制剂（乳酸菌、芽孢杆菌）的制备工艺研究及其对幼畜免疫功能的调节作用研究。先后主持、参与农业部跨越计划项目、科技部重点推广计划项目、国家科技支撑计划课题、北京市科技项目等。获奖成果 10 多项，其中北京市科技一等奖 1 次（2011 年，排名第 3）、中华农业科技三等奖 1 次（2007 年，排名第 3）、中国农科院科技成果二等奖 2 次（2006 年，排名第 7；2007 年，第 3）、北京市农业技术推广奖 3 次（2006，排名第 3；2009，第 4；2010，第 3）；获得北京市农业科技入户工作"先进科技专家"（2005）和大兴区"突出贡献专家"称号（2008）。申请发明专利 4 项，授权 1 项；专著 5 部，主编 3 部；作者论文 100 余篇，SCI 收录 3 篇。兼任北京市畜牧兽医学会理事。

摘　要：仔猪阶段在整个养猪生产中是生长发育最快、饲料利用率最高、开发潜力最大的一个阶段。如何给仔猪提供合理营养以保证其正常生长发育，和平稳断奶对猪群以后的生长表现是至关重要的。本文从仔猪的消化生理研究、营养需要研究和营养调控剂的研究等方面进行了综述，供广大仔猪营养研究和生产者参考。

关键词：仔猪；消化生理；营养需要；营养调控剂

仔猪阶段在整个养猪生产中是生长发育最快、饲料利用率最高、开发潜力最大的一个阶段。由于仔猪生理机能发育还不完善，对饲料的要求特别高，尤其是断奶会影响仔猪的肠道，造成消化功能紊乱、腹泻和食欲下降。如何给初生仔猪提供合理营养以保证其正常生长发育，如何使断奶仔猪从摄食母乳平稳过渡到采食干燥的粉状饲料，满足仔猪的营养需要，对猪群以后的生长表现是至关重要的。

4.1　仔猪消化生理研究

仔猪在断奶前后营养和环境发生显著变化。仔猪对这些变化的适应程度决定了其生存、健康及生长速度。研究表明，消化酶活性的高低与日粮类型和营养水平密切相关。新生仔猪如果不给予初乳或常乳，会导致肠绒毛萎缩，酶活下降，盐酸分泌减少。哺乳阶段早期补饲可以刺激胃肠道器官发育，刺激消化酶活性增加。小肠内容物和胰淀粉酶活性随日粮中非结构性碳水化合物增高而增高，胰蛋白酶在一定程度内随日粮蛋白质水平增加而增加。而仔猪断奶早期阶段消化酶活性显著下降，严重影响了仔猪对日粮养分的利用。另外，肠道优先利用的物质有葡萄糖、谷氨酸、谷氨酰胺等非必需氨基酸和苏氨酸等，肠道对这些养分利用的增加与否限制了断奶仔猪的最大生长也需进一步关注。肠道是营养物质的吸收部位，同时也是宿主防御的关键部位。肠道免疫机制远远要比我们想象的复杂得多。从许多免疫反应控制与表达的研究表明，免疫活性的增强、减弱或者保持不变很难简单地、直接地解释成对机体有害或有益。现在仔猪肠道黏膜免疫与营养调控仍然有许多问题没有解决，如肠道如何识别病原菌和正常菌群？在健康和患病动物个体，肠道正常菌群如何影响先天和适应性免疫系统的功能？肠道受病原菌感染并发生炎症后，肠道营养物质的利用途径会如何改变？在肠道功能的发挥以及肠道的损伤修复中，哪些营养物质起主要作用？营养学家对断奶仔猪的营养调控活性需要建立在对肠道黏膜免疫机理的充分研究上。

4.2　营养需要研究

仔猪的营养研究正日益成为国内外热点，许多相关的研究对仔猪日粮营养水平和原料的选择进行了重点论证，并对仔猪的需要量进行了合理评估。但由于国内外仔猪的养殖技术及卫生环境差异，对于原料的选择和需要量的评估需要做更多的研究工作。

4.2.1　能量需要研究

近20多年来，国内有关仔猪能量需要的研究报道极少。林映才等（2002）对目前我国普遍饲养的杜×大×长三元杂交仔猪研究表明，8～22kg以上仔猪采食量与饲粮消化能浓度呈较强负相关（$R^2 = 0.79$），并且不同饲粮消化能浓度的各组消化能、代谢能摄入量均无显著差异，而4～8kg仔猪以上两指标相关性较弱（$R^2 = 0.27$）。断奶仔猪通常需要2～3周时间恢复其能量摄入量，重新达到断奶前的生长速度，更不用说达到其生长潜力了。易孟霞等（2012）通过对2006～2011年国内和JAS杂志关于断奶仔猪的试验研究进行汇总表明，5～10kg阶段，仔猪日粮消化能和代谢能水平为13.87MJ/kg和13.32MJ/kg，远远低于NRC（1998）推荐的14.23MJ/kg和13.66MJ/kg，但与国内《猪饲养标准》（2004）（中华人民共和国农业部，2004）推荐的14.02MJ/kg和13.46MJ/kg接近。国内外文献关于仔猪5～10kg阶段消化能和代谢能的摄入量平均为4.87MJ/d和4.68MJ/d，均低于NRC（1998）推荐的能量摄入量水平，这主要是由于采食量的差异造成。在10～20kg阶段，日粮消化能和代谢能水平分别为14.15MJ/kg和13.58MJ/kg，高于《猪饲养标准》（2004）推荐的13.60MJ/kg和13.06MJ/kg，与NRC（1998）和NSNG（2010）推荐的消化能和代谢能水平较为接近。10～20kg阶段国内断奶仔猪的消化能和代谢能（9.03MJ/d和8.67MJ/d）实际摄入量大幅度低于国外文献数据（11.39MJ/d和10.93MJ/d），不到NRC（1998）和NSNG（2010）推荐能量摄入量的70%，也同样低于国内《猪饲养标准》（2004）推荐的能量摄入量。

4.2.2 能量原料

虽然猪能够通过调整日采食量维持恒定的能量摄入量，但是由于仔猪采食量小，体内贮存脂肪的供应量很少，故对原料的营养浓度要求很高。只有这样，仔猪才可能获得理想的日增重和料肉比，提高饲养经济效益。

乳制品和糖类原料是仔猪配合饲料主要的能量饲料原料，尤其是高质量饲用级的乳清粉，已经成为仔猪教槽料中优秀的乳糖来源。乳清粉含65%～75%的乳糖，12%粗蛋白质（NRC，1998）。Shurson等（1995）推荐SEW（猪体重2.2～5.0kg）阶段日粮中添加15%～30%乳清粉，过渡期（5.0～7.0kg）日粮添加10%～20%，第二阶段（4.0～11.0kg）添加10%。使用乳清粉需要注意的是其盐分含量较高。乳糖价格较乳清粉便宜，推荐添加量为SEW日粮中添加18%～25%，过渡期添加15%～20%，第二阶段为10%。近年来，随着乳糖原料成本的上升，人们开始寻求更为优质廉价的替代原料。比如用葡萄糖（何兴国等，2008）、大米糖浆（康萍等，2008）、淀粉原料（张珍珍等，2010；尹富贵等，2010；Han等，2012）、玉米原料（唐志高等，2009；章红兵等，2010）等替代乳糖。总体来看，葡萄糖仍是较为理想的乳糖替代品，大米糖浆和各种淀粉原料可以适当添加以降低成本，而对于玉米原料而言，经膨化处理后有利于仔猪的利用。

仔猪对外源油脂利用能力较差，教槽料中宜采用低水平油脂，一方面可适当提高教槽料能量浓度和提供必需脂肪酸，另一方面可提高制粒效果，控制粉尘及改善适口性。对于乳仔猪日粮中所用脂肪类型需加以仔细考虑。据报道椰子油消化率最高并能真正促进刚断奶仔猪的增重，这显然与脂肪酸的不饱和度和链的长度有密切关系。以3周龄乳仔猪为例，对短链脂肪酸的消化率是86%，中链是70%，长链只有37%。但猪对脂肪酸的消化率随年龄的提高而增长，尤其对不易消化的长链脂肪酸有较大幅度的提高。3～4周龄幼猪日粮中一般只应用短链不饱和脂肪。乳仔猪饲料中添加大豆卵磷脂，可乳化饲料中脂肪，提高脂肪消化率。

4.2.3 蛋白质需要量

仔猪出生后快速生长、生理机能急剧变化，对蛋白质和氨基酸营养需要高。但仔猪消化系统发育不完善，断奶后营养源从母乳转向固体饲料，饲粮中高蛋白质水平往往导致仔猪腹泻和生长抑制（吴世林等，1994）。因此，确定仔猪饲粮适宜蛋白质水平尤为重要。过去20多年来国内外对仔猪蛋白质需要进行了大量研究，其评价指标包括生长性能、氮沉积、腹泻情况及消化道形态结构等。对相关研究报道进行综合，18%～20%的粗蛋白水平可满足4～20kg仔猪的需要（赵素梅等，2008；Yue等，2008；郝瑞荣等，2009；Deng等，2009；张谊，2009；杨玫等，2010；崔爽等，2010），建议4～10kg阶段采用20%水平，10～20kg阶段采用18%水平。

4.2.4 氨基酸需要量

仔猪氨基酸需要仍是最近国内外研究的重点之一。蒋宗勇等（2006）对20多年来的相关研究报道进行分析：① 仔猪赖氨酸需要量为：体重小于10kg仔猪（均重7.70kg）需要量为1.47%，大于10kg者（均重14.20kg）为1.18%。② 关于仔猪蛋氨酸需要量的研究报道较少，总含硫氨基酸需要量的研究结果差异较大。体重小于10kg仔猪（均重6.58kg）总含硫氨基酸需要量为0.75%，大于10kg者（均重14.30kg）为0.59%，低于NRC（1998）相应推荐量。③ 体重小于10kg仔猪苏氨酸需要量0.92%（均重7.54kg）、色氨酸需要量0.26%（均重6.33kg）；大于10kg仔猪苏氨酸需要量0.70%（均重13.61kg）、色氨酸需要量0.22%（均重14.23kg）。④ 关于仔猪异亮氨酸、缬氨酸、精氨酸、组氨酸和酪氨酸需要量的研究报道还相当少。这些氨基酸对于仔猪尤其断奶仔猪蛋白质合成、免疫功能、解毒、抗应激等都有重要作用，有必要加强相关研究。⑤ 早期断奶仔猪饲粮中补充Gln可防止空肠绒毛萎缩，提高抗氧化能力、小肠吸收功能和消化酶活性，增强免疫功能，促进肌肉中RNA和蛋白质合成，从而提高生产性能和减少腹泻（张军民等，1999；张军民等，2003；张军民等，2010）。⑥ N-氨甲酰谷氨酸（NCG）作为精氨酸内源合成激活剂，价格仅为精氨酸的10%，越来越受到人们的关注。断乳仔猪日粮中添加NCG可改善断乳仔猪的生长，并不是通过提高采食量来实现，而是通过激活CPS-Ⅰ和P5CS增加内源精氨酸合成，提高血浆生长激素水平以及恢复小肠形态等途径，最终促进断乳仔猪生长（吴信等，2009；林丽花等，2012）。

4.2.5 蛋白质原料

乳制品是早期断奶仔猪料中必不可少的原料，其消化率可高达95%。脱脂奶粉一般含33%粗蛋白和50%乳糖。仔猪日增重、采食量和饲料转化率随饲粮中脱脂奶粉添加量的增加而提高。脱脂奶粉价格较高，从饲料成本和生产效益考虑，生产中的添加量范围一般在5%~15%，视仔猪断奶日龄而定。同样由于乳源蛋白质原料的高昂成本，人们开始寻求以血浆蛋白粉和植物蛋白原料作为替代。总体而言，脱脂奶粉、血浆蛋白粉（高玉云等，2011；Gao等，2011；黄柏等，2012）、乳清蛋白提取物（詹黎明等，2013）、鱼粉、喷雾干燥血粉、豆粕和深加工豆制品（王晓翠等，2011；刘海燕等，2012；单达聪等，2013）是早期断奶仔猪的主要蛋白源。其他蛋白源还包括酵母蛋白（王学兵等，2008）、大米蛋白粉（吴信等，2008）、禽血浆蛋白粉（朱姝，2009）。

4.2.6 维生素

20世纪40~70年代，国外对猪维生素需要量开展了大量研究，近30年来国内外对猪维生素需要量的研究则很少。对近20年来相关研究结果进行分析：① NRC（1998）对脂溶性维生素的推荐量可满足仔猪正常生长的需要，但要获得最佳免疫功能和抗氧化能力需要2~5倍于NRC（1998）需要量。② 我国修订瘦肉型猪饲养标准仍主要参考NRC等标准，这对生产实践的指导作用明显不够。③ 实际生产中仔猪饲料往往添加高于NRC标准推荐量5~10倍的维生素，不同饲料中添加量也相差达8倍（张若寒，1995）。因此，系统研究仔猪的维生素需要量显得重要而迫切。

4.2.7 矿物质

最近 20 多年来，国外关于仔猪矿物质需要的研究报道较少。NRC（1998）中除调高钠和氯的需要量之外，其余的矿物质元素推荐量与 NRC（1988）一样。张振斌等（2001）已对我国矿物质元素的营养研究进展进行了综述。饲粮中的钾、钠、氯是相互作用的，应考虑电解质平衡，尤其实用猪饲粮中往往钾含量较高。

高铜、高锌饲料对环境的负面影响已经引起关注（姚丽贤等，2013）。高剂量铜（250mg/kg）和锌（3 000mg/kg）促进仔猪生长和防腹泻的作用已被大量研究证实，程忠刚等（2004）已对此综述。然而，高铜带来的残留和污染问题应引起重视。使用有机铜，可降低铜的用量，达到高剂量硫酸铜的效果，从而降低组织残留和对环境的压力。

4.3 营养调控剂的研究

4.3.1 益生素

已有许多试验证实了仔猪饲喂益生菌剂，可以提高仔猪生长性能，减少饲料消耗，减轻仔猪腹泻发生率，同时可减少粪便中硫化物以及氨氮的含量，从而减轻粪便的臭味（贾得宏等，2010；伍淳操等，2011）。但也有不一致的结果（李兆勇等，2008；辛娜等，2011）。通常在较好的饲养管理条件下，仔猪消化道内的微生物菌群都能较快形成并发挥它的功能，应用益生菌的效果均不明显，而对于饲养环境较差，仔猪健康状况差的仔猪，应用益生菌的效果就较为明显（董晓丽等，2011；周盟等，2012）。

4.3.2 植物提取物

近年来，植物提取物作为抗生素生长促进剂的替代物添加到饲粮中饲喂仔猪取得了良好的效果。伍喜林等（2003）报道，植物提取物牛至油对早期断奶仔猪能够达到抗生素金霉素、效美素同样的促生长效果。张乃锋（2010）、朱碧泉等（2011）报道，复方植物提取物添加剂，具有显著促进仔猪生长和降低腹泻率作用，其效果达到抗生素水平。与此同时，我们表明不同类型或不同剂量的植物提取物对仔猪生长的影响并不一致。丁斌鹰等（2007）报道，断奶仔猪的饲料转化效率、腹泻情况、经济效益等方面均以抗生素好于植物提取物。

4.3.3 功能性寡糖

功能性寡糖能够提高断奶仔猪增重速度和饲料转化率（卢福庄等，1999），在一定程度上可替代抗生素作为生长促进剂应用于仔猪日粮中（傅国栋等，2003）。研究较多的包括甘露寡糖和果寡糖等。甘露寡糖可提高断奶仔猪的日增重和饲料转化率（萨立富等，2005；伍淳操，王建华，2011；王玲等，2011），也有研究显示，仔猪对甘露寡糖有一个 2 周的适应过程（杭苏琴等，2009），值得注意的是过量添加甘露寡糖的确会使动物发生腹泻（萨立富，边连全，潘树德，2005）。果寡糖也可提高仔猪的日增重和饲料转化率，降低其腹泻率，减少疾病的发生，提高仔猪免疫力（岳文斌等，2006；彭小兰等，2007）。不同功能性寡糖在不同动物不同生长阶段的适宜添加量尚未达成共识，有待更多的试验数据提供理论支持。对功能性寡糖改善肠道微生态的机理研究较多，对调节机体免疫功能和消化代谢的机制研究较少，并且研究较少涉及细胞、受体信号传导和基因水平。

4.3.4 酶制剂

在不减少日粮无机磷的基础上使用植酸酶能够提高仔猪生长速度和植酸磷的利用率，减少磷的污染（乌日娜等，2008；蒋治国等，2009）。但在去除日粮无机磷的基础上使用植酸酶好像降低了仔猪生产性能，说明仔猪饲料中添加植酸酶不能全部取代无机磷（阳绍中等，2008）。不过，使用植酸酶部分替代无机磷不仅不会降低仔猪生产性能，还具有改善生长性能和饲料转化效率的作用（王云霞等，2007；陈文等，2007）。仔猪日粮中植酸酶的添加剂量在500~750U/kg，可取代0.08%~0.1%的饲料无机磷，相当于每吨饲料中可减少6kg左右的磷酸氢钙。

添加外源性NSP降解酶可最大限度地消除NSP的抗营养作用，充分释放饲料中可利用养分，减少饲料资源的浪费，降低动物对环境的污染。大量试验也证明，添加非淀粉多糖酶可以显著提高大麦型（许梓荣等，2001）、次粉型（陈清华等2006）和玉米豆粕型（曾福海等，2009；吕秋凤等，2010）仔猪日粮中各种营养物质的消化率，减缓断奶应激，促进仔猪生长。

4.3.5 酸化剂

酸化剂在提高仔猪的生产性能、降低腹泻和改善肠道绒毛和微生物方面均有重要作用。但大部分作用机理仍然是推测所得，而且酸化剂的作用效果的报道也不尽相同，需要进一步研究。在今后的研究中，应重点关注以下几方面：① 通过现代生物化学技术降低酸化剂的成本。② 酸化剂易被饲料中的某些物质中和，失去酸化效果，并且破坏饲料中的维生素活性。③ 酸化剂不能在整个消化道中有效发挥调整pH值和抑菌杀菌等作用。④ 有针对性地进行酸化剂配方的制定。

4.3.6 多种添加剂的组合应用

多数研究报道几种添加剂组合应用能显著提高断奶仔猪的生产性能和饲料利用效率，降低腹泻率，提高免疫力。组合形式包括：① 不同种类益生素组合。复合菌较单一菌更有利于提高仔猪生产性能（夏彩锋等，2006），复合益生素可代替抗生素在断奶仔猪饲料中使用（张永勇，2008；郭升伟等，2012），能够更好地增强仔猪的免疫功能（杨旭辉等，2011），且腹泻率有所降低（高军等，2011）。② 寡糖与寡糖组合。果寡糖与甘露寡糖联合使用能显著提高仔猪生长和饲料转化效率，增强免疫，在一定程度上能替代抗生素（宋小珍等，2005；岳文斌等，2009）。③ 益生素与寡糖组合。益生素与低聚木糖（张茂华等，2006）或甘露寡糖（黄俊文等，2005）合用对改善仔猪生产性能具有很好的协同效果，在仔猪日粮中添加酵母培养物和寡糖能替代金霉素（金加明等，2005），但甘露寡糖和乳酸菌的联合使用好像对改善仔猪生长性能无协同作用（伍淳操等，2011）。④ 其他组合。益生素与寡糖及酸化剂合并使用（陈代文等，2005）、益生素与寡糖及黄连素合用（范国歌等，2012）或益生菌与寡糖及酶制剂合用（汪彬等，2010）能够提高断奶仔猪的生产性能和营养物质消化率，是比较理想的抗生素替代品。非淀粉多糖酶和植酸酶组合使用能提高仔猪的生长性能、降低养猪粪便氮磷排放（程志斌等，2011；Adeola 等，2011）。甘露寡糖和有机锌合用能提高断奶仔猪的生产效率（Davis 等，2000；付建福，2008）。益生素与低剂量抗生素可产生相互协同效果（李祥等，2004），但断奶仔猪不宜同时使用益生素与金霉素，特别是在断奶初期（黄俊文等，2004）。

参考文献（略，可函索）

5　育雏育成蛋鸡营养需要与调控

岳洪源：助理研究员，博士，男，汉族，辽宁省沈阳人。2001 年和 2004 年毕业于中国农业大学，分别获得学士和硕士学位。2011 年毕业于中国农业大学动物营养与饲料科学专业，获农学博士学位。2004 年起在中国农业科学院饲料研究所工作，2007 年加入本研究团队，开始从事科研工作。主要研究方向：环境、应激对畜禽产品品质及动物代谢状况的影响机理和营养调控；蛋鸡脂代谢调控；非营养型饲料添加剂的开发与应用。发表各类文章 10 余篇，其中以第一作者身份发表 SCI 论文 2 篇，并列第一作者身份发表 SCI 论文 2 篇，参与发表其他 SCI 文章 8 篇，第二作者身份发表中文核心期刊文章 3 篇。

摘　要：蛋鸡育雏阶段的饲养和营养对于在整个蛋鸡生产至关重要。雏鸡阶段，鸡只生长迅速，新陈代谢旺盛，同时机体的各种调节能力均比较低，容易受外界侵扰，影响其生产潜力的开发；育成期，鸡只调节能力变强，各器官发育趋于完善，营养要求逐渐由保证体成熟向体成熟与性成熟同步的方向转变，以确保合适的开产时间和之后的产蛋高峰持续时间。育雏和育成期合理的饲养模式和饲料营养水平是保证良好的体重、开产时间和产蛋性能的必要条件。本文将从蛋雏鸡的消化生理特点、营养需要特点、营养调控研究等方面进行综述。

蛋鸡育雏和育成阶段虽然不直接产生经济效益，但育雏育成的好坏将直接决定蛋鸡整个产蛋周期的生产性能和体质状况，是影响蛋鸡生产效益的重要因素。由于雏鸡消化功能和抗逆性较弱，因此对饲料的营养水平和饲料原料的品质要求极高，劣质原料或不平衡的营养组成会造成鸡只发育迟缓，腹泻或死亡。如何给雏鸡和育成鸡提供合理营养以保证其正常生长发育，达到体成熟与性成熟的同步，发挥最大的遗传潜力，这对于蛋鸡今后的产蛋性能具有决定性意义。

根据不同的标准所划分的蛋鸡育雏和育成周龄也有所不同，最常见的划分方法包括：① NRC 标准：0～6wk 为育雏期，6～12wk 为育成前期，12～18wk 为育成中期，18wk～开产为育成后期；② 我国农业行业标准（NY/T 33—2004）：0～8wk 为育雏期，9～18wk 为育成前期，18wk～开产为育成后期。此外，国内外多家大型禽类饲养企业也有其独有的划分方式，通常养殖水平越高，阶段划分越细。

5.1　雏鸡消化生理研究

家禽生产中采用的分阶段饲养制度系根据鸡只的日（周）龄将其分为育雏期（生长期）、育成期、产蛋期和产蛋后期等阶段，饲喂营养水平不同的日粮，并采取相应的饲养管理措施。采用此方法主要是因为鸡只在不同阶段的生理特点不同，因此各方面的要求都有明显差别，其中育雏和育成期的鸡只消化生理具有鲜明的特征。鸡只在孵化后72h内还可以通过体内的卵黄来提供营养，但在此之后要马上转化为主动摄食获取营养的方式（Noy等，1996），这就要求开口料具有很好的诱食性和易消化性。雏鸡生长迅速，代谢强度高。但是雏鸡，尤其孵化后3wk之内的雏鸡的消化系统尚未完全发育，容积小，消化酶分泌和活性都不足，质量较低的饲料原料，如消化率低、纤维含量高的杂粮类或其他粮食加工副产品不仅会导致雏鸡营养摄入不足，更可能引起消化道损伤。因此，此阶段必须使用优质易消化的饲料原料孵。化后，雏鸡淀粉酶活性增加较快，但酯酶活性变化不大，这一特点也决定了此阶段的鸡只更易于利用碳水化合物含量高而脂肪含量低的饲料原料。育雏期，鸡只对于氨基酸的需求在所有营养素中是最为重要的，平衡的氨基酸组成对于此阶段鸡只的生长和体质的完善具有重要作用。育成期，鸡只的消化系统的各种功能逐渐完善，消化酶活性开始明显提高，鸡只开始逐渐将营养需要的重点转向能量，即逐渐体现出成年鸡的能量决定采食量的特点，不论日粮能量浓度如何，后备母鸡都趋向于采食相同数量的能量（Leeson 和 Summers，1981）。

5.2　营养需要研究

国际上对蛋雏鸡的营养研究起步于20世纪50年代，国内外目前已经出台或普遍应用的标准很多，但不论采用何种标准及分段方法，这两个阶段的饲养目标都应明确为：育雏期保证雏鸡健康体质，尽量增强抵抗力，将死淘率降至最低；育成期达到合适的体型和群体均匀度，具有良好的抗逆能力，保证开产后高强度的生产要求。合理的营养标准是保证达到上述要求的必要条件。鉴于饲料原料和饲养水平、条件的差异，以及选育产生的鸡只新品种不断出现，对于开产前蛋鸡的营养研究还需要进一步深入。

5.2.1　能量需要量

国内近些年对于蛋鸡开产前能量需要量的研究很少，因为目前使用的行业标准和企业标准已经相对比较成熟。我国《鸡饲养标准》（NY/T 33—2004）中推荐蛋鸡育雏、育成期的代谢能需要量为2.85Mcal（0～8wk）、2.80Mcal（9～18wk）和2.75Mcal（19wk～5%产蛋率）。NRC（1994）推荐的产蛋前母鸡代谢能估计值为130kCal/kg体重（不分阶段）。我国采用的"10阶段"和"8阶段"分段法推荐的育雏和育成期蛋鸡代谢能需要量范围在27.0～29.5Mcal，从孵化开始到开产前，逐阶段降低0.5～1.0Mcal。Leeson 和 Summers（1997）推荐来航鸡育雏期代谢能需要量为2.85～2.90Mcal，育成期为2.75～2.95Mcal。由以上标准可以看出，育雏和育成期的能量需要量大致在相近的范围内，比开产鸡高150～200kcal。早先的研究发现，开产前的蛋鸡在日粮蛋白充足、氨基酸平衡的情况下，生长发育主要受能量摄入量的影响（Leeson 等，1989）。Hussein 等（1996）研究表明，与日粮代谢能为 2.78Mcal/kg 的低代谢能组相比，高代谢能（3.09Mcal/kg）日粮显著提高育成后期（15～18wk）体增重，但降低采食量，但对于 50% 产蛋率之前的生产性能没有明显影响。Babiker 等（2011）采用分阶段饲喂不同水平代谢能日粮的方法（0～12wk 为 3 000、3 100 和 3 200kcal/kg；13～18wk 为 3 050、3 150 和 3 250kcal/kg）研究了育雏和育成期能量水平对后续的产蛋性能和蛋重的影响，结果发现在炎热环境下，开产前日粮能量水平的变化没有影响 22～36wk 蛋重和总产蛋量。Bornstein 等（1982）研究发现，在开产前 2～3wk 将日粮代谢能采食量提高到 440kcal/只/天可以明显提高肉种鸡的产蛋性能，但这个能值已经远远高于目前所有标准推荐的蛋鸡开产前的代谢能需要量。这些研究表明，能量需要量必须在满足蛋白要求的前提下来进行研究，而且由于鸡只具有根据能量水平调节采食量的生理特点，因此，能量摄入量的控制更多地需要从饲喂制度上来进行调整。

5.2.2　蛋白质需要量

蛋白质营养是蛋雏鸡营养的基础，现行的行业和企业标准对于开产前饲粮粗蛋白的标准也有较为精细的划分。我国《鸡饲养标准》（NY/T 33—2004）中推荐蛋鸡 0～8wk、9～18wk 和 19wk～开产的粗蛋白需要量分别为 19.0%、15.5% 和 17.0%。NRC（1994）推荐的褐壳蛋鸡产蛋前粗蛋白需要量为 17.00%（0～6wk）、15.00%（6～12wk）、15.00%（12～18wk）、14.00（12～18wk）和 16.00%（18wk～开产）。我国采用的"10 阶段"和"8 阶段"分段法推荐的育雏和育成期蛋鸡代谢能需要量范围在 15.0%～21.0%。Leeson 和 Summers（1997）推荐来航鸡育雏期粗蛋白需要量为 16%～20%，育成期为 13%～17%。所有推荐量都具有一个相同的规律，即，出壳鸡粗蛋白需要量最高，之后逐阶段下降，直到育成前期降至最低，育成后期再次提高至略高于开产后的常见水平（17.5% 左右）。这主要是因为育成前期鸡只主要进行肌肉和骨骼的生长，如果营养水平高会导致鸡只过肥，体内蛋白和脂肪沉积不均衡，影响性成熟；而育成后期，鸡只普遍到达性成熟的节点，生殖系统迅速发育，卵泡开始增大，因此需要大量营养物质，如果此时期营养不足会导致生殖系统发育迟滞，对产蛋性能造成不可逆影响。早期的研究表明，孵化后的雏鸡采食的蛋白质过低会导致白壳蛋鸡生长不良，开产后生产性能受阻（Leeson 等，1987）。Leeson 和 Summers（1989）研究认为，将日粮粗蛋白水平由 15% 提高到 20%，会显著提高蛋雏鸡早期体重，但到 20wk 时，差异不显著。Hussein 等（1996）研究发现，2～18wk 期间，鸡只分阶段饲喂 13.5%、15.8% 和 18.9% 的粗蛋白水平逐阶段上升的日粮，显著提高 14wk 的体重和采食量。Babiker 等（2011）研究表明，18wk 前，与饲喂 18% 粗蛋白日粮的处理相比，饲喂 20% 和 22% 粗蛋白水平的日粮可以显著提高 22～36wk 的产蛋量。Leeson 等（1998）研究表明，在保持几种必需氨基酸水平不变的情况下，降低日粮粗蛋白水平会导致开产体重降低，且不能恢复，这也充分证明了雏鸡日粮中蛋白质的重要性。

5.2.3　氨基酸需要量

蛋鸡育雏期蛋白质的需要量必须以氨基酸平衡为前提，但是近 20 年来针对开产前蛋鸡氨基酸需要量的研究非常少。NRC（1994）综合了 20 世纪 50～80 年代的研究结果，推荐开产前褐壳蛋鸡日粮 Met、Lys、Trp 和 Met + Cys 添加量为：育雏期（0~6wk）：0.28%、0.80%、0.16% 和 0.59%；育成前期（6~12wk）：0.23%、0.56%、0.13% 和 0.49%；育成后期（12~18wk）：0.19%、0.42%、0.10% 和 0.39%；过渡期（18wk~开产）：0.21%、0.49%、0.11% 和 0.44%。这组推荐量的来源研究主要是以生长情况为衡量指标，因为成年体重会明显影响以后的繁殖性能（Leeson 等，1987）。Lesson（1993）的研究表明，孵化后蛋雏鸡饲喂 0.68%~0.98% 的赖氨酸可以显著增加 6wk 的体重，但从 12wk 后，0.38%~0.86% 的赖氨酸水平对于生长没有显著影响，这个结果基本上与 NRC（1994）推荐值一致。对于我国特有高产蛋鸡品种，营养需要量研究还需完善。最新的研究认为，综合考虑育雏期鸡只的生长情况、免疫机能、消化系统发育和血液指标等，0~4wk 京红蛋鸡日粮最佳蛋氨酸含量为 0.49%，5~8wk 为 0.42%，9~17wk 为 0.29（宋丹等，数据尚未发表）。这个值要明显高于 NRC（1994），略高于 NY/T 33—2004 推荐值（0~8wk 蛋氨酸需要量为 0.37%）。氨基酸种类众多，除了必需氨基酸，非必需氨基酸的重要作用在近些年也逐渐被重视起来，但是在蛋鸡育雏和育成阶段新的研究极为少见，随着选育水平提高，新品种的出现，对蛋雏鸡氨基酸的研究现在显得远远不够，此方面的数据亟待丰富完善。

5.2.4 矿物质和维生素需要量

近 20 年来，此方面研究非常少见。NRC（1994）推荐的开产前钙需要量分为两个阶段，其中 0~18wk 为 0.80%，但在过渡期（18wk~开产）迅速提高至 1.80%。我国 NY/T 33—2004 推荐值略高于 NRC（1994），开产时应达到 2.0%。过早提高饲粮钙含量可能会引起尿石症（Wideman 等，1985）。近几年研究表明，5wk 蛋雏鸡日粮提供 3.63% 钙 32d 后，与正常组（0.85%）相比，排泄物 pH 值显著变高，钙、氯在尿中浓度和 24h 排出量均显著提高，而镁、无机磷和钠的排出量显著降低，说明过高的钙摄入量引起了雏鸡的代谢性碱中毒（Guo 等，2008）。饲料中非植酸磷推荐量一般在育雏期为 0.45% 左右，并逐渐降至过渡期的 0.30% 左右，各个标准的推荐量比较接近。近年的研究主要着眼于植酸酶的使用，旨在降低非植酸磷的用量。低磷日粮（0.1% 非植酸磷）添加 300FTU/kg 植酸酶可以改善雏鸡生长，并防止较低磷日粮（0.2% 非植酸磷）组雏鸡在 0~8wk 和 8~18wk 的生产性能下降（Punna 等，2000）。但同时也有研究发现，在 NRC（1994）基础上分阶段降低 0.1% 的非植酸磷，并不会造成 18~30wk 生产性能的显著变化，也因此，降低 0.1% 的非植酸磷条件并不能用以评价植酸酶的效用（Kershavarz 等，2000）。

近些年蛋雏鸡维生素需要量的研究很少。1982 年 Tsiagbe 等的研究发现，蛋雏鸡玉米-豆粕-肉骨粉型日粮中添加 1 000mg/kg 的胆碱（日粮胆碱总含量达到 2 005~2 041mg/kg）对 8~20wk 蛋雏鸡的生长没有影响。国内外蛋雏鸡维生素需要量推荐值在 VA 和 VD 上差异极大，实际生产中认为 NRC（1994）的推荐量明显偏低。Abdalla 等（2009）从 18wk 开始给开产蛋鸡饲喂不同剂量的维生素 A，结果发现，添加量高至 24 000IU/kg 也不会对鸡只产生不良影响，且会提高产蛋性能，但低剂量组（不额外添加 VA 组）生产性能严重下降。随着今后关于维生素对雏鸡影响研究的深入，不排除其他维生素推荐水平可能会进一步调整。

5.3 蛋鸡育雏、育成期饲料原料的选择

如前所述，育雏期必须使用养分含量高、纤维和抗营养因子含量低的优质原料。雏鸡的能量原料应为玉米及植物油，也可使用少量麦类。武书庚（2013）推荐育雏和育成期鸡饲料中小麦用量为1%~2%。玉米种类繁多，应用于雏鸡和育成鸡日粮中的玉米质量应该保证最优。Dei 等（1991）在 8~18wk 育成鸡上的研究表明，高蛋白玉米替代普通玉米和部分日粮蛋白原料，但保持日粮蛋白水平不变的情况下，可以保证育成期鸡只成长不受影响。Jacob 等（2008）研究认为，开产前各阶段蛋鸡日粮使用高蛋氨酸玉米可以达到使用普通玉米＋合成蛋氨酸日粮相同的效果。蛋雏鸡虽然相对敏感，对于饲养和营养条件要求较高，但并不代表一些非常规饲料原料不能应用于蛋雏鸡营养中。Karunajeewa 等（2008）研究发现，饲喂整粒谷物的蛋雏鸡与饲喂粉碎谷物的鸡只相比，性成熟更早，所产鸡蛋较重，饲料转化效率更高。小麦的饲料转化效率比小米和稻谷都要高，而饲喂小米的雏鸡开产后蛋重较大。这说明不同的能量原料以及原料的不同饲喂形式（整粒或粉碎）都会对蛋鸡产蛋性能造成影响。Frikha 等（2011）研究认为小麦可以替代 120 日龄前蛋鸡日粮中 50%的玉米，但在 45 日龄之前，应当对谷物（小麦和玉米）粉碎至不超过 8mm 的粒度，否则会影响雏鸡生长。Masa'deh 等（2012）的研究发现，DDGS 在 0~16wk 蛋鸡日粮中使用量达到12.5%不会影响鸡只的生长，且能取得更好的经济效益。Ezieshi 等（2011）研究认为，日粮中使用山药皮饼替代 75%的玉米不会降低 0wk~开产阶段的蛋雏鸡的生长，且降低成本。Bashar 等（2012）研究认为，扁豆粕的营养利用率和花生饼、全脂大豆接近，且对雏鸡安全。Laudadio 等（2009）在 11~18wk 育成蛋鸡上的研究认为，微粉化的豌豆和甜羽扇豆作为日粮蛋白原料可以完全取代传统的蛋白原料，而不会有不良影响。Ladokun 等（2011）研究提出，红薯粕最高可以替代雏鸡（90~160d）日粮中 50%的麦麸，不会引起副作用。Ojabo 等（2013）研究认为，甜橘皮粕替代玉米（10%~40%）不会影响育成期（11~20wk）蛋鸡的血液学和血清学指标。可以看出，随着全球对粮食安全的重视，新饲料原料的开发研究越来越多，蛋雏鸡、后备鸡营养领域也逐渐被囊括其中，而研究也证明，一些非常规原料很可能具有极好的潜在使用价值。

5.4 蛋鸡育雏、育成期营养调控研究

5.4.1 育雏期营养调控基础

蛋鸡育雏期（0~6 周龄）的营养调控目标是尽量降低死淘率，保证育雏结束时达到品种规定体重、体型（胫骨长）和整齐度。如前所述，由于雏鸡各种生理机能都处于发育初期，其不完善和敏感性决定了此阶段宜采用高营养价值、易消化、抗营养因子含量低的日粮。此阶段的营养调控不仅包括日粮营养成分的合理配置，也包括饲喂制度上的调控。Noy 和 Uni（1996）研究表明，孵化后 72h 内，雏鸡会利用卵黄囊的营养成分为自身生长提供营养，但是孵化后即开始饲喂开口料的雏鸡，其卵黄囊的利用效率比不喂料的鸡只更高，说明较早喂料可刺激雏鸡肠道发育。Noy 和 Sklan（1997）研究提出，孵化后，雏鸡必须迅速

由卵黄囊营养依赖转化为以采食获取营养的营养方式，采食越早，越有利于促进养分吸收和淋巴系统、消化系统等的生长发育。基于以上基础理论，蛋雏鸡的营养调控更应着眼于开口料的研究。

5.4.2　育成期营养调控基础

蛋鸡育成期（7周龄至开产）阶段，鸡只主要进行肉和骨骼的发育。因此，此阶段营养目标是培保证鸡只生长发育良好、体格健壮、体重达标、均匀度好、抗逆性强、体成熟与性成熟速度以及鸡群成熟时间一致。为实现上述目标，育成鸡需要细分为2~3个阶段，即育成前期（6~12wk）、育成后期（12~18wk）和过渡期（18wk~5%开产）。这些要求决定了育成期蛋鸡的营养调控重点为保证生长发育的同步性，因此蛋鸡育成期经常需要采用限饲等方式控制体重，保证均匀度。相较于育雏期，育成鸡饲料营养水平降低明显，因此需要格外注意营养的平衡。因为育成鸡骨骼发育、肌肉和脂肪比例对于开产时间和之后的生产性能具有重大影响。为保证体格发育正常，育成期需要格外注重日粮钙水平，保证合适的钙磷比。曲志娜等（1998）研究表明，高钙低磷日粮会引起钙流失，并诱发肾脏中毒以及骨质疏松等疾病。育成后期，蛋鸡卵巢开始迅速发育，此阶段应供给营养平衡的饲料，这一特点从NRC（1994）和NY/T 33—2004的营养推荐量上可以明显看出，提高蛋白等关键营养素的含量可以保证卵巢正常发育、适时开产。

5.4.3　育雏、育成蛋鸡的营养调控研究进展

除了根据上述的育雏、育成期鸡只的生理特点和营养需要来综合制定营养调控方案以外，一些有益的添加剂和其他营养物质对于雏鸡、青年鸡的生长发育也具有良好的调节作用。在保证营养均衡、合理的基础上根据情况使用这些添加剂将更加有利于保证鸡只的健康，提高开产后的生产性能。

（1）合理使用酶制剂。0~8wk和8~18wk日粮中添加300FTU/kg植酸酶可以提高极低非植酸磷日粮组（0.1% NPP）的鸡只生长，保证低非植酸磷组（0.2% NPP）鸡只生长不受影响（Punna和Roland Sr.，2000）；添加饲料酶制剂可以保证采食高粗纤维含量（8%）日粮的雏鸡（3~11wk）的生长不受影响（Ani等，2013）；日粮中如果使用较高剂量的小麦来替代玉米，则应该配合使用相应的木聚糖酶等酶制剂，可以保证对开产前鸡只生长影响很小或没有显著影响（Frikha等2009；Frikha等，2011）。饲用酶制剂可以帮助雏鸡、青年鸡消化日粮中比较难以消化的营养物质，或者消除日粮中抗营养因子的不良影响，进而保证鸡只的生长。

（2）维生素作为营养调控剂的使用。维生素具有重要的生理作用，也是蛋雏鸡营养需要量领域的重要组成方面，但同时，维生素和类维生素在某些条件下也可以作为营养调控剂使用，发挥特殊的作用。例如Sinkalu等（2009）研究发现，在高温高湿环境下每日为雏鸡口服体重1 200IU/kg的维生素A，可以显著降低直肠温度，即缓解热应激。Minka等（2009）研究表明，在干热天气下对青年鸡（18wk）进行运输应激处理，事先服用维生素C、维生素E以及二者混合物的鸡只直肠温度变化不明显，尤其单独服用维生素C的鸡只抗应激效果最好。由以上可见，维生素由于具有复杂的生物功能，因此在环境条件不利的

情况下可以考虑额外使用维生素的方法对鸡只进行营养调控，以保证机体的正常生理状态。

（3）益生元和益生菌类添加剂的使用。此类物质主要是指寡糖类添加剂，在动物营养领域已经研究很久，结论也比较一致。Olonijolu 等（2013）研究认为，添加主要成分为 β-葡聚糖和甘露寡糖的添加剂产品，在育成后期日粮中添加量为 0.06% 时，产蛋期可获得最佳的经济效益。Ezema 等（2012）研究认为，日粮中添加 1.0g/kg 的益生菌酵母，可以促进 18wk 内后备鸡的生长。益生元和益生菌类添加剂在蛋雏鸡上研究相对较少，但由于其主要作用是调节肠道微生物区系，因此对于蛋雏鸡应该具有类似的作用。但是在产蛋鸡上，有研究显示，寡糖类可能有降低哈氏单位的趋势（岳洪源等，未发表数据），因此使用应该谨慎。

（4）微量元素的添加形式。由于雏鸡消化力较弱，因此应该重视开口料的营养利用效率，其中以有机盐或络合物形式添加的微量元素的吸收效率可能更高。如，饲料中添加氨基酸络合锌不仅可以提高锌的利用率，还可以改善开口料的物性，有利诱食（Lee 等，2001；Danny 等，2008；Noy 和 Sklan，1999），提高雏鸡采食量。Jegede 等（2012）研究发现，在蛋雏鸡日粮中使用蛋白铜盐，其对鸡只生长的作用与硫酸铜没有差异，但可以降低血液中的总胆固醇含量。

（5）日粮脂肪酸组成的调控作用。对于家禽，尤其产蛋禽类，日粮中脂肪酸的组成非常重要，其中亚油酸被认为是家禽的必需脂肪酸。但是研究发现，对于开产前的育雏、育成蛋鸡，亚油酸和亚麻酸的比例可能具有更为重要的营养意义。Puthpongsiriporn 等（2005）研究提出，0～16wk 通过添加亚麻籽将日粮中亚油酸：亚麻酸比例由 17：1 降到 2：1，不仅不会影响鸡只的生长，还能提高对新城疫和传染性法氏囊病病毒的抗体响应。Pilevar 等（2011）研究认为，通过将日粮 n-6/n-3 脂肪酸比例由 10 降至 6 和 2，可以提高 14wk 鸡只对新城疫、传染性法氏囊病和传染性支气管炎的抗体数，但会推迟性成熟，并降低卵泡体重。因此，找到合理的日粮脂肪酸比例对于后备鸡培育极其重要。

（6）植物加工产物或提取物的使用。随着人们对于新饲料资源开发的重视程度日益加深，一些具有特殊生理功能的植物提取物、白色农业副产品等陆续被用到家禽生产中。El-deek 和 Al-Harthi（2009）研究发现，在 14～42wk 蛋鸡日粮中添加 6% 的褐藻干粉虽然对产蛋前体重增长没有显著影响，但是可以提高子宫、输卵管重，有助于提高产蛋性能。Ademola 等（2012）研究发现，饲喂蒜姜的混合物可以显著提高育成期结束时的鸡只体重。

5.5 小结

综上所述，育雏期和育成期蛋鸡的培育对于蛋鸡终生的产蛋性能具有举足轻重的作用。为了获得更好的生产性能，提高蛋鸡健康水平，减少疾病，育雏期和育成期的营养需要给予格外的重视。但由于蛋鸡生产的特殊性，育雏和育成的营养研究不仅要分成若干阶段，考察开产时相关体况的发育情况，而且为了获得可信的结果，更要观察早期营养对产蛋期生产性能的后续效应。故相对肉用畜禽，研究起来更为复杂，因此目前此方面还有很多空白或落后的领域亟须新的研究予以填补。这就需要研究者和生产者在蛋鸡育雏和育成上投入更多的精力，针对新的品种以及新的饲料原料进行系统的研究，保证蛋鸡生产的健康发展。

参考文献略

6　肉仔鸡营养需要与调控

常文环，女，博士，副研究员、硕士生导师，2000 年毕业于韩国汉城大学动物营养专业，中国农业科学院三级岗位杰出人才。先后主持或承担完成了韩国农林部特批研究项目、教育部留学回国基金项目、人事部留学回国人员择优资助项目、国家"八五"、"九五"、"十五"、"十一五"、"十二五"科技攻关子课题、中央级公益性科研院所基本科研业务费专项及多项合作研究项目。参加完成了中央级科研院所科技基础性研究专项、2002 年度社会公益研究专项、国家科技攻关项目、国家自然基金项"973"课题、农业部"948"、农业部行业标准修制订课题、肉鸡产业技术体系岗位科学家项目等多项研究课题等。主编 6 部书，发表文章 80 余篇，其中 SCI 文章 8 篇。并于 2012 年获国家专利 1 项、中国农科院科学技术成果二等奖 1 项，2013 年获北京市科学技术三等奖 1 项。

随着动物育种与饲养管理水平的提高，肉鸡的生长速度明显加快，达到屠宰体重的时间逐渐缩短，出壳后最初几天的表现影响全期生产性能。肉雏鸡的生理特点与成鸡有很大差别，卵黄囊是初生雏鸡的重要营养来源和抗体来源。因此，根据肉雏鸡的消化生理特点，研究肉雏鸡营养与开食料组成是提高肉鸡生产性能及相关胴体品质的关键措施之一。

6.1　肉雏鸡的卵黄囊营养

莫棣华等表明了 0 ~ 2 周龄雏鸡的营养利用特点，1 ~ 3 日龄的营养完全来自于卵黄囊，4 ~ 7 日龄是卵黄囊营养过渡为饲料营养的转变时期，8 ~ 14 日龄的营养已完全来自饲料。卵黄囊营养是禽类生理的一大特点。出壳一周内，卵黄囊继续为雏鸡提供营养，特别是抗体、脂溶性维生素及矿物质元素。雏鸡从卵黄囊中获取的抗体可抵抗疾病，直到建立了自己的免疫力为止。Chamblee[4] 等表明，在雏鸡孵化出壳大约 24h 内，卵黄囊的吸收先于雏鸡的生长，这是因为生长所需的营养物质由卵黄囊供给。可见，卵黄囊对雏鸡早期生长十分重要。

6.2　肉雏鸡消化系统的发育

6.2.1　胃肠道的发育

刚出壳的雏鸡通过卵黄囊获得营养物质，出壳后需要过渡到从外界的固体饲料中获取营养物质。因此，在最初几天内，雏鸡的肠道重量和结构将发生很大的改变，刷状缘也开始分泌各种酶并产生大量的黏蛋白，这不仅可以促进营养物质的吸收，而且可以保护肠道免受各种刺激性物质的侵蚀。

安永义等[1]的试验结果表明，从 0～21 日龄，各种消化器官和消化腺绝对重量在逐渐增加，各器官的相对重量达到峰值的时间也并不一致，腺胃和肌胃在 4～7 天，肝和胰在 7～10 天，小肠在 7 天左右。0～21 日龄，各器官的增长倍数大都高于体重的增长倍数，尤其胰腺和小肠的增长倍数更大，分别是体重增长倍数的 4～6 倍和 2～3 倍。黄晓亮等[2]研究表明，Gln 能促进肉鸡小肠的发育，小肠长度、重量和指数均不同程度提高，其中空肠和回肠受 Gln 影响较大，十二指肠相对较小。

6.2.2 消化酶的合成与分泌

新生雏鸡早期饲喂是刺激消化酶分泌和促进消化腺成熟的重要手段之一。雏鸡在胚胎时期已产生了大量的酶，产生的这些酶可能暂时贮存在胰腺中，当雏鸡采食饲料时，肠道需要一定的酶浓度，就会刺激胰腺分泌大量的酶到肠道，从而促进了胰腺的成熟。安永义等[1]研究表明，胰腺和肠道的消化酶活性（活性单位/kg 体重）基本上随着日龄的升高而上升。在胰腺，淀粉酶、胰蛋白酶、糜蛋白酶和脂肪酶活性分别在 10、7、21 和 10 日龄达到峰值。在肠道，淀粉酶、胰蛋白酶、糜蛋白酶和脂肪酶活性均在 10 日龄达到峰值。赵洪波等[3]的试验中，早期饲喂组胰腺的消化酶活性都大于早期禁食组，说明早期饲喂能促进消化酶的分泌，并能促进胰腺的成熟。空肠中，早期禁食组在前 2h 内，未测到淀粉酶和蛋白酶活性，这进一步说明了早期饲喂可以刺激内源酶的分泌，提高消化饲料营养物质的能力。

6.2.3 肉雏鸡免疫系统的发育

免疫系统伴随着消化系统的发育而不断成熟，随着营养的耗竭，除了消化系统受到损伤外，由于禁食使代谢发生的改变导致了免疫系统的损伤，降低了淋巴器官的重量，而这种损伤到两周之后才能得到恢复。早期饲喂促进免疫系统的发育，可能的机制有三种：第一，早期饲料可为免疫系统发育提供底物；第二，饲喂可影响内源性激素或其他免疫调制剂的水平；第三，在胃肠道中出现的抗原可刺激初级免疫细胞，尤其是 B 淋巴细胞的分化。这些细胞的分化对次级免疫结构的发育起着至关重要的作用。因此，饲喂早期料对免疫系统的发育也是十分关键的。

雏鸡消化系统和免疫系统发育的不完善以及其发育的特点，决定了雏鸡的早期营养具有独特的特点。早期营养包括卵黄囊营养和外加的早期饲料。卵黄囊营养是维持雏鸡生存的营养来源，而外加的早期料是用于促进雏鸡消化系统和免疫系统的发育以及促进雏鸡生长的营养来源。

6.3 营养组成对肉雏鸡生长及发育的影响

6.3.1 碳水化合物

日粮中的碳水化合物会引起胃肠道的一些变化，从而影响雏鸡生产性能。不同的碳水化合物日粮改善小肠发育的程度不同，这种特性会延续到第 7d。Longo 等[5]表明，1～7 日龄饲喂富含蔗糖日粮组，雏鸡的体增重有明显的提高。饲喂富含木薯淀粉日粮组的雏鸡能获得更好的饲料转化率。木薯淀粉和基础日粮组分别可以更大地提高小肠重和小肠长度。玉米蛋白粉可有效提高小肠密度。

6.3.2 蛋白质

许多研究表明，日粮中的脂肪均在 10 日龄发挥最大效应，而这期间雏鸡主要利用日粮中的蛋白质和碳水化合物。Wijtten 等[6]表明在早期日粮中提高理想蛋白的水平，可提高雏鸡的体增重，并改善整个阶段的生产性能。Swennen 等[7]通过等能替代试验得出结论，3～14 日龄饲喂低蛋白组的雏鸡体重明显低于饲喂低脂肪和低碳水化合物组。

蛋氨酸是鸡的第一限制性氨基酸。莫棣华等[8]试验结果表明，1～7 日龄期间，雏鸡的卵黄囊、血浆和肝脏中的蛋氨酸含量不受日粮内蛋氨酸水平的影响，但 14 日龄时，血浆和肝脏中的蛋氨酸含量随日粮蛋氨酸水平的提高呈上升趋势。

6.3.3 脂肪

Machado 等[9]表明，虽然雏鸡日粮中豆油比皂油更优质，然而这两种油对雏鸡来说消化率都不高，这证明雏鸡的能量应由饲料中的碳水化合物供给而不是脂肪。这是因为，雏鸡胆盐的肝－胆循环发育还不完善，并且脂肪酶合成不足，致使雏鸡对脂肪的消化率很低。

6.3.4 矿物质元素

Na、Cl 和 K 在维持正常的渗透压和酸碱平衡、体组织的蛋白质合成、细胞内外的动态平衡和细胞膜的电位方面有重要的作用。Bidar 等[10]研究表明，从前两周的饲喂来看，在早期日粮中添加 0.3% 的钠的处理组的采食量最大，并且体增重最高（表 3.6.1）。

表 3.6.1 日粮钠水平对肉鸡不同日龄采食量的影响

日粮中钠水平/%	采食量/g			早期阶段
	1 周	2 周	3 周	
0.15[①]	113.01[b]	268.37[b]	527.19	908.59
0.30[②]	124.70[a]	292.08[a]	541.07	957.85
0.45[③]	115.70[ab]	277.44[ab]	533.43	924.34
± SEM	3.22	7.06	10.18	14.85

① 200mg 当量/kg 日粮电解质平衡，② 250mg 当量/kg 日粮电解质平衡，③ 300mg 当量/kg 日粮电解质平衡。

6.4 饲料粉碎粒度对肉雏鸡生长的影响

由于雏鸡的消化系统发育不完善，所以，刚孵化的雏鸡对固体饲料的利用效率比成年鸡低。因此，饲料的颗粒大小和它的物理形态对雏鸡来说很重要。Moritz 等[11]试验证明，玉米经过制粒或挤压都可以提高它的煳化水平。虽然未处理的玉米可提高雏鸡的代谢能或饲料转化率，但这种处理过的玉米的确比未处理的更能提高活体增重。这是因为经过制粒或挤压的玉米增加了雏鸡的采食量。另外，饲料颗粒不能太粗糙也不能太细。Krabbe[12]等研究表明，第一周龄的雏鸡饲喂的颗粒大小应该在 $500 \sim 600 \mu m$。粉碎粒度要均匀，直径一般在 $1 \sim 2mm$。Cerrate 等[13]研究结果表明，前 7d，饲料形态对体增重有显著影响，颗粒大小为 1.59mm 时，体增重最快，而 $7 \sim 14$ 日龄期间，饲料颗粒大小对雏鸡体增重无显著影响。这可能是因为雏鸡口径小，对小颗粒饲料采食量大，随着肉仔鸡的生长，这种影响因素渐渐消除，因此后期对颗粒大小不敏感。

6.5　开食时间对雏鸡生长的影响

基于雏鸡的卵黄囊营养特点，在生产实际中一般推迟 $12 \sim 24h$ 供给饲料和水。人们都认为小雏鸡可以利用剩余的卵黄维持生存 $1 \sim 2d$。然而，虽然新生雏鸡卵黄囊中包含大量的营养素，但这些脂质并不能被雏鸡吸收转化为碳水化合物和谷氨酸。研究表明，一只新生雏鸡在最初 24h 需要的能量约为 46kJ，而在 24h 内分解的卵黄囊若完全用于功能且效率为 100% 时，仅能提供 39.4kJ 的能量。

王和民等[14]认为，刚出壳雏鸡在两三天（$12 \sim 58$ 时龄）内，即使在采食条件下，也仅增重 $1 \sim 2g$，增重很少，但在绝食时，却要减重 5g。从平均 24h 采食组雏鸡增重来看，随时龄增长而加大，$12 \sim 58$ 时龄仅增重 $1 \sim 2g$，$58 \sim 106$ 时龄增重 $6 \sim 7g$，而 $106 \sim 130$ 时龄的增重则猛升到 $16 \sim 23g$。于卓腾等[15]通过禁食和早期饲喂对雏鸡生长的影响表明，早期喂食组雏鸡 1 日龄体重增加了 23.56%，2 日龄增加了 42.47%，而禁食组 1 日龄体重下降了 7.2%，2 日龄下降了 4.14%，到 7 日龄时，早期饲喂组雏鸡体重比出生时增加了 208.01%，而禁食组却只增加了 154.14%。Mohammad[16]在研究早期营养对肉鸡生长性能的影响中表明，孵化后立即饲喂组的体重明显高于禁食组。Saki[17]也表明，在第 7 日龄和第 42 日龄时，饲喂早期料组的体重明显高于其他处理组。

因此，要想使雏鸡有一个很好的生长率，必须在雏鸡孵化后立即进食。立即饲喂雏鸡料，不仅可以为雏鸡生长发育提供充足的营养，而且可以促进卵黄囊吸收和降低死亡率。

6.6　小结

初生雏鸡消化系统尚未发育成熟，消化功能不完善。雏鸡消化道细、胃肠容积小，采食量有限，肌胃研磨能力弱，消化酶分泌不充足，对营养物质的消化能力差。根据这一特点需要给肉雏鸡提供纤维含量低、易消化的饲料并进行科学有效的加工。雏鸡敏感性强，抗病力差。雏鸡胆小，敏感性强，抗应激能力弱，容易为各种病原微生物所侵害，死亡率比较高。因此，有效控制雏鸡开食料的病原微生物，添加具有免疫功能的饲料添加剂替代饲料或饮水中的抗生素成分并诱使雏鸡尽早开食，这不仅有利于卵黄囊的吸收，使其中的母源抗体、胆固醇和多不饱和脂肪酸等营养物质能更好地发挥作用，而且可以促进消化系统和免疫系统的发育，降低肉鸡发病率和死亡率，减少抗生素在鸡肉产品中的残留。

参考文献（略，可函索）

7　仔稚鱼营养需要及生长发育的营养调控

王嘉，32岁，博士，助理研究员。毕业于中国海洋大学水产养殖系，长期从事水产动物营养生理与分子生物学研究。主要研究方向为肉食性鱼类糖代谢、仔稚鱼营养代谢、摄食调控及蛋白源替代分子调控机理以及水产饲料安全性评价。目前主持国家自然科学基金青年科学基金项目、中国农业科学院基本科研业务费增量项目和公益性行业（农业）科研专项经费项目子课题各一项，参与纵向及横向项目10余项。已发表学术论文12篇，其中SCI收录6篇。

摘　要：随着集约化水产养殖规模的不断扩大，对仔稚鱼种的需求量逐渐增加，高品质的仔稚鱼种是进行成功养殖生产的基础，良好的营养状况是高品质仔稚鱼供给的前提和保障。而亲鱼期及开口期某些营养素的缺乏是导致人工育苗过程中仔稚鱼大量死亡以及后期发育不良的重要原因。因此，系统的研究从亲鱼期至仔稚期的营养需要及营养素对其生长发育的调控对于保证水产养殖业的快速发展具有重要作用。本文从亲鱼期营养、仔稚期营养以及仔稚期营养调控对后期代谢的影响等方面综述了近年来国内外的最新研究进展。

关键词：仔稚鱼；营养需要；营养调控

随着集约化水产养殖规模的不断扩大，对仔稚鱼种的需求量逐渐增加，高品质的仔稚鱼种是进行成功养殖生产的基础和保证，而仔稚期的营养状况对于仔稚鱼品质具有重要的影响。仔稚鱼从吸收卵黄的内源性营养转变为人工培养的浮游动物或人工配合饲料等外源性营养后，经常出现死亡高峰，某些营养物质的缺乏是造成该现象的一个重要原因。但相比成鱼和幼鱼，仔稚鱼在营养生理与营养调控上的研究相对落后，这主要与适合仔稚鱼摄食的人工配合饲料的配制和加工技术难度较大有关。而随着生物饵料营养强化技术和人工微颗粒饲料加工技术的逐渐成熟和完善，仔稚期营养生理研究已经得到了广泛的开展。本文综述了近年来有关仔稚鱼营养生理及其生长发育营养调控的研究进展。

7.1　亲鱼营养对仔稚鱼生长发育的影响

人工育苗的成功，很大程度上依赖于所培育的亲鱼能够产生优质的卵子，而亲鱼的营养对性腺的发育和繁殖力具有深远的影响。然而，由于研究的难度和费用相对较大等原因，亲鱼营养仍然是研究最少的领域之一（Izquierdo et al.,2001）。营养素对亲鱼繁殖力及子代生长发育的研究主要集中在必需脂肪酸，尤其是 n-3 系列高不饱和脂肪酸（n-3 HUFA）上。牙鲆（*Paralichthys olivaceus*）孵化后正常仔鱼数量、存活率（3 日龄）和饥饿耐受性随亲鱼饲料中 n-3 HUFA 添加量的增加而提高，但过高的花生四烯酸（20：4n-6，ArA，1.2 g/100g）对卵和仔鱼质量会产生负面影响（Furuita et al.，2000，2003）。Li et al.，（2005）证明花尾胡椒鲷（*Plectorhynchus cinctus*）亲鱼饲料中缺乏（1.12%）或过量（5.85%）的 n-3 HUFA 对于卵和仔鱼的质量均有负面影响。当饲料中含有 2.40% 和 3.70% 的 n-3 HUFA 时，或者 n-3 HUFA 水平为总脂肪酸的 12.17% 和 18.63% 时，其产卵性能为最佳。真鲷（*Sparus aurata*）亲鱼饲料中 n-3 HUFA 水平从 25 提高至 40g/kg 显著地提高其生产性能，如卵发育能力、孵化率和受精率，并显著提高卵中 HUFA 的含量，从而促进胚胎发育；同时，饲料中类胡萝卜素从 40 提高至 60mg/kg 显著增加卵中类胡萝卜素水平，并通过降低脂质过氧化的风险保护精子细胞从而显著提高卵的受精率（Scabini et al.，2011）。Zakeri 等（2011）分别用鱼油和一定比例的向日葵油作为脂肪源添加到黄鳍鲷（*Acanthopagrus latus*）亲鱼饲料中，相对繁殖力、上浮卵百分率、孵化率、3 日龄仔鱼的存活率以及耐饥饿实验存活率均在鱼油组（n-3 HUFA 的浓度为 6.67%）最高；并且随着饲料 n-3 HUFA 水平的增加降低亲鱼组织、卵以及仔鱼中亚油酸（18：2n-6，LA）、亚麻酸（18：3n-3，LNA）和总 n-6 不饱和脂肪酸（PUFA）的沉积，同时提高二十二碳六烯酸（22：6n-3，DHA）、二十碳五烯酸（20：5n-3，EPA）和 ArA 的沉积。以上研究均证明，亲鱼饲料中合适的 n-3 HUFA 含量对于提高亲鱼的繁殖性能和仔稚鱼的生长发育具有重要作用。亲鱼饲料中的 n-3 HUFA 会影响卵中 n-3 HUFA 的含量和相对比例，从而对卵的受精、孵化等生殖性能以及仔稚鱼的生长发育产生影响。除了饲料中 n-3 HUFA 的含量外，亲鱼饲料中适宜的 n-3 与 n-6 脂肪酸的比例也同样影响生产性能和子代的发育。Liang 等（2013）采用鱼油和一定比例的豆油作为脂肪源添加进半滑舌鳎（*Cynoglossus semilaevis*）亲鱼饲料中，发现当饲料中 n-3：n-6 的比例为 5.21 和 2.81 时，相对产卵率、受精率和孵化后 7d 的仔鱼成活率最高，并且比例为 2.81 时仔鱼对饥饿的耐受性最强。目前对亲鱼营养的研究主要集中在对产卵雌鱼上，而对雄鱼精子性能的影响研究较少。MartÍN 等（2009）给雄性真鲷亲鱼饲喂对照饲料和 n-3、n-6 HUFA 缺乏的饲料，在精子形成后，n-3 和 n-6 HUFA 缺乏组性腺中总脂肪含量，特别是极性酯的含量急剧下降，而对照组性腺中甘油三酯含量显著高于两个缺乏组；并且在精子形成期间，缺乏组组织中的 n-3 HUFA 几乎耗尽。这说明必需脂肪酸，尤其是 n-3 HUFA 对于精子的形成和发育同样是必需的。

7.2　仔稚期营养需要及营养素对仔稚鱼生长发育的影响

开口摄食对于仔稚鱼而言是个体发育的关键阶段，在该阶段，用以维持个体发育的营养和能量由内源性的卵黄转变为外源性的饵料。为了完成该转变，在这个阶段需要有关摄食、消化和同化作用的组织和器官的结构和功能均为外源性摄食做好准备，同时具有足够可摄入的饵料（Yúfera and Darias，2007）。传统上通常采用浮游动物，如轮虫、卤虫无节幼体和桡足类等生物饵料作为仔稚鱼的开口饵料。但是，很多研究表明，单纯的生物饵料并不能满足仔稚鱼在开口期的营养需要。Aragão 等（2004）分析了真鲷和塞内加尔鳎（*Solea* senegalensis）仔鱼在不同发育阶段体内氨基酸（AA）的组成，发现随个体发育其 AA 组成也在发生变化，轮虫和不同发育阶段的卤虫幼体无法完全满足这两种鱼在发育过程中对 AA 的需要。Saavedra 等（2008）也证明酪氨酸和赖氨酸在摄食轮虫的囊重牙鲷（*Diplodus sargus*）仔鱼中是缺乏的。并且用氨基酸平衡的微颗粒饲料作为开口饵料饲喂囊重牙鲷仔鱼，虽然成活率低于活饵料对照组，但能够显著降低仔鱼畸形率以及氨排放（Saavedra et al.，2009）。另外，未进行营养强化的轮虫中含有的维生素 B_1、维生素 A、锰、硒和铜等可能无法满足鳕鱼开口期的需要（Hamre et al.，2008）。因此，系统的研究仔稚鱼开口期各种营养素的需要量是十分必要的。

7.2.1 仔稚鱼消化系统发育及消化酶变化规律

仔稚鱼消化系统的发育及消化酶的分泌是在开口期有效地利用外源营养物质的前提。通常刚孵化的仔鱼的消化道在组织形态上尚未分化，随着个体发育，逐渐形成口咽腔、胃、前肠、中肠和后肠。胃腺和幽门盲囊的出现被认为是仔稚期的结束和幼鱼期的开始。仔稚鱼消化道的分化和发育存在着种间差异。黄尾鰤（*Seriola lalandi*）仔鱼在孵化后 5 日龄时消化道开始区分为咽下空穴、食道、胃、中肠和后肠，到 18 日龄时胃分为贲门、胃底和幽门区域（Chen et al.，2006）。豹纹鳃棘鲈（*Plectropomus leopardus*）仔鱼在孵化后 2 日龄开始分化为口咽腔、食道、初期的胃、中肠、后肠和直肠，19 日龄时出现胃腺和幽门盲囊（Qu et al.，2012）。黄颡鱼（*Pelteobagrus fulvidraco*）仔鱼在 2 日龄开始分化成口咽腔、食道、初始胃和肠，而在 3 日龄时即出现胃腺和贲门胃，这在目前已研究过的鱼类中是最早出现的（Yang et al.，2010）。在消化道分化和发育的同时，也伴随着附属腺体的发育以及消化酶活性的变化。大多数鱼类仔鱼在开口摄食前就具有了蛋白质、脂肪以及碳水化合物的消化能力，如黑线鳕（*Melanogrammus aeglefinus*）和大西洋鳕鱼（*Gadus morhua*）（Perez-Casanova et al.，2006）、海鲷（*Dentex dentex*）（Gisbert et al.，2009）以及双斑绚鲶（*Ompok bimaculatus*）（Pradhan et al.，2013）等。随着个体发育，仔鱼胃、肠和胰腺消化酶变化呈现类似的趋势。波斯鲟（*Acipenser persicus*）仔鱼开口摄食（9 日龄）时，胃蛋白酶活性增加，而碱性蛋白酶——胰蛋白酶和胰凝乳蛋白酶活性降低，其消化能力从分解卵黄蛋白向分解外源性蛋白过渡，同时从碱性消化向酸性消化过渡；在开口摄食后，淀粉酶和脂肪酶活性增加；肠道碱性磷酸酶活性在 19～24 日龄逐渐增加并稳定，说明其肠道消化能力逐渐成熟并进入幼鱼消化模式（Babaei et al.，2011）。双斑绚鲶仔鱼在 15～21 日龄时，蛋白酶活性由碱性向酸性过渡，同时肠道中产生碱性磷酸酶，标志着其从 15～21 日龄起进入幼鱼消化模式（Pradhan et al.，2013）。大西洋鲽鲽（*Hippoglossus hippoglossus* L.）和大西洋鳕鱼肠道内刷状缘膜结合的碱性磷酸酶和亮氨酸氨基肽酶的活性分别在开口后 29～52d 和 29～37d 显著增加，均在开口后 40～50d 进入幼鱼消化模式（Kvåle et al.，2007）。而不同的饲喂策略也会影响仔鱼消化道的发育和酶活性的变化。欧洲鳎（*Solea solea*）仔鱼分别在开口（4 日龄）、13、18 和 27 日龄饲喂人工配合饲料，在饲喂人工配合饲料前饲喂生物饵料，发现 4 日龄起就摄食人工配合饲料组存活率显著降低，生长速度减慢并且延缓变态开始的时间。同时肝脏脂肪酶 mRNA 表达随发育线性增加直到 27 日龄，而其他处理组仅在 13 日龄前持续增加，而到 27 日龄前基本保持稳定（Parma et al.，2013）。研究表明，仔稚鱼消化酶活性是受到内分泌调控的，Kurokawa 等，（2004）发现，日本鳗鲡（*Anguilla japonica*）肠道中胆囊收缩素（CCK）和 YY 肽（PYY）mRNA 在 8 日龄即开始表达，胰腺酶的释放从开口摄食就受到 CCK 和 PYY 内分泌系统的调控。在 21 日龄的大西洋鳕鱼仔鱼中发现存在着 CCK 对胰蛋白酶活性的负反馈调节（Tillner et al.,2013）。

7.2.2　蛋白质和氨基酸

仔稚鱼营养中对蛋白质和氨基酸，尤其是必需氨基酸需要量的研究相对较少，这主要与外源性的氨基酸在微颗粒饲料中的保留率不稳定以及无法有效在生物饵料中富集有关。通常仔稚鱼蛋白质的需要量比幼鱼和成鱼期要高，这主要是由于该阶段快速的生长发育需要更多蛋白质的积累。Mohanty 和 Samantaray（1996）报道，以鱼粉为主要蛋白源时，以增重率、日增重、特定生长率和日组织蛋白沉积率为评价指标，线鳢（*Channa striata*）仔鱼饲料中蛋白质的需要量为 550g/kg。阿根廷大鳞脂鲤（*Brycon orbignyanus*）仔鱼饲料中适宜的蛋白含量 300g/kg（Borba et al.,2006）。Hamre 和 Mangor-Jensen（2006）报道，4g 的大西洋鳕鱼仔鱼饲料中应包含超过 620g/kg 的蛋白质。黑鱼（*Channa striatus*）仔鱼在 28 ~ 30℃时，当饲料中脂肪含量为 65g/kg 时，以生长为评价指标，最适的蛋白含量为 450g/kg（Aliyu-Paiko et al.,2010）。不同的蛋白质来源也会对仔鱼的生长产生影响。分别以鱼水解蛋白和酵母、大豆浓缩蛋白和酵母以及鱼粉为蛋白源配置开口饵料，发现鱼水解蛋白和酵母组欧洲鲈（*Dicentrarchus labrax*）和鲤鱼（*Cyprinus carpio*）仔鱼均具有最高的存活率和增重率（Cahu et al.,1998）。欧洲鲈仔鱼摄食高水解蛋白（46% 干物质）含量的饲料相比低水解蛋白（0% 和 14% 干物质）含量的饲料生长显著下降，且胰蛋白酶活性降低（Cahu et al.,2004）。另外，在塞内加尔鳎仔鱼浮游生活期补充牛磺酸能够显著地提高后期的生长性能和变态完成率，并显著提高仔鱼对氨基酸的保留率，提高体内牛磺酸水平（Pinto et al.,2010）。而真鲷仔鱼饲料中补充牛磺酸虽然对生长性能没有影响，但却显著提高蛋氨酸的可利用性（Pinto et al.,2013）。

7.2.3　脂肪和脂肪酸

由于脂类物质可以在生物饵料培养过程中通过饲喂乳化油或富含某种脂肪酸的藻类等手段定向富集，因此在仔稚鱼各种营养素需要量的研究中，脂肪及脂肪酸的研究是开展最为广泛的。眼斑拟石首鱼（*Sciaenops ocellatus*）饲料中高含量的脂肪（30%）显著增加仔鱼的体长，提高肠道内刷状缘膜消化能力，而低含量的脂肪（15%）显著降低其脂肪酶活性（Buchet et al.,2000）。大黄鱼（*Pseudosciaena crocea*）仔鱼在 23℃下以存活率和特定生长率为评价指标，对饲料中脂肪的需要量为 172 ~ 177g/kg 饲料（Ai et al.,2008）。而相比总脂肪含量，开口期饵料中适宜 HUFA 和磷脂含量对于维持仔稚鱼正常的生长发育更为重要。

（1）HUFA

饲料中适宜的 HUFA 含量对仔稚鱼生长具有明显的促进作用。饲料中高含量的 DHA（43.3% 总脂肪）能够保证美洲黄盖鲽（*Limanda ferruginea*）仔鱼具有最快的生长速度，而升高的 ArA 则对其生长具有负作用（Copeman et al.,2002）。饲料中升高的 n – 3 HUFA 能够显著提高牙鲆仔鱼的生长（Furuita et al.,1999），并且相比 EPA 和 DHA，ArA 对牙鲆是次要的必需脂肪酸（Furuita et al.,1998）。Bransden 等（2005a）用 DHA 含量为 0.1~20.8mg/g 干重的强化卤虫饲喂六带牙鲷（*Latris lineata*）仔鱼，发现在最高 DHA 剂量组的仔鱼具有最快的生长速度，并且缩短变态周期。HUFA 除了对仔稚鱼的生长产生影响外，还对其正常的组织器官发育、色素沉积以及抗应激能力等产生显著的影响。Benítez-Santana 等（2007）证明 DHA 缺乏会延缓真鲷仔鱼大脑和视觉的发育速度。EFA 缺乏显著延缓牙鲆仔鱼的脑，尤其是小脑的发育（Furuita et al.,1998）。而饲料中缺乏 DHA 会导致六带牙鲷仔鱼运动能力下降，脂肪积累和转运障碍，并导致肠道和肝脏组织出现空泡化病变（Bransden et al.,2005b）。饲料中高水平的 n-3 PUFA 和低水平的 ArA 对于大西洋鳙鲽仔鱼正常色素沉积是必需的，仔鱼幼体中在 EPA：ARA 比例接近 3.5 时，DHA 含量应高于 13% 总脂肪酸才能保证正常的色素沉积（Hamre and Harboe,2008）。欧洲鳎仔鱼的存活和生长与食物中的 ArA、EPA 和 DHA 以及它们的比例无关，但高含量的 ArA 会导致其色素沉积异常，并增加眼迁移异常的比例（Lund et al.,2007，2008）。饲料中的 DHA、EPA 和 ArA 对塞内加尔鳎仔鱼的生长没有明显的影响，但高 EPA 含量（29.5% 总脂肪酸）会显著地降低其成活率；低 EAP 和高 ArA 含量会显著地降低其正常色素沉积的比例，而饲料中富含 LNA 则能对色素沉积起到积极作用（Villalta et al.,2005，2008a,b）。轮虫中富含 DHA 能够有效地预防红棘鬣鱼（*Pagrus pagrus*）仔鱼的畸形（Roo et al.,2009）。北美牙鲆（*Paralichthys californicus*）变态前仔鱼获得更高的色素沉积率、生长和存活的卤虫中适宜 DHA 含量为 2.40% 总脂肪酸（Vizcaíno-Ochoa et al.,2010）。高盐刺激后的牙鲆仔鱼存活率随 DHA 含量的增加而提高，而与 EPA 含量无关（Furuita et al.,1999）。鲥鲈（*Sander lucioperca* L.）仔鱼饲料中缺乏 PUFA 在缺氧和高盐应激下死亡率升高，并且这种影响除与 DHA 有关外，还与 EPA 和 ArA 有关（Lund and Steenfelds,2011）。

（2）磷脂

仔稚鱼饵料中磷脂的含量同样会显著地影响其正常的生长发育。磷脂补充显著地增加鲥鲈仔鱼的生长，但对存活率没有影响，并能促进消化道结构提早或更高效的成熟；其对磷脂的需要量至少为 9.5% 饲料干重（Hamza et al.,2008）。军曹鱼（*Rachycentron canadum*）仔鱼饲料中最适的磷脂水平可能超过 80g/kg（Niu et al.,2008）。大黄鱼（*Larmichthys crocea*）仔鱼饲料中含 57.2~85.1g/kg 的磷脂有利于其存活和生长性能，高含量的磷脂水平（69.5~85.1g/kg）能够促进其消化道的发育并提高其抗应激能力（Zhao et al.,2013）。饲料中添加 800mg/kg 的抗坏血酸和 40g/kg 的磷脂能够有效地提高美国红鱼（*Pagrus major*）仔鱼抗应激的能力（Ren et al.,2010）。饲料中合适的卵磷脂（PC）/磷脂酰环己六醇（PI）能够有效地降低真鲷仔鱼的畸形率，最适的 PC/PI 比例为 1.28；其饲料中含有 120g/kg 磷虾磷脂能够完全替代活饵料开口（Sandel et al.,2010，2013）。磷脂还能够有效提高仔稚鱼对 HUFA 的利用率，Wold 等（2007，2009）报道，大西洋鳕鱼仔鱼利用磷脂中的 DHA 和 EPA 要比利用中性脂中的 DHA 和 EPA 更为有效。

7.2.4　维生素和矿物质

仔稚鱼营养中对维生素和矿物质需要量的研究相对匮乏，然而这些成分同样会影响仔稚鱼正常的生长发育。以增重率为评价指标，牙鲆仔鱼饲料中最适维生素 A 含量为

9 000IU/kg（Hernandez et al.,2005）。欧洲鲈仔鱼饲料中含 5~70mg/kg 的维生素 A 能够降低椎骨和鳍条的畸形率，而在维生素 A 缺乏组 Hoxd-9 基因表达显著降低并导致部分或完全的腹鳍缺失（Mazurais et al.,2009）。自然水体中养殖的六带牙鲕仔鱼摄食的轮虫中每天包含超过 123ng/mg 总维生素 A，能够有效减少脊柱畸形率（Negm et al.,2013）。Darias et al.,（2010）证明，欧洲鲈稚鱼（45 日龄）饲料中最佳的维生素 D_3 需要量为 19.2 IU/g。六带牙鲕仔鱼饲料中含有 ≥437μg/g 的维生素 E 会显著提高仔鱼的生长和存活（Brown et al.,2005）。饲料中高含量的维生素 E 能够保护欧洲鲈幼鱼不受饲料中过多 DHA 氧化所造成的组织损伤，并提高成活率（Betancor et al.,2011）。尖齿胡鲶（*Clarias gariepinus*）仔鱼食物中高含量的维生素 C（超过 1 500μg 抗坏血酸/g 饵料干重）能有效提高仔鱼的生长性能和抗应激能力（Merchie et al.,1997）。以生长为评价指标，鲤鱼仔鱼对维生素 C 的需要量为45mg 抗坏血酸等价物/kg 饲料，而以最大组织维生素 C 含量为评价指标，需要量为 270mg 抗坏血酸等价物/kg 饲料或更多（Gouillou-Coustans et al.,1998）。Mæland 等（2003）证明大西洋鳙鲽孵化后，约有 50% 的叶酸从卵黄中损失，而仅有 23% 的卵黄叶酸保留在仔鱼体内，说明在胚胎发育期间维持代谢和生长过程的叶酸大约为 2μg/g 增重。在矿物质方面，Nguyen 等（2008）证明，美国红鱼仔鱼摄食的卤虫无节幼体中维持 Mn 水平在 12~42.8μg/g 时能够提高其生长性能，补充 Zn 和 Mn 能够促进其正常的骨骼发育。硒强化的轮虫能够提高大西洋鳕鱼仔鱼中 Se 依赖过氧化物酶的活性和 mRNA 表达（Penglase et al.,2010）。活饵料中强化 Se 能够提高塞内加尔鳎仔鱼谷胱甘肽过氧化物酶的活性和甲状腺素的水平（Ribeiro et al.,2012）。用碘强化的轮虫和卤虫无节幼体饲喂在循环系统中养殖的塞内加尔鳎仔鱼能够有效地预防甲状腺肿（Ribeiro et al.,2011）。

7.3　仔稚期营养调控对后期代谢性能的影响

在哺乳动物中，存在着个体发育早期临界阶段的营养状况会对后期发育阶段的生理机能产生长期稳定影响的现象，这种现象称为早期营养规划（early nutritional programming）（Lucas,1998;Patel and Srinivasan,2002）。研究证明，在哺乳动物中可能存在保留早期营养规划的影响直到成年期的生物学机制，包括在细胞内部适应基因表达的变化、在目标组织中优先克隆经选择的合适的细胞以及根据规划分生不同的组织细胞类型等（Lucas,1998;Jaenish and Bird,2003;Waterland and Jirtle,2004）。目前早期营养规划的概念已被应用到鱼类中，尝试通过开口期营养调控，改善养成期鱼类对某些营养物质如碳水化合物、脂肪等的利用率。Geurden 等（2007）分别在虹鳟（*Oncorhynchus mykiss*）仔鱼开口和卵黄囊消失时给予其短时期的高糖刺激（饲料中含 60% 的糊精），显著地提高了虹鳟后期对碳水化合物的消化能力（α-淀粉酶 mRNA 表达量升高），但对碳水化合物的转运（SGLT1）和糖代谢（GK 和 G6Pase）机能没有影响。Vagner 等（2007）在欧洲鲈仔鱼开口时饲喂低 HUFA 含量（0.8% EPA + DHA）的饲料，发现能够显著地提高其后期 Δ-6 脂肪酸去饱和酶 mRNA 的表达，从而提高 HUFA 的合成能力。本课题组在西伯利亚鲟（*Acipenser baerii*）仔鱼开口摄食至卵黄囊消失阶段（孵化后 8~12 日龄）给予其短时间的高糖刺激（饲料中含 57% 葡萄糖），在 30 日龄时早期的高糖刺激会显著降低摄食无碳水化合物饲料仔鱼糖异生途径关键酶（PEPCK-M 和 FBPase）mRNA 的表达，干扰其正常的糖异生调控，并伴随着生长性能的下降；而在 20 周龄时，早期的高糖刺激反而会提高摄食无碳水化合物饲料幼鱼糖异生途径关键酶（PEPCK-C 和 G6Pase）mRNA 的表达，并伴随着显著的补偿性生长（Gong et al.，未发表）。以上研究均证明鱼类和哺乳动物类似，仔稚期的营养状况不仅会对仔稚鱼的生长发育产生重要的影响，并且会通过改变其自身的代谢机能而对后期的生长发育产生长期的影响。

参考文献（略，可函索）

8　水貂营养需要与调控

高秀华，博士，研究员，博士生导师，中国农业科学院二级岗位杰出人才，享受国务院特殊津贴专家。现任中国农学会特产学会常务理事，中国畜牧兽医学会理事，中国畜牧业协会鹿业分会理事，《动物营养学报》、《经济动物学报》编委。曾先后主持科研项目 20 项，参加研究项目 27 项，取得科技成果 26 项，其中获奖成果 18 项，包括国家级科技进步二等奖 1 项、省部级科技进步二、三等奖 10 项，中国农科院科学技术成果一、二等奖 7 项。申请国家发明专利 5 项，其中已授权 3 项。主编和参编 7 本学术性著作，发表学术论文 108 篇。培养博士和硕士研究生 19 名。曾获得吉林省"有突出贡献的中青年专业技术人才"和吉林省首批"省管优秀专家"等荣誉称号。1999 年被评为中国农科院跨世纪学科带头人、吉林省劳动模范、全国优秀农业科技工作者。主要研究方向为饲料添加剂应用与评价、特种动物营养。

水貂是珍贵的毛皮动物，貂皮是世界裘皮业的支柱之一，被誉为"软黄金"。水貂属于畜牧业领域的"特色养殖业"。近年来，我国水貂养殖存栏数逐年增加，现已达到 7 000 多万只，每年直接毛皮产值达 400 多亿元，带动毛皮加工、高档裘皮服装、装饰加工及贸易、裘皮服装销售等相关产业产值达 1 200 多亿元，出口创汇 40 多亿美元。目前已逐渐形成了以我国为中心的亚洲裘皮市场，是继欧洲、北美之后第三个裘皮市场，使我国裘皮产业摆脱了欧美市场的影响，稳步健康地发展。水貂饲养业，在我国农村经济的发展中起到了越来越重要的作用。

我国水貂养殖分布广泛，不同地区的水貂管理模式和饲料原料存在明显差异。水貂饲料的营养水平直接影响到水貂的生产性能，饲料中营养过剩时，在获得同样皮张效益的情况下，增加了养殖成本；水貂饲料中营养物质不足时，又显著制约了水貂的生长发育。水貂在多年的选育过程中，体型和营养需要量均发生改变，水貂的营养需要量有待于进一步研究。皮毛品质是毛皮动物的主要经济性状，为寻找高效的生产途径，应对毛皮动物的生物学特性进行广泛研究，从营养学的角度，探讨蛋白质、氨基酸、能量、矿物质等对水貂毛皮质量的影响。本项目组近 3 年来针对国内水貂养殖业的现状，开展了大量的研究工作。

8.1　饲粮适宜蛋白质水平及其营养需要量研究

通过饲喂不同蛋白质水平的日粮，结合饲养试验、消化代谢试验、屠宰试验、组织学试验等方法，研究了生长期和冬毛期水貂在不同日龄适宜的蛋白质摄入量。结果表明：生长期水貂在50～65日龄、65～80日龄、80～95日龄和95～110日龄适宜的蛋白质摄入量分别为30～33g/d、28～35g/d、30～32g/d、29～40g/d；冬毛期公水貂在冬毛前期、中期和后期适宜的蛋白质摄入量分别为42～48g/d、36～42g/d和41～47g/d；冬毛期母貂在冬毛前中期和后期适宜的蛋白质摄入量分别为28～30g/d、25～27g/d、30～32g/d。水貂满足以上蛋白质需求量时可获得最佳毛皮质量。冬毛期水貂日粮蛋白质水平为32%时，能够刺激黑色素皮质素受体MC1R的正向表达；适宜的日粮蛋白质水平能够刺激初级毛囊分化成次级毛囊，增加水貂的绒毛密度；类胰岛素样因子受体基因IGF-ⅠRmRNA在水貂皮肤中的表达量与针毛长度（$P=0.0254$）和S/P（$P=0.0456$）呈显著正相关；表皮生长因子EGFm-RNA在水貂皮肤中的表达量IGF-ⅠR基因表达量之间存在显著的相关性（$P=0.0187$），相关系数为0.9813。

通过鲜饲料和干粉饲料的对比试验，结合生产性能和繁殖性能等指标，研究了配种准备期、妊娠期和泌乳期雌性水貂日粮中适宜的蛋白水平。结果表明：配种准备期、妊娠期和泌乳期雌性水貂日粮中适宜的蛋白质水平分别为32%～36%、36.55%和44.68%。

8.2　饲粮适宜氨基酸水平及其营养需要量研究

研究了在低蛋白质水平日粮的基础上添加氨基酸，弥补蛋白质差异对水貂生产性能的影响。试验中育成期对照组水貂饲喂34%蛋白质水平饲粮，试验组水貂饲喂32%蛋白质水平日粮基础上按照二因子三水平添加赖氨酸、蛋氨酸，根据水貂的生产性能、消化代谢和血清生化指标，结合超高压液相色谱技术，综合分析后，得出育成期水貂的饲粮中适宜的氨基酸比例为：Lys：Met：Cys＝100：55：15。

冬毛期水貂在适宜蛋白质水平的干粉饲粮中，添加（0%、0.3%、0.6%）赖氨酸和蛋氨酸，根据水貂的生产性能、皮张质量和氨基酸内源代谢参数，得出冬毛期水貂饲粮中的适宜氨基酸比例为：Lys：Met：Cys＝100：47：14。

8.3　饲粮适宜能量浓度及其营养需要量研究

研究了不同能量水平的日粮在水貂体内的消化、吸收、代谢机理。试验中8组水貂分别饲喂代谢能为13.0MJ/kg（A组）、13.5MJ/kg（B组）、14.0MJ/kg（C组）、14.5MJ/kg（D组）、15.0MJ/kg（E组）、15.5MJ/kg（F组）、16.0MJ/kg（G组）、16.5MJ/kg（H组）的试验日粮。通过初步对体重分析表明，公貂终体重差异极显著（$P<0.01$），随着日粮能量水平的升高，体重出现先升高后降低的趋势，到G组（16.0MJ/kg）达到最高；母貂试验末体重差异极显著（$P<0.01$），F组（15.5MJ/kg）、G组（16.0MJ/kg）显著高于其他各组。

8.4　饲粮适宜铜水平及其营养需要量研究

研究了饲粮中添加 0、4、8、16、32、64、128 和 256mg/kg 铜元素（铜源为硫酸铜）对水貂生长性能及营养物质利用的影响。结果表明：256mg/kg 铜添加组育成期水貂的生产性能极显著低于 32mg/kg 铜添加组；饲粮铜含量为 39mg/kg 时，营养物质消化率、氮沉积、净蛋白质利用率及蛋白质生物学价值较为理想，水貂的生长性能较好。

研究了在日粮中添加不同水平的铜源（碱式氯化铜、赖氨酸铜、硫酸铜）对育成期水貂生产性能的影响，同时比较了不同铜源的生物学效价。结果表明，饲粮中添加铜可以促进育成期水貂的生长发育，当饲粮中添加赖氨酸铜水平为 25mg/kg 或碱式氯化铜水平为 40mg/kg 时水貂的日增重较为理想。

8.5　饲粮适宜锌水平及其营养需要量研究

开展了育成期水貂饲粮锌水平的研究工作，试验分别在饲粮中添加 0、15、30、45、60、75mg/kg 蛋氨酸螯合锌和 60mg/kg 硫酸锌（以锌元素计算）。结果表明：添加 45mg/kg 蛋氨酸螯合锌组的母貂，饲粮干物质采食量、蛋白质消化率和脂肪消化率显著高于其他试验组（$P < 0.05$）；锌源与锌水平对育成期母貂氮代谢的影响无显著差异（$P > 0.05$）。冬毛期水貂日粮中添加适宜的锌源及锌水平为 30～45mg/kg 蛋氨酸螯合锌，能够增加水貂的皮张长度，刺激水貂针毛的发育，改善水貂的皮毛质量。饲粮锌添加水平为 50～100mg/kg 时，公貂的繁殖性能较为理想。繁殖期公水貂对日粮中添加锌水平为 50mg/kg 的日粮的蛋白质消化率较高，水貂饲料干物质采食量、脂肪消化率、氮沉积、净蛋白利用率及蛋白质生物学价值差异不显著。

8.6　水貂常用饲料营养价值评定

测定了 6 类 51 种 96 个水貂饲料原料常规营养成分，制定了水貂常规饲料营养成分表。实际生产中，水貂养殖企业可以参考营养成分表中的数据配制饲料。绘制了水貂常规饲料原料营养成分相似性图。当使用某种饲料原料成本较高时，水貂养殖企业可以参考此图选择与其营养成分最接近的饲料进行替代，以降低成本。以蛋白质指标作为主成分，分析同类饲料间的相互替代作用，比如在水貂的准备配种期，如需要控制种水貂体况，可以用鸭肝替代鸡肝；如需要增加种水貂体肥度可以选用鸡肝。

参考文献（略）

9 蓝狐营养需要与调控

高秀华，博士，研究员，博士生导师，中国农业科学院二级岗位杰出人才，享受国务院特殊津贴专家。现任中国农学会特产学会常务理事，中国畜牧兽医学会理事，中国畜牧业协会鹿业分会理事，《动物营养学报》、《经济动物学报》编委。曾先后主持科研项目20项，参加研究项目27项，取得科技成果26项，其中获奖成果18项，包括国家级科技进步二等奖1项、省部级科技进步二、三等奖10项，中国农科院科学技术成果一、二等奖7项。申请国家发明专利5项，其中已授权3项。主编和参编7本学术性著作，发表学术论文108篇。培养博士和硕士研究生19名。曾获得吉林省"有突出贡献的中青年专业技术人才"和吉林省首批"省管优秀专家"等荣誉称号。1999年被评为中国农科院跨世纪学科带

头人、吉林省劳动模范、全国优秀农业科技工作者。主要研究方向为饲料添加剂应用与评价、特种动物营养。

蓝狐是珍贵的毛皮动物，其毛皮属于高档制裘原料，毛色美观，轻便柔软，保暖性强，是世界上重要的裘皮支柱。蓝狐养殖属于畜牧业领域的"特色养殖业"。近年来，我国蓝狐养殖存栏数逐年增加，现已达到1 300多万只，每年直接毛皮产值达200多亿元，带动毛皮加工、高档裘皮服装、装饰加工及贸易、裘皮服装销售等相关产业产值达600多亿元，出口创汇20多亿美元。目前已逐渐形成了以我国为中心的亚洲裘皮市场，是继欧洲、北美之后第三个裘皮市场，使我国裘皮产业摆脱了欧美市场的影响，稳步健康地发展。蓝狐饲养业，在我国农村经济的发展中起到了越来越重要的作用。

从20世纪50年代末至今，我国蓝狐经过几十年的不断改良培育，蓝狐打皮平均体重从6~7kg上升到11kg以上。蓝狐体型显著增大必然导致营养需要量的改变，以前的研究结果已不能全面地给现代养殖业以参考，蓝狐适宜营养需要量有待于进一步研究。而且我国蓝狐养殖分布广泛，不同地区的蓝狐管理模式和饲料原料存在明显差异，至今尚未形成一套完整的蓝狐饲料营养价值评价体系。因此要寻找高效的生产途径，应对蓝狐的生物学特性进行广泛的研究，从营养学、分子生物学角度，探讨蛋白质、氨基酸、能量、脂肪、矿物质等因素对蓝狐各项指标的影响，为实际生产提供科学依据。

9.1 饲粮适宜蛋白质水平及其营养需要量研究

通过饲喂不同蛋白质水平的饲粮，结合生长性能、饲料转化率、营养物质消化率、氮代谢、血清生理生化指标及毛皮品质等指标，研究了育成期和冬毛期蓝狐饲粮适宜蛋白质水平及其营养需要量。结果表明：育成期和生长期蓝狐饲粮粗蛋白质适宜水平分别为32%、28%，推荐育成期和生长期蓝狐粗蛋白质适宜摄入量为97～106g/d、113～115g/d。

通过饲喂母狐不同蛋白质水平的饲粮，结合营养物质消化率、氮代谢、血清生理生化指标及繁殖性能各项指标，研究了准备配种期、妊娠期和哺乳期蓝狐饲粮适宜蛋白质水平及其营养需要量。结果表明：准备配种期、妊娠期和哺乳期蓝狐饲粮粗蛋白质适宜水平分别为30.43%、30.43%和39.84%，推荐准备配种期、妊娠期和哺乳期蓝狐粗蛋白质适宜摄入量为77.94～84.06g/d、77.94～84.06g/d和120～159g/d。

9.2 饲粮适宜氨基酸水平及其营养需要量研究

本项目各组蓝狐分别饲喂在低蛋白质水平的基础料上添加不同水平的蛋氨酸饲粮，从而研究了饲粮蛋氨酸水平对育成期、冬毛期蓝狐生长性能、营养物质消化率、氮代谢、饲料转化率、血清生理生化指标及毛皮品质等指标的影响，确定了育成期及冬毛期蓝狐饲粮适宜蛋氨酸水平及其营养需要量。结果表明：育成期、冬毛期蓝狐饲粮蛋氨酸适宜水平分别为1.14%和0.99%，推荐育成期、冬毛期蓝狐蛋氨酸适宜摄入量分别为3.51～3.66g/d和3.93～4.02g/d。

9.3 饲粮适宜能量来源、浓度及其营养需要量研究

通过饲喂不同能量来源（鱼油、猪油、牛油）饲粮，结合生长期（育成期和冬毛期）蓝狐不同阶段生长性能、生产性能、营养物质利用、消化道酶活及小肠组织形态、体脂沉积及肝脏组织形态和相关基因表达等各项指标，系统地研究日粮能量来源对生长期蓝狐（育成期和冬毛期）消化代谢规律的影响。结果表明，生长期蓝狐不适宜单独添加鱼油作为主要脂肪来源的日粮，否则会出现相应的病理病变，猪油和牛油综合指标较好，是蓝狐适宜的脂肪来源。

通过饲喂不同能量浓度饲粮，结合生长期（育成期和冬毛期）蓝狐不同阶段生长性能、生产性能、营养物质利用、消化道酶活及小肠组织形态、体脂沉积及肝脏组织形态和相关基因表达等各项指标，系统的研究日粮能量浓度对生长期蓝狐消化代谢规律的影响。结果表明，生长期蓝狐饲粮脂肪适宜水平为26%。育成期饲粮代谢能适宜水平为17.90MJ/kg，公狐代谢能适宜摄入量为4.15～5.47MJ/d，母狐代谢能适宜摄入量为5.23～5.36MJ/d。冬毛期饲粮代谢能适宜水平为18.82MJ/kg，公狐代谢能适宜摄入量为4.19～6.00MJ/d，母狐代谢能适宜摄入量为3.40～5.92MJ/d。

9.4 饲粮适宜铜水平及其营养需要量研究

本项目饲粮是以五水硫酸铜（$CuSO_4 \cdot 5H_2O$）为铜源，各组饲粮中铜元素的含量分别

为 7.89、20、40、80、160mg/kg，从而研究铜水平对育成期和冬毛期蓝狐生长性能、营养物质消化率、氮代谢、饲料转化率、血清生化指标及毛皮品质等指标的影响。结果表明：当育成期饲粮铜水平为 40mg/kg，即蓝狐适宜摄入量为 11.52～12.04mg/d 时能获得较好的生长性能，营养物质的利用率较高，净蛋白质利用率和蛋白质生物学价值较为理想，同时可降低氮的排放。当冬毛期饲粮铜水平为 40～80mg/kg，即蓝狐适宜摄入量为 13.89～27.66mg/d 时能够明显改善冬毛期蓝狐的生长性能，饲粮中营养物质的利用率较高，得到较佳的毛皮品质。

9.5 饲粮适宜锌水平及其营养需要量研究

本项目是以 $ZnSO_4 \cdot H_2O$ 为锌源，每组饲喂锌的含量分别为 41.25、60、80、100、120mg/kg（基础日粮以锌元素计）的饲粮，从而研究锌水平对育成期和冬毛期蓝狐生长性能、营养物质消化率、氮代谢、饲料转化率、血清生化指标及毛皮品质等指标的影响。结果表明：育成期和冬毛期蓝狐饲粮锌适宜水平分别为 60～80mg/kg 和 80～120mg/kg，即育成期和冬毛期蓝狐适宜摄入量分别为 27.52～41.16mg/d 和 27.52～41.16mg/d 时可满足蓝狐对锌的营养需要，并获得较好的生产性能。

9.6 蓝狐常用饲料营养价值评定

采用化学分析法测定了 6 类 51 种 96 个蓝狐饲料原料常规营养成分，制定了蓝狐常规饲料营养成分表。实际生产中，蓝狐养殖企业可以参考营养成分表中的数据配制饲料。绘制了蓝狐常规饲料原料营养成分相似性图。当使用某种饲料原料成本较高时，蓝狐养殖企业可以参考此图选择与其营养成分最接近的饲料进行替代，以降低成本。

采用动物试验法进行了蓝狐常规饲料消化率的比较研究，测定了 11 种干粉饲料原料和 11 种鲜饲料原料粗蛋白质的表观消化率，比较了各饲料原料的适口性。11 种干粉饲料原料中动物性蛋白来源日粮的粗蛋白质表观消化率介于 60%～70% 的有鸡肉粉和羽毛粉日粮；介于 50%～60% 的有秘鲁鱼粉、鸡肠羽粉和肉骨粉日粮。植物性饲料蛋白消化率从高到低依次为豆粕、膨化大豆、玉米蛋白粉日粮、玉米胚芽粕、膨化玉米。11 种鲜饲料原料粗蛋白质的表观消化率依次是牛肉 97.25%，白条鸡 96.69%，海杂鱼为 94.60%，鸡蛋（带壳）91.24%，鸡骨架 91.19%，鸡杂 89.88%，鳑鲏 83.06%，白鲢 77.28%，鸡肝 75.58%，牛肝 68.26%。

采用动物试验法，结合生长性能、营养物质消化率、氮代谢、血清生理生化指标及生产性能等指标，研究了动、植物来源饲料对育成期和冬毛期蓝狐生产性能的影响。结果表明：育成期和冬毛期蓝狐动物性蛋白质饲料的饲养效果优于植物性蛋白质饲料。故实际生产中，不能够为了降低成本而过多地使用植物性蛋白质饲料。猪油能够改善育成期蓝狐饲料的适口性、提高饲料蛋白质利用率。在实际生产中，可以考虑在豆油的基础上添加一定的猪油，以保障较好的粗脂肪消化率和适口性。

参考文献（略）

第四部分　附　　录

1 发表文章目录 (2011.01～2013.12)

2011 年发表文章目录

作者	题目名称	期刊名称	卷期页码
岳喜新,刁其玉,马春晖,邓凯东,屠 焰,姜成钢,杜红芳	早期断奶羔羊代乳粉饲喂水平对营养物质消化代谢及血清生化指标的影响	中国农业科学	44(21):4464-4473
王建红,刁其玉,许先查,屠 焰,张乃锋,云 强	日粮 Lys、Met 和 Thr 添加模式对 0～2 月龄犊牛生长性能、消化代谢与血清学生化指标的影响		44(9):1898-1907
郭旭东,刁其玉,王月影,屠 焰,闫贵龙,付 彤,汪新建,邓凯东,张乃锋,鞠翠芳,李军涛,宋 凯,顾小卫,吕宗友,徐 俊	芦丁对去卵巢处女大鼠乳腺发育作用的影响		44(06):1266-1276
云 强,刁其玉,屠 焰,张乃锋,王建红,周 盟	日粮中赖氨酸和蛋氨酸比对断奶犊牛生长性能和消化代谢的影响		44(1):133-142
张铁涛,张志强,高秀华*	不同蛋白质水平日粮对育成期雄性水貂 (Mstulavision)生产性能与消化代谢规律的影响	畜牧兽医学报	42(10):1387-1395
闫贵龙,曹春梅,刁其玉,洪 梅,王建红	夏季窖内不同深度全株玉米青贮品质和营养价值的比较		42(03):381-388
耿业业,张铁涛,张志强,高秀华*	饲粮脂肪水平对育成期蓝狐生长性能、体脂沉积及血清生化指标的影响		23(9):1637-1646
张志强,张铁涛,耿业业,高秀华*	饲粮蛋白质水平对蓝狐哺乳性能的影响		23(9):1631-1636
武书庚,高春起,张海军,田 方,齐广海*	低聚异麦芽糖对产蛋鸡生产性能、盲肠微生物和免疫机能的影响		23(9):1560-1568
徐 磊,张海军,武书庚*,岳洪源,齐广海,孙琳琳	吡咯喹啉醌对蛋鸡生产性能、蛋品质及抗氧化功能的影响		23(8):1370-1377
邹方起,徐美娜,王 嘉,薛 敏*,吴秀峰,郑银桦,王赤龙,吴立新	切达奶酪粉部分替代鱼粉对虹鳟幼鱼生长性能、体成分及血浆生化指标的影响	动物营养学报	23(8):1430-1438
崔 虎,张铁涛,张志强,耿业业,高秀华*	饲粮蛋白质水平对冬毛期蓝狐生长性能、营养物质消化代谢及血清生化指标的影响		23(8):1439-1445
张志强,张铁涛,耿业业,高秀华*	饲粮蛋白质水平对雌性蓝狐繁殖性能的影响		23(7):1253-1258
郑爱娟,刘国华,董晓玲,李 勇,陈桂兰	甲状腺素,胰高血糖素和表皮生长因子对肉鸡小肠I型肽转运载体 mRNA 表达量的影响		23(7):1161-1166
陈 娟,刘国华,刘 宏	套算法评定肉鸭常用植物性饲料原料中总磷真利用率和真有效磷含量		23(7):1109-1115
张铁涛,张志强,高秀华*	饲粮蛋白质水平对冬毛期水貂部分血清生化指标的影响		23(6):1052-1057
周 怿,刁其玉,屠 焰,云 强	酵母 β-葡聚糖和杆菌肽锌对早期断奶犊牛生长性能和胃肠道发育的影响		23(05):813-820
赵一广,刁其玉,邓凯东,刘 洁,姜成钢,屠 焰	反刍动物甲烷排放的测定及调控技术研究进展		23(05):726-734

（续表）

作者	题目名称	期刊名称	卷期页码
许先查,王建红,刁其玉,屠 焰,张乃锋,杨开伦	代乳粉的饲喂水平对犊牛消化代谢及血清生化指标的影响		23(04):654-661
徐少辉,武书庚,张海军,齐广海*	饲粮中添加L-肉碱对产蛋鸡生产性能、蛋品质及脂质代谢的影响		23(4):640-646
邓会玲,刘国华,刘 宁	氨基酸介导的TOR信号传导通路研究进展		23(4):529-535
陈 娴,刘国华,刘 宏	不同方法测定肉鸭内源磷排泄量的比较研究		23(3):403-409
王兰梅,王 嘉,薛 敏,赵维香,郑银桦,王秋艳,吴秀峰	铜和维生素C交互作用对花鲈生长性能、肝脏铜积累量、免疫功能的影响		23(3):395-402
张 华,蔡辉益,刘国华,常文环,郝晓洁,周 晓	T-RFLP分析技术在肉鸡肠道微生物研究中的应用	动物营养学报	23(3):364-369
徐少辉,武书庚,张海军,岳洪源,齐广海*	L-肉碱生理作用及其机理的研究进展		23(3):57-363
王 晶,武书庚,许 丽,齐广海*	鱼腥味鸡蛋的研究进展		23(3):70-375
毛红霞,武书庚,张海军,周学斌,齐广海*	植物体提取物混合精油对肉仔鸡生长性能、肠道菌落和肠粘膜形态的研究		23(3):433-439
王建红,刁其玉,许先查,屠 焰,张乃锋,云 强	赖氨酸、蛋氨酸和苏氨酸对犊牛生长性能和血清生化指标的影响		23(2):226-233
高春起,张海军,武书庚,岳洪源,秦玉昌,吕小文,齐广海*	三聚氰胺的毒性及其在畜产品中残留规律的研究进展		23(2):187-195
马 涛,刁其玉,邓凯东	尿嘌呤衍生物法估测瘤胃微生物蛋白质产量		23(1):10-14
吕文龙,刁其玉,闫贵龙	布氏乳杆菌对青玉米秸青贮发酵品质和有氧稳定性的影响	草业学报	3:143-148
洪 梅,刁其玉,姜成钢,闫贵龙,屠 焰,张乃锋	布氏乳杆菌对青贮发酵及其效果的研究进展		5:266-271
郭旭东,刁其玉,王月影,屠 焰,闫贵龙,李 勇	芦丁对雌性青春期大鼠乳腺发育及相关激素与受体水平的影响	营养学报	3:247-252
胡 亮,薛 敏,王 彬,吴秀峰,郑银桦,王 嘉	晶体氨基酸提高混合动物蛋白替代花鲈饲料中鱼粉的潜力	水产学报	35(2):268-275
岳喜新,刁其玉,马春晖,邓凯东,屠 焰,姜成钢,杜红芳	代乳粉蛋白质水平对早期断奶羔羊生长发育和营养物质代谢的影响	中国农学通报	3:268-274
辛 娜,刁其玉,张乃锋,周 盟	芽孢杆菌制剂对蛋鸡生产性能及蛋品质的影响		7:322-32
葛红云,王兰梅,郑银桦,薛 敏,赵维香,吴秀峰,胡 亮,王 嘉	棉子糖对花鲈生长、免疫抗应激及抵御嗜水气单胞菌攻毒的影响	水生生物学报	35(2):283-290
辛 娜,刁其玉,张乃锋,张永发,周 盟,沙怀中	芽孢杆菌制剂对蛋鸡生产性能、血清指标及盲肠微生物的影响		38(10):5-9
乔 璩,岳洪源,计 峰,武书庚,齐广海,冯定远,张海军*	β-羟基β-甲基丁酸钙对肉仔鸡生长性能、屠宰性能和血液激素的影响		38(8):1-5
孙宏选,高秀华*,杨禄良	玉米-豆粕型日粮中添加高剂量植酸酶对肉鸡养分利用率的影响	中国畜牧兽医	38(5):10-14
孙宏选,高秀华*,杨禄良	玉米-豆粕型日粮中添加高剂量植酸酶对肉鸡生长性能和血清生化指标的影响		38(4):11-15
邓雪娟,刘国华,蔡辉益,刘 宁,王 苑,常文环,张 姝	理想氨基酸水平对肉鸡生长发育调控技术的研究进展		38(3):34-38
张志强,张铁涛,耿业业,高秀华*	准备配种期雌性蓝狐对不同蛋白质水平日粮营养物质消化率及氮代谢的比较研究		38(2):25-28

（续表）

作者	题目名称	期刊名称	卷期页码
计 峰,武书庚,张海军,岳洪源,姚 斌,齐广海*	蛋氨酸来源调控机体蛋氨酸代谢的研究进展	中国畜牧杂志	47(19):74 - 78
武书庚,张海军,齐广海	排泄物除臭的饲料营养调控技术		47(16):51 - 54
张卫兵,刁其玉,张乃锋,屠 焰	日粮蛋白能量比对 3 - 5 月龄后备奶牛乳腺发育及相关激素的影响		47(7):46 - 49
付胜勇,任 冰,刘 庚,武书庚,齐广海*	蛋鸡氨基酸营养调控研究进展		47(6):69 - 73
云 强,刁其玉,屠 焰,周 怿	开食料中粗蛋白水平对荷斯坦犊牛生长性能和血清生化指标的影响		47(3):49 - 52
武书庚,张海军,岳洪源,齐广海*	蛋鸡产业营养调控技术的发展现状和瓶颈		47(2):63 - 69
郭旭东,刁其玉,王月影,屠 焰,闫贵龙,汪新建,李军涛,邓东晓	芦丁对哺乳大鼠乳腺发育及相关激素水平与受体表达关系的影响	中国农业大学学报	5:88 - 95
张铁涛,张志强,耿业业,高秀华*	日粮蛋白质水平对冬毛期雌性黑貂营养物质消化率及毛皮质量的影响	吉林农业大学学报	33(2):204 - 209
娄瑞颖,刘国华,张玉萍,汝应俊*	玉米化学成分和代谢能的变异度及其与肉仔鸡生长性能的相关性分析	甘肃农业大学学报	46(4):36 - 42
郝晓洁,刘国华,张 姝,常文环,张 华,周 晓*	日粮维生素 A 水平对肉仔鸡抗氧化指标和免疫器官指数的影响		46(5):27 - 32
田亚东,蔡辉益,康相涛	肉鸡氨基酸需要动态预测模型的评价	西北农业学报	20(11):33 - 38
常文环,王晓方,刘国华	肉雏鸡营养与开食料研究进展	中国家禽	33(23):48 - 50
汤建平,常文环,蔡辉益,刘国华	肉鸡饲养密度研究进展		33(20):40 - 43
徐 磊,张海军,岳洪源,齐广海,武书庚*	吡咯喹啉醌的生理功能研究进展		36(增刊):230 - 233
于继英,武书庚*,张海军,颜培实	餐厨废弃物加工处理及产品饲喂有效性		36(增刊):160 - 164
武书庚,贾国文,张海军,计 峰,齐广海*	国产肉骨粉和肉粉生物学利用率研究		36(增刊):267 - 271
徐少辉,武书庚,张海军,岳洪源,齐广海*	L - 肉碱和生物素对产蛋鸡生产性能和蛋品质的影响		36(增刊):160 - 164
岳洪源,刘明峰,武书庚,张海军,齐广海*	"名糖活力素"对蛋鸡产蛋性能、盲肠微生物以及血清抗氧化指标的影响		36(增刊):136 - 141
王 嘉,薛 敏,刘海燕,吴秀峰,郑银桦	脲醛聚合物对吉富罗非鱼的急性毒性研究	中国渔业质量与研究	1(1):40 - 45
赵红月,薛 敏,解绶启,韩 冬	鱼用促摄食物质研究方法	水产科学	30(1):58 - 62
辛 娜,刁其玉,张乃锋,周 盟,穆立田	蛋鸡饲喂芽孢杆菌制剂对鸡蛋蛋品质及营养成分的影响	畜牧与兽医	11:11 - 15
许先查,刁其玉,王建红,屠 焰,张乃峰	液态饲料饲喂量对 0～2 月龄犊牛生长性能的影响		2:4 - 8
许先查,刁其玉,王建红,屠 焰,张乃锋,符运勤	代乳粉的饲喂方式对犊牛体重、采食及相关行为的影响	中国奶牛	18:13 - 17
辛 娜,张乃锋,周 盟,刁其玉,穆立田,李复煌	芽孢杆菌制剂对断奶仔猪生长性能、胃肠道 pH 值及免疫器官指数的影响	中国饲料	12:21 - 24
王建红,刁其玉,许先查,屠 焰,张乃锋,符运勤	代乳品中不同赖氨酸、蛋氨酸和苏氨酸水平对犊牛生长性能和血清生化指标的影响		11:6 - 9
郭旭东,刁其玉,汪新建	中草药防治奶牛乳房炎的研究		8:24 - 25

（续表）

作者	题目名称	期刊名称	卷期页码
辛　娜,刁其玉,张乃锋	粪臭素对动物的作用机理及其减少排放的有效方法	中国饲料	8:7－9
王永伟,刘国华,王凤红,汝应俊,吴广兵	14个小麦样品的肉鸡代谢能评定		6:6
汤海鸥,高秀华*,黄　辉,刘　家	复合酶制剂在肉鸡饲养中的应用效果研究		5:24－27
董晓丽,刁其玉,邓凯东,屠　焰,张乃锋	微生态制剂在反刍动物营养与饲料中的应用		4:8－11
郭旭东,刁其玉,郭宇廷,汪新建,高　杰	芦丁对大鼠免疫器官指数的影响	动物医学进展	11:70－72
刘世杰,刘国华,娄瑞颖,郑爱娟,常文环,张　姝,蔡辉益	我国饲用小麦营养指标的变异度分析	饲料工业	32(20):46－49
娄瑞颖,刘国华,张玉萍,汝应俊*	近红外光谱技术预测玉米代谢能值定标模型的研究		32(20):42－45
刘世杰,刘国华,蔡辉益,郑爱娟,张　姝,常文环	我国饲用小麦理化指标的变异度分析		32(16):43－47
娄瑞颖,刘国华,张玉萍,汝应俊*	玉米理化品质及其鸡代谢能的变异研究		32(16):34－38
王赤龙,王　嘉,薛　敏*,郑银桦,吴秀峰,赵维香	乳源性益生元(百泰®－A对西伯利亚鲟(AcipenserbaeriiBrandt)生长性能和营养成分消化率的影响		32(10):11－15
辛　娜,刁其玉,张乃锋,周　盟	芽孢杆菌制剂对断奶仔猪生长性能、免疫器官指数及胃肠道pH值的影响		32(09):33－36
于继英,武书庚*,张海军,张　琳,赵晰英,颜培实	餐厨废弃物产生与资源化利用现状和未来		32(4):62－64
岳喜新,刁其玉,马春晖,邓凯东,屠　焰,姜成钢,杜红芳	饲喂代乳粉对羔羊生长性能和血清生化指标的影响		32(1):20－23
纪守坤,刁其玉,姜成钢,李艳玲,屠　焰,许贵善,邓凯东	肉羊钙需要量及估测方法研究进展	饲料博览	12:11－14
郭旭东,郭宇廷,刁其玉,闫贵龙	超微粉碎技术在中草药上的应用	中国现代中药	9:40－44
刁其玉	倡导非蛋白氮应用于反刍动物饲料	饲料与畜牧	7:1
郝志刚,刁其玉,潘康成	新饲料添加剂应用与研究——地衣芽孢杆菌		4:40－41
刁其玉,周　怿	后备牛营养需要与培育的研究进展		1:8－12
刁其玉	微生态制剂在反刍动物营养与饲料中的研究与应用	北方牧业	11:12－13
董晓丽,张乃锋,穆立田,刘哲翔	现代生物技术在饲料资源开发中的应用进展	猪业科学	8:28－30
刁其玉,屠　焰,周　怿	后备牛营养需要与培育的研究进展	当代畜禽养殖业	11:22－26
李　勇,蔡辉益,刘国华,常文环,王凤红	国外利用生长模型预测动物生长及体组分的研究进展		9:59－64
岳　颖	热应激对肉鸡的影响与防治		7:40－42
汤海鸥,高秀华*,黄　辉,刘　家	复合酶制剂对肉鸡生产性能的影响及养殖效益分析		7:13－16
蔡辉益	全球视野下的畜牧饲料经济发展战略		7:3－6

（续表）

作者	题目名称	期刊名称	卷期页码
蔡辉益	国内外饲料养殖发展趋势	现代畜牧兽医	2:1-3
刁其玉,冯仰廉	蛋白质饲料经瘤胃培养和小肠酶降解后的氨基酸模型	反刍动物营养需要及饲料营养价值评定与应用	中国北京:2011.3
刁其玉	微生态制剂在反刍动物营养与饲料中的研究应用	饲料微生态制剂应用技术研讨会暨微生态制剂大会中国北京:2011.1	
Aijuan Zheng., Jianke Li., Desalegn Begna, Yu Fang, Mao Feng, Feifei Song	Proteomic Analysis of Honeybee (Apis mellifera L.) Pupae Head Development	PLoS ONE	6(5):1371-1390
H. Y. Yue, J. Wang, X. L. Qi, F. Ji, M. F. Liu, S. G. Wu, H. J. Zhang, and G. H. Qi *	Effects of dietary oxidized oil on laying performance, lipid metabolism, and apolipoprotein gene expression in laying hens.		90:1728-1736
L. Xu, L. Zhang, H. Y. Yue, S. G. Wu, H. J. Zhang, F. Ji, and G. H. Qi *	Effect of electrical stunning current and frequency on meat quality, plasma parameters, and glycolytic potential in broilers		90:1823-1830
L. Xu, F. Ji, H. Y. Yue, S. G. Wu, H. J. Zhang, L. Zhang, and G. H. Qi *	Plasma variables, meat quality, and glycolytic potential in broilers stunned with different carbon dioxide concentrations	Poultry Science	90:1831-1836
L. Xu, H. Y. Yue, S. G. Wu, H. J. Zhang, F. Ji, L. Zhang, and G. H. Qi *	Comparison of blood variables, fiber intensity, and muscle metabolites in hot-boned muscles from electrical- and gas-stunned broilers		90:1837-1843
L. Xu S. G. Wu, H. J. Zhang, L. Zhang, H. Y. Yue, F. Ji and G. H. Qi *	Comparison of lipid oxidation, messenger ribonucleic acid levels of avian uncoupling protein, avian adenine nucleotide translocator, and avian peroxisome proliferator activated receptor-γ coactivator-1α in skeletal muscles from electrical- and gas-stunned broilers		90:2069-2075
Xiaolong Qi, Shugeng Wu, Haijun Zhang, Hongyuan Yue, Shaohui Xu, Feng Ji & Guanghai Qi *	Effects of dietary conjugated linoleic acids on lipid metabolism and antioxidant capacity in laying hens	Archives of Animal Nutrition	65(5):354-365
H. Zhu, G. Gong, J. Wang, X. Wu, M. Xue, C. Niu, L. Guo, Y. Yu.	Replacement of fish meal with blend of rendered animal protein in diets for Siberian sturgeon(Acipenser baerii Brandt), results in performance equal to fish meal fed fish.	Aquaculture Nutrition	17:e389-e395
M. Xue, Y. Qin, J. Wang, J. Qiu, X. Wu, Y. Zheng, Q. Wang	Plasma pharmacokinetics of melamine and a blend of melamine and cyanuric acid in rainbow trout (Oncorhynchus mykiss)	Regulatory Toxicology and Pharmacology	61:93-97

2012 年发表文章目录

作者	题目名称	期刊名称	卷期页码
许贵善,刁其玉,纪守坤,邓凯东,姜成钢,屠　焰,刘　洁,赵一广,马　涛,楼　灿	20～35kg 杜寒杂交公羔羊能量需要参数		45(24):5082－5090
王斯佳,蔡辉益,刘国华,闫海洁	不同饲料原料中胆碱生物学效价的评定	中国农业科学	45(20):4260－4268
赵一广,刁其玉,刘　洁,姜成钢,邓凯东,屠　焰	肉羊甲烷排放测定与模型估测		45(13):2718－2727
张　林,张海军,武书庚,岳洪源,姚军虎,齐广海	单色光间歇性刺激胚蛋对肉仔鸡胸肉生长及肉品质的影响		45(5):951－957
闫贵龙,程　成,曹春梅,刁其玉	煮沸时间对滤袋法测定青贮玉米 NDF 和 ADF 含量的影响		43(3):404－409
辛　娜,张乃锋,刁其玉,周　盟	芽孢杆菌制剂对断奶仔猪生长性能、胃肠道发育的影响		43(6):901－908
刘　洁,刁其玉,赵一广,姜成钢,邓凯东,李艳玲,屠　焰	肉用绵羊饲料养分消化率和有效能预测模型的研究	畜牧兽医学报	43(8):1230－1238
马　涛,刁其玉,邓凯东,姜成钢,屠　焰,张乃锋,王永超,刘　洁,赵一广	应用^{15}N 和嘌呤估测肉羊微生物 N 产量的研究		43(12):1910－1916
高秀华,杨福合,张铁涛,李光玉	珍贵毛皮动物(水貂、蓝狐)营养需要研究进展	动物营养研究进展(2012 年版)	235－240
武书庚,王　晶,张海军,岳洪源,齐广海	蛋鸡机体内氧化与抗氧化平衡研究进展及调控		128－139
纪守坤,许贵善,姜成钢,屠　焰,刘　洁,赵一广,马　涛,楼　灿,邓凯东,刁其玉	饲喂水平对杜寒 F_1 代公羔羊体内主要矿物质含量及分布的影响		24(11):2133－2140
董晓丽,张乃锋,周　盟,屠　焰,刁其玉,聂明非	一株乳酸菌 GF103 的分离鉴定及体外益生效果评价		24(09):1832－1838
云春凤,耿业业,张铁涛,崔　虎,高秀华*,杨福合,邢秀梅	饲粮蛋白质和脂肪来源对育成前期蓝狐营养物质消化率和氮代谢的影响		24(9):1721－1730
付胜勇,武书庚,张海军,岳洪源,董　延,齐广海	标准回肠可消化氨基酸模式下降低饲粮粗蛋白质水平对蛋鸡生产性能、蛋品质及氮平衡的影响		24(9):1683－1693
刘　庚,武书庚,计　峰,张海军,岳洪源,高玉鹏,齐广海	30～38 周龄产蛋鸡理想氨基酸模式的研究		24(8):1447－1458
任　冰,武书庚,计　峰,张海军,岳洪源,董　延,高玉鹏,齐广海	理想氨基酸模式下低粗蛋白质饲粮对蛋鸡生产性能的影响	动物营养学报	24(8):1459－1468
马　涛,刁其玉,邓凯东,姜成钢,屠　焰,王永超,刘　洁,赵一广	饲粮不同采食水平下肉羊氮沉积和尿中嘌呤衍生物排出规律的研究		24(7):1229－1235
吴学壮,张铁涛,崔　虎,蒋清奎,高秀华*,杨福合,邢秀梅	饲粮添加铜水平对育成期水貂生长性能、营养物质消化率及氮代谢的影响		24(6):1078－1084
刘　洁,刁其玉,赵一广,姜成钢,李艳玲,屠　焰	饲粮不同 NFC/NDF 对肉用绵羊瘤胃 pH、氨态氮和挥发性脂肪酸的影响		24(6):1069－1077
曹春燕,王　嘉,薛　敏*,Bharadwaj A. S.,冯　云,吴秀峰,郑银桦,曹　宏,冀凤杰,王鲁波	锌源和水平对异育银鲫生长性能、组织锌沉积和抗氧化功能的影响		24(5):968－976
许贵善,刁其玉,纪守坤,邓凯东,姜成钢,屠　焰,刘　洁,赵一广,马　涛,楼　灿	不同饲喂水平对肉用绵羊生长性能、屠宰性能及器官指数的影响		24(5):953－960
张铁涛,崔　虎,杨　颖,吴学壮,高秀华*,杨福合,邢秀梅	饲粮蛋白质水平对育成期母貂生长性能、营养物质消化代谢及血清生化指标的影响		24(5):835－844

（续表）

作者	题目名称	期刊名称	卷期页码
符运勤,刁其玉,屠 焰,王建红,许先查	不同组合益生菌对0~8周龄犊牛生长性能及血清生化指标的影响	动物营养学报	24(04):753-761
张铁涛,崔 虎,岳志刚,杨 颖,高秀华*,杨福合,邢秀梅	饲粮蛋白质水平对冬毛期水貂胃肠道消化酶活性以及空肠形态结构的影响		24(2):376-382
汤建平,蔡辉益,常文环,刘国华,张 姝,廖瑞波,邓会玲	饲养密度与饲粮能量水平对肉仔鸡生长性能及肉品质的影响		24(2):239-251
岳 颖,刘国华,郑爱娟,张 华,王晓方,李婷婷,卢占军	生长动物脂肪代谢关键酶基因表达调控		24(2):232-238
张海军,徐 磊,岳洪源,武书庚,潘英姿,卫舒敏,王 晶	葡多酚对肉鸡生产性能和免疫机能的影响	中国畜牧兽医	39(3):99-103
王晓方,常文环,刘国华,张 姝,郑爱娟,蔡辉益	畜禽肌肉肌苷酸研究进展		39(5):221-225
王鲁波,薛 敏*,王 嘉,吴秀峰,郑银桦,曹春燕	天然叶黄素对黄颡鱼生长性能和皮肤着色的影响	水产学报	36(7):1102-1110
郭旭东,刁其玉,徐 俊,屠 焰,闫贵龙	芦丁对奶牛瘤胃内固相和液相降解纤维素相关酶活性的影响		48(7):55-58
肖俊峰,武书庚,温庆琪	仔猪断奶日龄对母猪繁殖性能影响的探讨		48(8):47-50
刘 庚,任 冰,武书庚,高玉鹏,齐广海	论理想AA模式在蛋鸡营养中的应用	中国畜牧杂志	48(11):76-80
马 涛,刁其玉,邓凯东,姜成钢,屠 焰,李艳玲,刘 洁,赵一广	日粮不同精粗比对肉羊氮沉积和尿嘌呤衍生物排出量的影响		48(15):29-33
许贵善,刁其玉,纪守坤,邓凯东,姜成钢,屠 焰,刘 洁,赵一广,马 涛,楼 灿	不同饲喂水平对肉用绵羊能量与蛋白质消化代谢的影响		48(17):40-44
符运勤,刁其玉,屠 焰	益生菌对0~52周龄中国荷斯坦后备牛生长发育的影响	中国奶牛	15:8-12
陈丹丹,刁其玉,姜成钢,屠 焰,赵一广	反刍动物甲烷的产生机理和减排技术研究进展	中国草食动物科学	4:66-69
靳玲品,刁其玉,屠 焰,李艳玲,姜成钢,聂明非	紫花苜蓿的有效降解率与其概略养分的相关性分析		21:10-15
邓雪娟,刘国华,蔡辉益,刘 宁	理想氨基酸水平对肉仔鸡生产性能和屠体性状的影响	中国饲料	8,011
肖俊峰,武书庚,张海军,岳洪源,齐广海	四种壳基质蛋白研究进展		34(9):44-47
李婷婷,蔡辉益,闫海洁,张 姝,陈宝江	家禽饲料有效能评定:方法学理论与实践	中国家禽	34(3):43-46
云春凤,范 寰,高秀华*,王文杰	白腐真菌和黑曲霉混合2步发酵醋渣的研究	饲料研究	2:24-26
周 盟,刁其玉,张乃锋,董晓丽	微生态制剂在动物营养与饲料的应用		1:17-20
刘海燕,李 超,薛 敏*,杨振才	天然叶黄素添加剂对中华鳖的急性毒性实验研究		33(24):17-20
廖瑞波,蔡辉益,张 姝,刘国华,闫海洁,常文环	肉鸡核黄素营养研究进展		33(13):14-16
王鲁波,薛 敏*,王 嘉,吴秀峰,郑银桦,韩 芳	叶黄素在鱼类饲料中的应用	饲料工业	33(12):6-9
纪守坤,许贵善,刁其玉,邓凯东,姜成钢,屠 焰,马 涛,楼 灿	不同饲喂水平对肉用羔羊矿物质消化代谢的影响		33(11):43-47
廖瑞波,蔡辉益,刘国华,张 姝,王斯佳,汤建平,邓会玲	玉米中氨基酸的肉鸡标准回肠消化率测定		33(6):20-25

（续表）

作者	题目名称	期刊名称	卷期页码
齐晓龙编译	奶牛烟酸营养研究进展（一）		2:16－18
齐晓龙编译	奶牛烟酸营养研究进展（二）		3:22－24
屠 焰	犊牛消化道酸度及酸度调节剂研究进展		3:25－29
刁其玉,屠 焰	犊牛日粮中生长调节剂的研究进展		3:5－10
齐晓龙编译	奶牛烟酸营养研究进展（三）		4:21－26
周剑波,齐晓龙,齐广海	共轭亚油酸在蛋鸡生产中的研究概况	饲料与畜牧	5:33－35
刁其玉	犊牛100天——成就成年牛的健康和高效益		6:1
屠 焰	早期断奶羔羊代乳品的阶段性研究进展（一）		7:5－7
屠 焰	早期断奶羔羊代乳品的阶段性研究进展（二）		8:8－10
张乃锋	仔猪安全环保型饲料技术应用进展		9:8－11
刘国华,于会民,屠 焰	蛋鸭的饲养标准	农村养殖技术	2012(11):24
刁其玉	微生态制剂在发展生态畜牧业中的意义	北方牧业	22:14
周 盟,张乃锋,董晓丽,刁其玉,穆立田,刘哲翔,陈亚军,信 先	小麦替代玉米在生猪日粮中的应用	猪业科学	1:68－70
张乃锋,刘金霞,张永发,王越晨,周 盟	环保饲料对生长猪增重和饲料转化效率的影响		7:80－81
张乃锋	安全饲料配制关键技术研究		12:40－41
齐晓龙,赵 芹,张亚男,武书庚,岳洪源,张海军,齐广海	产蛋鸡原代肝细胞氧化应激模型的建立	论文集,2012,10	284
张铁涛,高秀华*,杨福合,李光玉	饲粮赖氨酸、蛋氨酸水平对育成期水貂消化代谢和生产性能的影响		224
周 梁,武书庚,张海军,岳洪源,齐广海	外源蛋白酶(ProAct)对肉鸡生产性能及抗氧化性能影响的研究		144
岳洪源,王 晶,齐晓龙,张海军,武书庚,齐广海	日粮氧化油脂对产蛋鸡生产性能、脂质代谢及载脂蛋白基因表达的影响		121
王 晶,武书庚,张海军,岳洪源,齐广海	日粮添加胆碱对不同FMO3基因型蛋鸡三甲胺代谢的影响		120
付胜勇,武书庚,张海军,岳洪源,董 延,齐广海	日粮能量浓度和粗蛋白质水平对蛋鸡生产性能和蛋品质、氮和温室气体排出的影响		117
张海军,武书庚,王 晶,岳洪源,齐广海,魏传东,于长青,仝宝生	黄腐酸对肉仔鸡生产性能和血液生化指标的影响	中国畜牧兽医学会动物营养学分会第十一次全国动物营养学术研讨会论文集,2012,10	105
张亚男,武书庚,张海军,岳洪源,齐广海	不同锌添加水平对产蛋鸡生产性能、蛋壳品质的影响及其机理的研究		92
李艳玲,张云蛟,张 民,姜成钢,刁其玉	复合酶制剂对体外瘤胃发酵以及奶牛产奶量和乳成分的影响		
刘 洁,刁其玉,屠 焰,姜成钢,李艳玲	肉用绵羊饲料可代谢蛋白质预测模型的研究		
许贵善,刁其玉,纪守坤,屠 焰,邓凯东,姜成钢	20~35kg杜寒杂交公羔羊能量需要参数的研究		
张立涛,刁其玉,李艳玲,王金文,屠 焰,崔旭奎,孟宪锋	日粮NDF水平对25~35kg肉用绵羊生长性能的影响[C]		

（续表）

作者	题目名称	期刊名称	卷期页码
张乃锋	仔猪用安全环保饲料应用效果研究	中国畜牧兽医学会动物营养学分会第十一次全国动物营养学术研讨会论文集，2012,10	
张乃锋,李 辉,屠 焰,姜成钢,刁其玉	氨基酸对早期断奶犊牛免疫反应的影响		
张乃锋,李 辉,屠 焰,姜成钢,刁其玉	氨基酸对早期断奶犊牛生长性能及氮代谢的影响		
纪守坤,许贵善,姜成钢,屠 焰,刁其玉	杜寒杂交公羔羊 20～35kg 体重阶段体内钙、磷、镁、钠、钾分布变化研究		
符运勤,刁其玉,屠 焰,王永超	不同组合益生菌对 0～8 周龄犊牛瘤胃发酵和瘤胃细菌的影响		
董晓丽,张乃锋,周 盟,屠 焰,刁其玉	饲喂益生菌对断奶仔猪生长性能、粪便微生物和血清指标的影响	中国畜牧兽医学会养猪学分会五届三次理事会暨生猪产业科技创新发展论坛。中国吉林长春:2012.6	
张立涛,刁其玉,姜成钢,李艳玲	饲料中结构性碳水化合物指标的变革及其反刍动物需要量的研究进展[C]	2012 年全国养羊生产与学术研讨会中国陕西横山:2012.4	
刘 洁,刁其玉,屠 焰,李艳玲,姜成钢	肉用绵羊饲料有机物体外消化率预测模型的研究		
马 涛,刁其玉,邓凯东,姜成钢,屠 焰,张乃锋,李艳玲,刘 洁,赵一广,王永超	杜寒杂交绵羊可消化有机物采食量与尿嘌呤衍生物排出量的相关关系研究		
屠 焰,刁其玉	木本植物饲料资源的潜力与开发		
许贵善,刁其玉,邓凯东,姜成钢,屠 焰,纪守坤	限饲对肉用羔羊组织器官生长发育的影响		
靳玲品,刁其玉,屠 焰,李艳玲,姜成钢	5 种紫花苜蓿干草瘤胃降解特性的研究		
纪守坤,许贵善,刁其玉,邓凯东,姜成钢,屠 焰,刘 洁,赵一广,马 涛,楼 灿	肉用羔羊矿物质需要量研究进展		
邓凯东,刁其玉,姜成钢,屠 焰,张乃锋,刘 洁,马 涛,赵一广,许贵善	德国美利奴杂交育肥绵羊的净能和代谢能需要量研究[C]		
刁其玉,屠 焰	犊牛营养生理与定向培育研究进展[C]	动物营养研究进展（2012 年版)2012.8	
刁其玉	用生物发酵技术开辟饲料资源[C]	第二届饲料微生态制剂应用技术研讨会暨微生态制剂大会 中国北京:2012.13	
Aijuan Zheng, Guohua Liu, Yunsheng Zhang, Shuisheng Hou, Wenhuan Chang, Shu Zhang, Huiyi Cai, Guilan Chen	Proteomic Analysis of Liver Development of Lean Pekin Duck (*Anas platyrhynchos domestica*)	Journal of Proteomics	75(17): 5396－5413

（续表）

作者·	题目名称	期刊名称	卷期页码
J. Wang,H. Y. Yue,Z. Q. Xia,S. G. Wu,H. J. Zhang,F. Ji,L. Xu, and G. H. Qi	Effect of dietary choline supplementation under different flavin-containing monooxygenase 3 genotypes on trimethylamine metabolism in laying hens	Poultry Science Poultry Science	91(9):2221 – -2228
Zhang L, Zhang HJ, Qiao X, Yue HY,Wu SG,Yao JH,Qi GH.	Effect of monochromatic light stimuli during embryogenesis on muscular growth, chemical composition,and meat quality of breast muscle in male broilers.		91(4):1026 – 1031
Y. Y. Geng, F. H. Yang, X. M. Xing and X. H. Gao*	Effects of dietary fat levels on nutrient digestibility and production performance of growing-furring blue foxes (Alopex lagopus)	Journal of Animal Physiology and Animal Nutrition	96(4):610 – 617
Fuhe Yang, Xiuhua Gao*, Guangyu Li	Effects of dietary protein levels on production performance and serum insulin-like growth factor-1 levels in sika deer	Animal Production Science	52(8): 728 – 730
H. O. Tang,X. H. Gao*,F. Ji,S. Tong,S. M. Li,and X. J. Li	Effects of a Thermostable Phytase on the Growth Performance and Bone Mineralization of Broilers	The Journal of Applied Poultry Research	21(3):476 – 483
DENG Kai-dong,DIAO Qi-yu,JIANG Cheng-gang, TU Yan, ZHANG Naifeng, LIU Jie, MA Tao, ZHAO Yiguang and XU Gui-shan	Energy Requirements for Maintenance and Growth of German Mutton Merino Crossbred Lambs	Journal of Integrative Agriculture	12(4): 670 – 677
Guo Xu-dong, Diao Qi-yu, Wang Yue-ying, Tu Yan, Deng Kai-dong, Wang Xin-jian, Fu Tong, Yan Gui-long	The Effect of Administration of Rutin on Plasma Levels of Estrogen,Prolactin,Growth Hormone and Gene Expression of Their Receptors in Mammary Glands in Ovariectomized Rats		1(10) 1700 – 1706
K. -D. Deng, Q. -Y. Diao, C. -G. Jiang,Y. Tu, N. -F. Zhang, J. Liu, T. Ma,Y. -G. Zhao,G. -S. Xu	Energy requirements for maintenance and growth of Dorper crossbred ram lambs	Livestock Science	150:102 – 110
Luo,L., Wang J., Pan Q., Xue M*., Wang Y. J. Wu X. F.,Li P.	Apparent digestibility coefficient of poultry by-product meal (PBM) in diets of Penaeus monodon (Fabricius) and Litopenaeus vannamei (Boone),and replacement of fishmeal with PBM in diets of P. monodon	Aquaculture Research	43:1223 – 1231
Wang,J.,Yun,B.,Xue,M*.,Wu,X. F.,Zheng,Y. H.,Yu,Y.	Apparent digestibility coefficients of several protein sources, and replacement of fishmeal by porcine meal at two digestible protein level in diets of Japanese seabass, Lateolabrax japonicus		43:117 – 127
Xue M., Yun B., Wang J., Sheng H., Zheng Y.,Wu. X. Qin Y*.,Li P.	Performance, body compositions, input and output of nitrogen and phosphorus in Siberian sturgeon, Acipenser baerii Brandt, as affected by dietary animal protein blend replacing fishmeal and protein levels.	Aquaculture Nutrition	18:493 – 501
Jianhong Wang, Qiyu Diao, Yan Tu, Naifeng Zhang,Xiancga Xu	The Limiting Sequence and Proper Ratio of Lysine,Methionine and Threonine for Calves Fed Milk Replacers Containing Soy Protein	Asian-Aust. J. Anim. Sci.	25(2) 224 – 233

（续表）

作者	题目名称	期刊名称	卷期页码
Zhang Tie-tao, Gao Xiu-hua*	Effect of dietary protein levels on the growth performance and the digestibilty and metabolism in mink during the period	Chinese Journal of Animal and Veterinary Sciences	43(Supplement) :48 – 54
T. T. Zhang, X. H. Gao*	Effect of different diet protein levels on the digestibility and metabolism of nutritions and growth performance in young male mink	Proceedings of the Xth International Scientific Congress in fur animal production. Scientifur	4(3) :484

2013 年发表文章目录

作者	题目名称	期刊名称	卷期页码
许贵善,纪守坤,姜成钢,邓凯东,屠 焰,刁其玉	杜寒杂交公羔羊能量与蛋白质的组织分布及机体组成的预测模型研究	畜牧兽医学报	44(5) :727 – 736
张亚男,齐晓龙,武书庚,张海军,岳洪源,王 晶,齐广海	硫酸锌和蛋氨酸锌对蛋鸡生产性能、蛋品质及抗氧化性能的影响		25(12) : 2873 – 2882
吕秋凤,文宗雪,王 聪,张 民,张恒杰,刘国华*	包被及不同水平木聚糖酶对肉鸡生长性能、免疫器官及消化器官发育的影响		25(11) :2649 – 2659
付胜勇,武书庚,张海军,岳洪源,董 延,齐广海*	饲粮代谢能和粗蛋白质水平对21 ~ 34 周龄海兰灰蛋鸡生产性能与蛋品质的影响		25(11) :2601 – 2611
王月超,蔡辉益,闫海洁,刘国华,张 姝,陈桂兰	L-肉碱和赖氨酸对爱拔益加肉公鸡生长性能和肉品质的影响		25(11) :2591 – 2600
张铁涛,崔 虎,高秀华*	低蛋白质饲粮中添加蛋氨酸对育成期蓝狐生长性能及营养物质消化代谢的影响		25(9) :2036 – 2043
吴学壮,张铁涛,高秀华*	饲粮锌添加水平对繁殖期雄性水貂繁殖性能、营养物质消化率及氮代谢的影响		25(8) :1817 – 1824
宫 官,薛 敏,王 嘉*,苏晓鸥,吴秀峰,郑银桦,韩 芳	西伯利亚鲟糖异生途径关键酶基因全长cDNA 的克隆和序列分析		25(7) :1504 – 1518
刘 志,张铁涛,高秀华*	饲粮铜水平对育成期蓝狐生长性能、营养物质消化率及氮代谢的影响		25(7) :1497 – 1503
纪守坤,许贵善,姜成钢,屠 焰,马 涛,楼 灿,邓凯东,刁其玉	20 ~ 35kg 杜泊×小尾寒羊 F$_1$ 代公羔钙、钠、钾和镁生长需要量	动物营养学报	25(7) :1473 – 1479
汤海鸥,高秀华*,李学军	低能饲粮中添加高剂量复合酶对肉鸡生长性能、养分利用率和器官指数的影响		25(6) :1338 – 1345
董晓丽,张乃锋,周 盟,屠 焰,刁其玉	复合菌制剂对断奶仔猪生长性能、粪便微生物和血清指标的影响		25(6) :1285 – 1292
张志勇,薛 敏*,王 嘉,吴秀峰,郑银桦,韩芳	混合植物蛋白质替代鱼粉对花鲈和西伯利亚鲟生长和肉质影响的比较研究		25(6) :1260 – 1275
李艳玲,姜成钢,刁其玉	植物精油对瘤胃微生物及瘤胃发酵的调控		25(6) :1144 – 1149
王永超,姜成钢,崔 祥,刁其玉,屠 焰	添加颗粒料对小牛肉用奶公犊牛生长性能、屠宰性能及组织器官发育的影响		25(5) :1113 – 1122
张亚男,武书庚,张海军,岳洪源,齐广海	锌添加水平对蛋鸡生产性能和蛋壳品质的影响		25(5) :1093 – 1098
肖俊峰,武书庚,温庆琪	后备母猪能量、钙、磷和维生素 E 的研究进展		25(5) : 912 – 916

（续表）

作者	题目名称	期刊名称	卷期页码
靳玲品,李艳玲,屠 焰,姜成钢,聂明非,刁其玉	应用康奈尔净碳水化合物－蛋白质体系评定我国北方奶牛常用粗饲料的营养价值	动物营养学报	25(3):512－526
张立涛,李艳玲,王金文,崔旭奎,孟宪峰,屠 焰,刁其玉	不同中性洗涤纤维水平饲粮对肉羊生长性能和营养成分表观消化率的影响		25(2):433－440
王 晶,张海军,武书庚,岳洪源,齐广海	黄腐酸对肉仔鸡生产性能、屠宰性能和的影响		25(1):140－147
武书庚,齐广海	2012年我国家禽饲料工业概况	中国畜牧杂志	49(12):13－16
耿业业,高志光,高秀华*	日粮脂肪水平对育成期蓝狐肠道形态结构和消化酶活性的影响		49(11):61－63
齐晓龙,赵 芹,张亚男,武书庚,岳洪源,张海军,齐广海*	过氧化氢诱导产蛋鸡原代肝细胞氧化应激模型的建立		49(11):49－52
张立涛,刁其玉,李艳玲,屠 焰,张 轶	中性洗涤纤维生理营养与需要量的研究进展	中国草食动物科学	33(1):57－61
贾 鹏,薛 敏*,朱 选,刘海燕,吴秀峰,王 嘉,郑银桦,徐美娜	饲料蛋氨酸水平对异育银鲫幼鱼生长性能影响的研究	水生生物学报	37(2):217－226
马书林,张 峰,吴占军,王学清,刁其玉	能量水平对初产母牛围产期生产性能的影响	中国奶牛	3:32－38
张玉萍,刘国华,汝应俊,年 芳	不同来源玉米的理化性质及肉鸡有效能值变异分析	甘肃农业大学学报	48(4):27－33
杨金玉,张海军*,武书庚,齐广海	肉鸡饲用微生物添加剂应用研究进展	中国饲料	6:49－54
娄瑞颖,刘国华,石学刚	不同地区小麦养分含量差异及其肉仔鸡养分利用效率的比较		17:34－37,42
傅 彤,刁其玉,高腾云,李改英	青贮饲料中有机酸提取方法的比较研究	饲料研究	5:1－3
武书庚,王 晶,张海军,岳洪源,齐广海*	蛋鸡饲料营养调控进展	中国家禽	35(11):2－7
蔡辉益	肉鸡饲料营养价值评定技术研究		(6):13
周 盟,张乃锋,董晓丽,纪守坤,张立霞,崔 祥,楼 灿,刁其玉	益生菌对断奶仔猪生长及消化性能的影响	饲料工业	34(2):18－21
张立霞,刁其玉,李艳玲,屠 焰	利用生物制剂破解秸秆抗营养因子的研究进展		34(5):21－26
刁其玉,屠 焰	犊牛营养生理研究与定向培育进展		34(9):1－6
贡 筱,高秀华*,汤海鸥	不同剂量的葡萄糖氧化酶和复合酶对肉鸡生长性能的影响		34(12):38－41
武书庚,张海军,岳洪源,王 晶,齐广海*	刍议健康养殖	饲料工业《家禽营养与健康养殖》专刊	4－7
张亚男,齐晓龙,武书庚,张海军,岳洪源,齐广海*	锰、锌在蛋壳品质调控中的应用		60－63
常文环	动物营养免疫学研究进展(一)	饲料与畜牧	2:8－10
常文环	动物营养免疫学研究进展(二)		3:5－7
齐广海	共聚正能量促行业发展		01,卷首语
武书庚	抗氧化营养调控		05,卷首语
唐淑珍,刁其玉,屠 焰,桑断疾,哈尔阿力,刘艳丰	青贮饲料中一株醋酸菌的分离鉴定	当代畜牧	11:19－20
刁其玉	肉羊配合饲料的应用优势	北方牧业	14:27
张乃锋	母猪分阶段营养与日粮配制技术	猪业科学	4:36－38
张乃锋,邓柏林,张永发,屠 焰,司丙文,何宏轩,高姗姗,史文清,朱晓静	低排放日粮对育肥猪及粪便氮磷排放量的影响		26:74－76

（续表）

作者	题目名称	期刊名称	卷期页码
Luo J，Zheng A，Meng K，Chang W，Bai Y，Li K，Cai H，Liu G，Yao B	Proteome changes in the intestinal mucosa of broiler (*Gallus gallus*) activated by probiotic *Enterococcus faecium*	Journal of Proteomics	91C：226 – 241
A. Chegeni， Y. L. Li， K. D. Deng，C. G. Jiang，Q. Y. Diao	Effect of dietary polymer-coated urea and sodium bentonite on digestibility, rumen fermentation, and microbial protein yield in sheep fed high levels of cornstalk	Livestock Science	157：141 – 150
J. Wang，S. G. Wu，H. J. Zhang，H. Y. Yue，L. Xu，F. Ji，L. Xu，and G. H. Qi	Trimethylamine deposition in the egg yolk from laying hens with different FMO3 genotypes	Poultry Science	92(3)： 746 – 752
X. Qiao，H. J. Zhang，S. G. Wu，H. Y. Yue，J. J. Zuo，D. Y. Feng，and G. H. Qi	Effect of β-hydroxy-β-methylbutyrate calcium on growth, blood parameters, and carcass qualities of broiler chickens	Poultry Science	92(3) ：753 – 759
Zhang Tie-tao, Zhang Zhi-qiang, Gao Xiu-hua*	Effect of dietary protein levels on digestibility of nutrtients and growth performance in young female mink	Journal of Animal Physiology and Animal Nutrition	97(2)：271 – 277
Y. Z. Pan，S. G. Wu，H. C. Dai，H. J. Zhang，H. Y. Yue and G. H. Qi	Solexa Sequencing of MicroRNAs on Chromium Metabolism in Broiler Chicks	Journal of Nutrigenetics and Nutrigenomics	6：137 – 153
Xian R. Jiang, Fa H. Luo, Ming R. Qu, Valentino Bontempo, Shu G. Wu,*Hai J. Zhang, Hong Y. Yue, and Guang H. Qi	Effect of non-phytate phosphorus levels and phytase sources on the growth performance, serum biochemical and tibia parameters of broiler chickens	Italy Journal of Animal Science	12(e60)：375 – 380
Tao Ma, Kaidong Deng, Chenggang Jiang, Yan Tu, Naifeng Zhang, Jie Liu,Yiguang Zhao,Qiyu Diao	The relationship between microbial N synthesis and urinary excretion of purine derivatives in Dorper × thin-tailed Han crossbred sheep	Small Ruminant Research Small Ruminant Research	112：49 – 55
Shoukun Ji, Guishan Xu, Chenggang Jiang, Kaidong Deng1, Yan Tu, Naifeng Zhang,Tao Ma,Can Lou,and Qiyu Diao	Net Phosphorus Requirements of Dorper ∂ Thin-tailed Han Crossbred Ram Lambs	Asian Australas. J. Anim. Sci.	26(9)： 1282 – 1288
Hu. L.,Yun B.,Xue M.*,Wang J.,Wu X.,Zheng Y.,Han F	Effects of fish meal quality and fish meal substitution by animal protein blend on growth performance, flesh quality and liver histology of Japanese seabass (*Lateolabrax japonicus*).	Aquaculture	372 – 375,52 – 61
Yun B.,Xue M.*,Wang J.,Fan Z. Y., Wu X. F., Zheng Y. H., Qin Y. C.	Effects of lipid sources and lipid peroxidation on feed intake, growth, and tissue fatty acid compositions of largemouth bass (*Micropterus salmoides*).	Aquaculture International	21：97 – 110
Q. Zhao， S. G. Wu， H. J. Zhang，H. YYue,J. Wang,andG. H. Qi	Pyrroloquinolinequinine modulated laying performance, egg qulity and blood biochemistry indexes in experimnetally induced fatty liver laying hens by high-energy low protein diet	Poultry Science association	P368

2 出版书籍

2011

专著名称	主要作者	字数	出版社	主/参编
动物营养与饲料研究进展	刁其玉，刘国华，张海军	30	中国农业科学技术出版社	主编

2012

专著名称	主要作者	字数	出版社	主/参编
安全高效与混合饲料配制技术	齐广海，武书庚，张海军，岳洪源	52.4	化学工业出版社	主编
科学自配羊饲料	刁其玉	20.8	化学工业出版社	主编
动物营养与饲料研究进展	刁其玉，常文环，李艳玲	67.3	中国农业科学技术出版社	主编

2013

专著名称	主要作者	字数	出版社	主/参编
肉羊饲养新技术	刁其玉，姜成刚等	30		主编
肉用羊营养需要量参数研究进展	刁其玉，许贵善，马 涛	35.0		主编
饲料营养应用技术研究进展（2013）	刁其玉，武书庚，张乃锋	27.7		主编
猪饲料调制加工与配方集萃	张乃锋	29.5	中国农业科学技术出版社	主编
蛋鸡饲料调制加工与配方集萃	武书庚，张海军，岳洪源	13.4		主编
肉鸡饲料调制加工与配方集萃	张海军，岳洪源，武书庚	19.0		主编
奶牛饲料调制加工与配方集萃	屠 焰	21		主编
图说健康养羊关键技术	刁其玉，张乃锋等	16.8		主编
图说蛋鸡健康养殖关键技术	武书庚，王 晶，张海军	17.5	化学工业出版社	主编
农作物秸秆养牛手册	刁其玉，屠 焰等	20.7		主编
农作物秸秆养羊手册	刁其玉，李艳玲等	18.7		主编

3 毕业学生名单

2013 年度毕业的硕士和博士研究生

学生	论文题目	学位	导师
齐晓龙	共轭亚油酸对产蛋鸡抗氧化机能影响的研究	博士	齐广海
赵青山	人工草地放牧苏尼特羊草畜互作时空动态研究	博士	齐广海
许贵善	$20 \sim 35kg$ 杜寒杂交羔羊能量与蛋白质需要量参数的研究	博士	刁其玉
董晓丽	益生菌的筛选鉴定及其对断奶仔猪、犊牛生长和消化道微生物的影响	博士	刁其玉
Alireza Chegeni	The Studyon the Effectsof Polymer Coated Urea and Sodium Bentonitein Sheep Fed Corn Stalksas Basal Roughage Diet	博士	刁其玉
汤海鸥	NSP 复合酶优化及在肉鸡日粮中高剂量添加效果研究	博士	高秀华
李婷婷	玉米 DDGS 营养价值预测模型研究	硕士	蔡辉益
纪守坤	$20 \sim 35kg$ 杜泊小尾寒羊 F_1 代羔羊体内主要矿物质分布规律及需要量参数的研究	硕士	刁其玉
张立涛	$25 \sim 50kg$ 杜寒杂交 F_1 代肉用绵羊日粮 NDF 适宜水平的研究	硕士	刁其玉
靳玲品	反刍动物常用粗饲料营养价值评定方法的比较研究	硕士	刁其玉
周 盟	益生菌在断奶仔猪及犊牛应用效果的研究	硕士	刁其玉
张志勇	花鲈和西伯利亚鲟利用植物蛋白源的差异及 GH/IGF-I 轴调节机制的比较研究	硕士	薛 敏
岳 颖	不同基因型肉仔鸡肝脏蛋白质组学研究	硕士	刘国华
王永超	日粮组成对奶公犊牛生长性能、营养物质消化代谢及肉品质的影响	硕士	屠 焰
王晓方	不同类型添加剂对肉鸡肌酐酸含量的调控及其肌肉相关酶活性的研究	硕士	常文环
张亚男	饲粮锌对产蛋后期蛋鸡蛋壳品质及抗氧化机能的影响	硕士	武书庚
石丽娜[①]	添加植酸酶和木聚糖酶对蛋鸡生产性能、蛋品质、血液指标及养分代谢率的影响	硕士	龚月生 齐广海
付 宁[①]	胱氨酸对两种蛋氨酸源在饲喂低胱氨酸/含硫氨基酸日粮的肉仔鸡上生物学效价的影响	硕士	龚月生 齐广海

① 西北农林科技大学客座。

2012 年度毕业的硕士和博士研究生

学生	论文题目	学位	导师
王斯佳	胆碱生物学效价评定及其在肉鸡体内代谢与需要量的研究	博士	蔡辉益
刘 洁	肉用绵羊饲料代谢能与代谢蛋白质预测模型的研究	博士	刁其玉
张铁涛	饲粮蛋白质、赖氨酸、蛋氨酸水平对生长期水貂生产性能、消化代谢和肠道形态结构的影响	博士	高秀华
张 林[①]	孵化期间不同波长光照调控肉仔鸡肌肉生长的机理	博士	姚军虎 齐广海
付胜勇	标准回肠可消化氨基酸模式下日粮能量与蛋白质水平对产蛋鸡的影响	硕士	齐广海
汤建平	饲养密度与饲粮能量水平对肉仔鸡生长性能及肉品质的影响	硕士	蔡辉益
赵一广	肉用绵羊甲烷排放的测定与估测模型的建立	硕士	刁其玉
马书林	初产母牛围产期不同能量水平日粮对其生产性能和繁殖性能的影响	硕士	刁其玉
廖瑞波	肉鸡的玉米标准回肠可消化氨基酸测定及近红外定标模型建立	硕士	蔡辉益
云春凤	不同生态区蓝狐常规饲料营养价值评价	硕士	高秀华
崔 虎	日粮蛋白质和蛋氨酸水平对蓝狐生产性能及营养物质代谢的影响	硕士	高秀华
隋 毅	不同复合酶制剂对肉鸡生长性能、粪便相对黏度和菌群数量的影响	硕士	高秀华
曹春燕	羟基蛋氨酸螯合锌对异育银鲫和鲤鱼生长性能、生理功能以及组织锌沉积的影响	硕士	薛 敏
王鲁波	天然叶黄素对黄颡鱼生长性能、皮肤着色和抗氧化功能的影响极其在鱼体组织中代谢规律的研究	硕士	薛 敏
贾 鹏[②]	饲料中不同来源及不同水平蛋氨酸对异育银鲫的影响	硕士	刘海燕 薛 敏
周 晓	日粮磷水平对肉仔鸡小肠磷吸收的影响及机理	硕士	刘国华
邓会玲	亮氨酸和甘亮肽对肉鸡骨骼肌 TOR 信号途径关键信号分子表达的调节	硕士	刘国华
孟令庄[③]	不同日粮条件下添加植酸酶对肉鸡肉鸭生产性能及养分利用率的影响	硕士	刘国华
符运勤	地衣芽孢杆菌及其复合菌对后备牛生长性能和瘤胃内环境的影响	硕士	屠 焰
徐 磊	日粮中添加吡咯喹啉醌对产蛋鸡生产性能和抗氧化机能的影响	硕士	武书庚
任 冰[①]	理想氨基酸模式下低蛋白日粮对产蛋鸡生产性能及氨氮排放的影响	硕士	高玉鹏 齐广海
刘 庚[①]	产蛋高峰期蛋鸡理想氨基酸模式的研究	硕士	高玉鹏 齐广海
乔 璇[④]	β-羟基-β-甲基丁酸钙（HMB-Ca）对肉仔鸡肌肉生长的调控和相关基因表达的影响	硕士	冯定远 齐广海
潘英姿[⑤]	肉鸡铬代谢相关 miRNA 的鉴定与分析	硕士	戴汉川 齐广海
张玉萍[③]	玉米肉仔鸡 AME 及 AMEn 近红外定标模型的验证	硕士	汝应俊 刘国华

[①] 西北农林科技大学客座；[②] 河北师范大学客座；[③] 甘肃农业大学客座；[④] 华南农业大学客座；[⑤] 华中农业大学客座。

2011 年度毕业的硕士和博士研究生

学生	论文题目	学位	导师
岳洪源	日粮氧化大豆油对蛋鸡脂代谢及抗氧化机能影响的研究	博士	齐广海
胥 蕾	致晕方法影响肉仔鸡肉品质的机理及脂质过氧化调控	博士	齐广海
屠 焰	代乳品酸度及调控对哺乳期犊牛生长性能、血气指标和胃肠道发育的影响	博士	刁其玉
姜成钢	三聚氰胺在肉牛体内代谢与残留的研究	博士	刁其玉
耿业业	育成期蓝狐脂肪消化代谢规律的研究	博士	高秀华
孙宏选	高剂量植酸酶对肉鸡生产性能及能量和蛋白质养分利用率的影响	博士	高秀华
王 晶[①]	FMO3 基因型和胆碱对鸡蛋三甲胺含量影响的研究	博士	许 丽 齐广海
徐少辉	L～肉碱对产蛋鸡生产性能及抗氧化机能的影响	硕士	齐广海
张 华	基于 T～RFLP 技术的肉鸡消化道微生物群落多样性的研究	硕士	蔡辉益
洪 梅	青贮源乳酸菌培养工艺及发酵效果的研究	硕士	刁其玉
王建红	0～2 月龄犊牛代乳品中赖氨酸、蛋氨酸和苏氨酸适宜模式的研究	硕士	刁其玉
许先查[②]	代乳品的饲喂量和饲喂方式对犊牛生长代谢、采食及相关行为的影响	硕士	刁其玉
辛 娜[②]	芽孢杆菌制剂对蛋鸡与断奶仔猪的作用效果研究	硕士	刁其玉
岳喜新[③]	蛋白水平及饲喂量对早期断奶羔羊生长性能及消化代谢的影响	硕士	刁其玉 马春晖
张志强	日粮蛋白质水平对蓝狐繁殖性能和营养物质消化代谢的影响	硕士	高秀华
王赤龙	乳源性益生元百泰～A 对西伯利亚鲟（*Acipenserbaerii* Brandt）生长、消化及免疫功能的影响	硕士	薛 敏
邹方起[④]	姜黄素在大口黑鲈和虹鳟饲料中的有效性和安全性评价	硕士	吴立新 薛 敏
徐美娜[④]	鲤鱼饲料蛋氨酸需求量的研究	硕士	吴立新 薛 敏
郝晓杰[⑤]	日粮维生素 A 水平对肉仔鸡生长、免疫和抗氧化指标及维生素 A 组织沉积的影响	硕士	刘国华
娄瑞颖[⑤]	玉米营养价值变异及近红外技术评估	硕士	汝应俊 刘国华

① 东北农业大学客座；② 新疆农业大学客座；③ 塔里木大学客座；④ 大连海洋大学客座；⑤ 甘肃农业大学客座。

4　出站博士后

姓名	论文题目	年份	合作导师	
王　晶	吡咯喹啉醌在家禽生产中的应用	2013	齐广海	
王　芬	家畜养殖业调研、技术服务及家畜复合预混料研发	2013	刁其玉	
邓雪娟	日粮能量和氨基酸水平对仔鸡生长发育调控技术研究	2013	姚　斌	蔡辉益
刘　宁	小肽对肉鸡 TOR 信息的影响研究	2013	蔡辉益	
计　峰	利用产蛋鸡原代肝细胞研究不同蛋氨酸源的代谢过程——细胞培养技术及代谢产物检测方法初探	2012	姚　斌	齐广海
邓凯东	育肥绵羊的能量和蛋白质需要量研究	2011	刁其玉	

5　获奖成果目录

名称	人员	奖励部门	级别	备注
早期断奶犊牛生理营养与饲料配制关键技术研究与应用	刁其玉，屠　焰，张乃锋，姜成钢等	北京市人民政府	一等	2012 年，北京市科学技术奖
安全畜产品生产关键技术——天然物促生长剂的研究与应用	张乃锋，刁其玉，屠　焰	北京市人民政府	三等	农业技术推广奖
肉鸡动态营养需要与生产性能预测模型技术研究与应用	蔡辉益，刘国华，常文环，张　姝，郑爱娟，王　苑	北京市人民政府	三等	
犊牛羔羊生理营养与早期培育关键技术研究与应用	刁其玉，屠　焰，张乃锋，姜成钢等	中华人民共和国农业部	一等	2013 年，中华农业科技奖
奶牛优质饲草生产技术与示范	刁其玉	中华人民共和国农业部	二等	2011 年，中华农业科技奖
水貂、蓝狐规模化高效养殖关键技术研究与示范	高秀华（第 3 完成人）	中国农业科学院	一等	2011 年，科学技术成果奖
水貂营养需要及饲料配制技术研究与应用	高秀华（第 2），云春风（第 11），吴学壮（第 12）	中国农业科学院	二等	2013 年，科学技术成果奖
肉鸡动态营养需要与生产性能预测模型技术研制	蔡辉益，刘国华，常文环，张　姝，郑爱娟，王　苑，闫海洁	中国农业科学院	二等	
珍贵毛皮动物（貂、狐）高效养殖增值关键技术	高秀华（第 3 完成人）	吉林省科学技术进步奖励委员会	二等	2011 年，科技进步奖
饲用蜂花粉多糖的研发与应用	张乃锋，刁其玉等	大北农集团	三等	2013 年，大北农科技奖

6 申请（获得专利）目录

名称	人员	状态	备注
黑曲霉菌株及其应用	高秀华，王海燕，张铁涛，丁宏标，乔 宇	授权	ZL. 200910088566. 3
一种西兰花叶蛋白及其制备方法	刘国华，郑爱娟，江 宇，王永东	授权	ZL. 200910091131. 4，授权日 2013/07/24
一种幼雏鸡开口料及其制备方法与使用方法	常文环，刘国华，郑爱娟，张 姝，蔡辉益	授权	ZL. 201110101595. 6 授权日 2012/11/07
肉鸡生长与营养动态优化软件系统 V1.0	刘国华（计算机软件著作权）	授权	2011SR022186，授权日 2011. 4. 21
组合式电子牲畜秤［P］	邓凯东，刁其玉，姜成钢，屠 焰，张乃锋	授权	CN201788010U. 2011-04-06
一种犊牛羔羊代乳品中使用的液体复合酸度调节剂［P］	屠 焰，刁其玉	授权	CN102318680A. 2012-01-18
一种生产犊牛肉的颗粒料［P］	刁其玉，屠 焰，姜成钢，王永超	授权	CN102894217A. 2013-01-30
具有益生作用的枯草芽孢杆菌B27 及其应用［P］	刁其玉，张乃锋，屠 焰，董晓丽，周 盟	授权	CN103060222A. 2013-04-24
一种 0～6 月龄犊牛用的复合微生物酶制剂及含其代乳品［P］	屠 焰，刁其玉，姜成钢，王永超	授权	CN102894220A. 2013-01-30
一种 0～3 月龄羔羊的代乳品及其制备方法［P］	屠 焰，刁其玉，岳喜新	授权	CN102894218A. 2013-01-30

7 在研课题情况

来源	名称及编号	主持人
自然科学基金	孵化期间不同波长光照调控肉鸡肌肉生长的机理（31072048）	齐广海
	西伯利亚鲟和鲈鱼利用不同饲料蛋白源的差异与 GH/IGF－I 轴调控机制的比较研究（31072220）	薛 敏
	免疫应激影响鸡肉品质的分子机理（31101731）	郑爱娟
	早期糖营养史对西伯利亚鲟糖异生途径的影响及糖异生调控机理研究（31101907）	王 嘉
	吡咯喹啉醌调节产蛋鸡肝脏线粒体能量代谢的分子机理（31172212）	武书庚
	葡萄原花青素调节肉鸡 γδT 细胞的活性成分及抗球虫感染的作用机理（31272456）	张海军
	不同 FMO3 基因型产蛋鸡芥子碱代谢差异化机理的研究（31301991）	王 晶
	植物精油抑制瘤胃产甲烷的效果及其微生物学机理（31302000）	李艳玲
	胚蛋给养 β-羟基 β-甲基丁酸调控肉鸡肌肉生长的机理（13F10312，北京市）	张海军
	β-羟基 β-丁酸甲酯影响肉鸡肌肉生长的机理（6102022，北京市）	张海军
现代农业产业技术体系	国家肉羊产业技术体系饲料与营养研究室（CARS-39）	刁其玉
	国家蛋鸡产业技术体系营养调控岗位专家（CARS-41VK13）	齐广海
	国家肉鸡产业技术体系饲料营养岗位专家（CARS-42-G15）	蔡辉益
	北京市奶牛创新团队饲料与营养研究室	屠 焰
	北京市家禽创新团队健康养殖与环境控制研究室	武书庚
	北京市鲟鱼、鲑鳟鱼创新团队饲料与安全功能研究室（SCGWZJ20121103-1）	薛 敏
	北京市生猪创新团队饲料营养岗位科学家	张乃峰
公益性行业科研专项	南方地区幼龄草食畜禽饲养技术研究 专项（201303143）	刁其玉
	饲料营养价值评定与畜牧饲养标准制定（200903006-03）	蔡辉益
	肉羊饲料营养价值评定与饲养标准制定（200903006-03）	刁其玉
	蛋鸡饲料营养价值评定与饲养标准制定（200903006-03）	齐广海
	不同生态区优质水貂皮、蓝狐皮规模化生产营养需要与饲料配制关键技术研究（200903014-02）	高秀华
	南方地区备牛的培育及经济作物副产品利用技术研究（201303143-01）	屠 焰
	南方地区羔羊培育及经济作为副产品利用技术研究（201303143-02）	张乃锋
	放牧牛羊早期培育及其能氮平衡与钙磷平衡模式的研究示范（201303062-3）	司丙文
	秸秆饲料生物转化技术研究与示范（20120304202）	屠 焰
	饲料高效低耗加工技术研究与示范子课题（201203015）	薛 敏
	饲料高效低耗加工技术研究与示范子课题（201203015）	王 嘉

（续表）

来源	名称及编号	主持人
国家"十二五"科技支撑计划	农区肉羊健康养殖模式构建与示范（2012BAD39B05-3）	屠 焰
	生态环保饲料生产关键技术研发与集成示范（2011BAD26B03）	刘国华
	蛋鸡低排放饲料配制关键技术研发与产业化示范（2011BAD26B03-3）	武书庚
	优质动物产品生产饲料配制关键技术研究与产业化示范（2011BAD26B04）	张海军
	蛋鸡健康生产环境参数及其控制技术研究（2012BAD39B0208）	刘国华
948项目	肉鸡生长预测和营养优化软件源代码（2010-）	刘国华
	商品猪营养决策支持软件源代码（2010-）	蔡辉益
	低碳氮排放的饲料高效利用技术引进与研发（2011-G7-5）	张乃锋
中央公益性科研院所基本科研业务费	肉鸡开口料的研发与应用	常文环
	日粮胱氨酸水平对肉鸡蛋氨酸需要量的影响及其机理	岳洪源
	基于转录组测序的植物蛋白导致的鲈鱼摄食抑制机制研究（2013ZL045）	王 嘉
农业部财政专项	饲料质量安全监管项目——防霉酸化剂和霉菌毒素淡水鱼饲料安全性评价	薛 敏
	农产品质量安全监管专项——硝基呋喃类和孔雀石绿在草鱼中的残留和消除代谢规律的研究	薛 敏
	饲料质量安全监管项目——大豆黄酮、稀土壳糖胺淡水鱼饲料安全性评价	薛 敏
	饲料质量安全监管项目——抗氧化剂淡水鱼饲料安全性评价	薛 敏
其他来源	低碳养殖关键技术研究与示范（中国农业科学院-大兴区合作）	张乃锋
	国家标准饲料添加剂尿素标准的制定	屠 焰
	尿素安全性评价项目	姜成钢